21世纪普通高等教育基础课规划教材

概率论与数理统计

第2版

万维明　徐天博　顾　颖　林美艳　编

机械工业出版社

本书主要介绍概率论与数理统计的基本概念、基本理论和方法。内容包括：随机事件及其概率、随机变量及其分布、多维随机变量及其分布、随机变量的数字特征、大数定律和中心极限定理、数理统计的基本概念、参数估计、假设检验、方差分析和线性回归分析。每章末均附有适量习题，供学生练习之用。

本书结合工科教学实际，注意理论联系实际，选材适当，论述严谨，条理清楚，简明扼要，便于学生自学。本书可作为高校工科、理科（非数学专业）及经济管理各专业概率论与数理统计课程的教材，也可作为实际工作者的自学参考书。

图书在版编目（CIP）数据

概率论与数理统计/万维明等编. —2版. —北京：机械工业出版社，2009.11（2010.5重印）

21世纪普通高等教育基础课规划教材

ISBN 978-7-111-28521-2

Ⅰ. 概… Ⅱ. 万… Ⅲ. ①概率论-高等学校-教材②数理统计-高等学校-教材 Ⅳ. O21

中国版本图书馆CIP数据核字（2009）第184801号

机械工业出版社（北京市百万庄大街22号 邮政编码100037）

策划编辑：郑 玫 责任编辑：郑 玫 封面设计：张 静

责任校对：魏俊云 责任印制：杨 曦

北京京丰印刷厂印刷

2010年5月第2版·第2次印刷

169mm×239mm·14印张·262千字

标准书号：ISBN 978-7-111-28521-2

定价：25.00元

凡购本书，如有缺页、倒页、脱页，由本社发行部调换

电话服务

社服务中心：（010）88361066

销 售 一 部：（010）68326294

销 售 二 部：（010）88379649

读者服务部：（010）68993821

网络服务

门户网：http：//www.cmpbook.com

教材网：http：//www.cmpedu.com

前　言

概率论与数理统计是研究随机现象统计规律性的一门学科，在生产实践和科学的各个领域都有着广泛的应用。

为了适应21世纪高等学校学生和广大工程技术人员对概率统计的需求，我们组织编写了这本教材。全书共10章，分概率论和数理统计两大部分。第一部分由前5章组成，主要讲授概率论基础知识，包括随机事件、随机变量及其分布和中心极限定理。第二部分由后5章组成，主要讲授数理统计的基本概念、参数估计、假设检验、方差分析和线性回归分析。本书各章配有适量习题，书后有习题解答供学生参考。

在内容表述上，力求做到清晰易读、便于自学，对于一些比较难或超出大纲要求的内容进行了合理的取舍，尽量达到简洁与严谨的适度统一。

本书由万维明、徐天博、顾颖、林美艳编写，具体编写分工如下：万维明编写第1、4、6章，顾颖编写第2、3、5章，徐天博编写第7、8章，林美艳编写第9、10章。顾颖对全书的图表和图形做了仔细的绘制。大连海事大学张运杰教授对本书做了认真、负责、细致的审阅，并提出了许多修改意见，在此深表感谢。

本书是在第1版基础上经过修订并增补而成。

由于编者水平有限，书中错、漏或欠妥之处在所难免，敬请专家、读者批评指正。

编　者
于大连交通大学

目　　录

前言
第 1 章　随机事件及其概率 …… 1
1.1　随机事件及其运算 …… 1
1.2　概率的定义及其运算 …… 5
1.3　条件概率与全概率公式 …… 16
1.4　事件的独立性与伯努利概型 …… 23
习题一 …… 28
第 2 章　随机变量及其分布 …… 33
2.1　随机变量 …… 33
2.2　离散型随机变量及其分布律 …… 34
2.3　随机变量的分布函数 …… 38
2.4　连续型随机变量 …… 40
2.5　随机变量的函数的分布 …… 47
习题二 …… 51
第 3 章　多维随机变量及其分布 …… 54
3.1　二维随机变量 …… 54
3.2　条件分布 …… 61
3.3　相互独立的随机变量 …… 63
3.4　两个随机变量的函数的分布 …… 65
习题三 …… 69
第 4 章　随机变量的数字特征 …… 73
4.1　数学期望 …… 73
4.2　方差 …… 82
4.3　协方差和相关系数 …… 87
4.4　矩和协方差矩阵 …… 91
习题四 …… 93
第 5 章　大数定律与中心极限定理 …… 98
5.1　大数定律 …… 98
5.2　中心极限定理 …… 101
习题五 …… 105

第 6 章　数理统计的基本概念 …… 107
6.1　总体与样本 …… 107
6.2　抽样分布 …… 108
习题六 …… 114
第 7 章　参数估计 …… 116
7.1　点估计 …… 116
7.2　估计量的评选标准 …… 122
7.3　区间估计 …… 123
7.4　正态总体均值与方差的区间估计 …… 124
*7.5　（0—1）分布参数的区间估计 …… 129
7.6　单侧置信区间 …… 130
习题七 …… 132
第 8 章　假设检验 …… 135
8.1　假设检验定义 …… 135
8.2　正态总体均值的假设检验 …… 139
8.3　正态总体方差的假设检验 …… 142
*8.4　分布拟合检验 …… 146
习题八 …… 151
第 9 章　方差分析 …… 155
9.1　单因素试验的方差分析 …… 155
9.2　双因素试验的方差分析 …… 161
习题九 …… 173
第 10 章　回归分析 …… 176
10.1　一元线性回归 …… 176
10.2　多元线性回归 …… 189
习题十 …… 192
附录 …… 194
附表 1　几种常用的概率分布 …… 194
附表 2　标准正态分布表 …… 196
附表 3　χ^2-分布表 …… 197
附表 4　t-分布表 …… 199
附表 5　F-分布表 …… 200
习题答案 …… 206
参考文献 …… 217

第 1 章　随机事件及其概率

在自然界存在着两类不同的现象. 一类是在相同的条件下进行试验或观察时, 其结果可以事先预知的现象, 这称为**确定性现象**. 例如, 水在标准大气压下加热到 100℃会沸腾；两个同性的电荷一定互斥等都是确定性现象. 另一类是在相同的条件下进行一系列的试验或观察时, 可能会得到不同的结果, 即每次试验的结果是无法事先预知的现象, 这称为**随机现象**. 例如, 抛掷一枚硬币, 我们无法预知它是出现正面或反面；随机射出的一发子弹, 可能击中目标, 也可能偏离目标等都是随机现象.

虽然随机现象在一定的条件下, 可能出现这样或那样的结果, 而且在每一次试验或观测之前不能预知该次试验的确切结果, 但经过长期的、反复的观察和实践, 人们逐渐发现了所谓结果的"不能预知", 只是对一次或少数几次试验或观察而言的. 例如, 多次抛掷均匀硬币时, 出现带币值的一面朝上的次数约占抛掷总次数的一半. 这种在大量重复性试验或观察时, 试验结果呈现出的规律性, 就是我们以后所讲的统计规律性. 概率论与数理统计就是研究和揭示随机现象统计规律性的一门学科.

在本章中, 我们将介绍概率论的一些基本知识.

1.1　随机事件及其运算

一、随机试验

对随机现象加以研究所进行的观察或实验, 称为试验. 若一个试验满足下列三个特点:

(1) 在给定的一组条件下, 试验可以或原则上可以重复进行；

(2) 每次试验的可能结果不只一个, 但是事先可以知道试验的所有可能结果；

（3）在具体的一次试验中，某种结果出现与否是不确定的，在试验之前不能准确地预知该次试验中将会出现哪一种结果，则称这一试验为**随机试验**，记作 E.

例如，

E_1：抛一枚硬币，观察正面 H、反面 T 出现的情况.

E_2：将一枚硬币抛掷三次，观察正面 H、反面 T 出现的情况.

E_3：将一枚硬币抛掷三次，观察出现正面的次数.

E_4：抛一颗骰子，观察出现的点数.

E_5：记录电话交换台在上午 9 时到 10 时接到的电话呼叫次数.

E_6：测试某种型号灯泡的寿命.

等等，都是随机试验.

二、随机事件与样本空间

由一个特定随机试验所有可能发生的基本结果组成的集合，称为该试验的**样本空间**，通常用 S 表示. 样本空间的每一个元素，即试验的每一个基本结果，称为一个**样本点**，用小写字母 e 表示.

一个特定随机试验的任意一个基本结果，即样本空间的任意一个样本点 ω 组成的单点集合，称为基本随机事件，简称**基本事件**. 样本空间 S 的一个子集，称为该试验的一个**随机事件**. 通常用大写字母 A，B，C 等表示随机事件，随机事件简称为事件. 样本空间 S 包含所有的样本点，它是 S 自身的子集，在每次试验中一定有样本空间 S 中的某一个样本点发生，因此称样本空间 S 为**必然事件**. 空集 $\varnothing$ 不包含任何样本点，它也作为样本空间的子集，它在每次试验中都不发生，称为**不可能事件**.

综上所述，我们可以直观地理解，随机试验的结果就是随机事件. 除 S 和 $\varnothing$ 之外，任一随机事件在随机试验中可能发生，也可能不发生. 随机事件 A 在某一随机试验中发生，当且仅当属于 A 的某一个样本点在随机试验中发生. 必然事件 S 在每次随机试验中都一定发生，不可能事件 $\varnothing$ 则一定不发生. 在这里，我们的定义中把两个确定性的事件 S 与 $\varnothing$ 作为两个特殊的随机事件来处理.

下面写出前面所举例子中随机试验 $E_k(k=1, 2, \cdots, 6)$ 的样本空间 S_k.

S_1：$\{H, T\}$.

S_2：$\{HHH, HHT, HTH, HTT, THH, THT, TTH, TTT\}$.

S_3：$\{0, 1, 2, 3\}$.

S_4：$\{1, 2, 3, 4, 5, 6\}$.

S_5：$\{0, 1, 2, \cdots\}$.

S_6：$\{t \mid t \geqslant 0\}$.

对于试验 E_4，若事件 A 为“出现奇数点”，则 $A=\{1, 3, 5\}$；若事件 B 为

“出现的点数小于5”，则 $B=\{1, 2, 3, 4\}$. 对于试验 E_6，若事件 A 为“灯泡寿命在200到1000小时之间”，则 $A=\{t|200\leqslant t\leqslant 1000\}$.

三、随机事件间的关系与运算

在研究随机试验时，我们发现一个随机试验往往有很多随机事件，其中有些比较简单，有些比较复杂，为了通过较简单的随机事件寻求较复杂随机事件的性质和规律，我们需要研究任意一个特定随机试验的各随机事件间的关系与运算.

（一）事件的包含与相等

如果事件 A 发生必然导致事件 B 发生，则称事件 B 包含事件 A，记作 $A\subset B$ 或 $B\supset A$.

如果事件 A 包含事件 B，同时事件 B 包含事件 A，则称事件 A 与 B 相等，记作 $A=B$.

（二）事件的和

事件 A 与 B 中至少有一个事件发生，即“A 或 B”，也是一个事件，称为事件 A 与 B 的和，记作 $A\cup B$.

（三）事件的积

事件 A 与 B 同时发生，即“A 且 B”，也是一个事件，称为事件 A 与 B 的积，记作 $A\cap B$ 或 AB.

事件的和与积都可以推广到有限多个事件与可列多个事件.

$\bigcup\limits_{i=1}^{n} A_i$ 表示 $A_1, A_2, \cdots, A_n$ 中至少有一个事件发生.

$\bigcup\limits_{i=1}^{\infty} A_i$ 表示 $A_1, A_2, \cdots$ 中至少有一个事件发生.

$\bigcap\limits_{i=1}^{n} A_i$ 或 $\prod\limits_{i=1}^{n} A_i$ 表示 $A_1, A_2, \cdots, A_n$ 同时发生.

$\bigcap\limits_{i=1}^{\infty} A_i$ 或 $\prod\limits_{i=1}^{\infty} A_i$ 表示 $A_1, A_2, \cdots$ 同时发生.

（四）事件的差

事件 A 发生而事件 B 不发生，也是一个事件，称为事件 A 与 B 的差，记作 $A-B$.

（五）互不相容事件

如果事件 A 与事件 B 不能同时发生，即 $AB=\varnothing$，称事件 A 与 B 互不相容（或称互斥）. 如果对任何的 $i\neq j(i, j=1, 2, \cdots, n)$ 都有 $A_iA_j=\varnothing$，则称 n 个事件 $A_1, A_2, \cdots, A_n$ 两两互不相容. 此时，$A_1, A_2, \cdots, A_n$ 的和可以记作 $A_1+A_2+\cdots+A_n$.

（六）对立事件与完备事件组

事件 A 不发生，即事件“非 A”，称为事件 A 的对立事件，又称 A 的逆事件，记作 $\overline{A}$. 由定义看出，两个对立事件一定是互不相容事件；但是，两个互不相容事件不一定是对立事件.

如果 n 个事件 $A_1, A_2, \cdots, A_n$（可以推广到可列无限多）两两互不相容，并且它们的和是必然事件 S，则称这 n 个事件 $A_1, A_2, \cdots, A_n$ 构成一个完备事件组，简称完备组. 它的实际意义是在每次试验中必然发生且仅能发生 $A_1, A_2, \cdots, A_n$ 中的一个事件. 当 $n=2$ 时，构成完备事件组的两个事件 A_1, A_2 就是对立事件.

为了直观，有时用图形表示事件间的关系和运算. 比如用平面上某一个正方形（或矩形、或其他平面图形）区域表示必然事件 S，用该区域上一个子区域表示随机事件. 如图 1-1 所示.

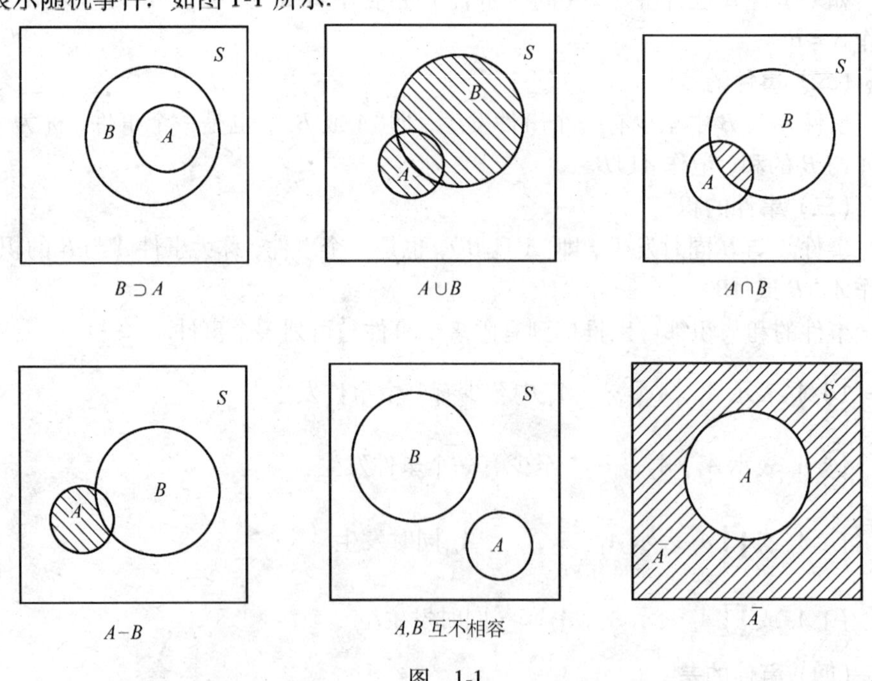

图 1-1

（七）事件的运算律

设 $A, B, C, A_k (k=1, 2, \cdots)$ 为事件，则有

交换律：$A\cup B=B\cup A$，$A\cap B=B\cap A$；

结合律：$(A\cup B)\cup C=A\cup(B\cup C)$，

$(A\cap B)\cap C=A\cap(B\cap C)$；

分配律：$(A\cup B)\cup C=(A\cup C)\cup(B\cup C)$，

$A\cup(B\cap C)=(A\cup B)\cap(A\cup C)$，

$A\cap(B\cup C)=(A\cap B)\cup(A\cap C)$；

德·摩根(De Morgan)律：$\overline{A\cup B}=\overline{A}\cap\overline{B}$, $\overline{A\cap B}=\overline{A}\cup\overline{B}$;

一般地，对有限个事件及可列无限个事件也有

$$\overline{\bigcup_{k=1}^{n}A_k}=\bigcap_{k=1}^{n}\overline{A}_k,\quad \overline{\bigcap_{k=1}^{n}A_k}=\bigcup_{k=1}^{n}\overline{A}_k,$$

$$\overline{\bigcup_{k=1}^{\infty}A_k}=\bigcap_{k=1}^{\infty}\overline{A}_k,\quad \overline{\bigcap_{k=1}^{\infty}A_k}=\bigcup_{k=1}^{\infty}\overline{A}_k.$$

例 1 设 A, B, C 为三个事件，试用 A, B, C 表示下列事件：

(1) A 发生而 B 与 C 都不发生；

(2) A 与 B 都发生而 C 不发生；

(3) A, B, C 都发生；

(4) A, B, C 恰有一个发生；

(5) A, B, C 中至少有一个发生；

(6) A, B, C 中不多于两个发生；

(7) A, B 至少有一个发生而 C 不发生；

(8) A, B, C 恰有两个发生.

解 (1) $A\overline{B}\,\overline{C}$或 $A-B-C$.

(2) $AB\overline{C}$或 $AB-C$.

(3) ABC.

(4) $A\overline{B}\,\overline{C}+\overline{A}B\overline{C}+\overline{A}\,\overline{B}C$.

(5) $A\cup B\cup C$ 或 $A\overline{B}\,\overline{C}+\overline{A}B\overline{C}+\overline{A}\,\overline{B}C+AB\overline{C}+A\overline{B}C+\overline{A}BC+ABC$.

(6) $\overline{ABC}$或 $\overline{A}\,\overline{B}\,\overline{C}+A\overline{B}\,\overline{C}+\overline{A}B\overline{C}+\overline{A}\,\overline{B}C+AB\overline{C}+A\overline{B}C+\overline{A}BC$.

(7) $(A\cup B)\overline{C}$ 或 $A\overline{B}\,\overline{C}+\overline{A}B\overline{C}+AB\overline{C}$.

(8) $AB\overline{C}+A\overline{B}C+\overline{A}BC$.

例 2 试求事件“甲种产品滞销，且乙种产品畅销”的对立事件.

解 设 A 表示“甲种产品畅销”，B 表示“乙种产品畅销”，则由题意，有

$$\overline{\overline{A}\cap B}=\overline{\overline{A}}\cup\overline{B}=A\cup\overline{B},$$

即所求对立事件为“甲种产品畅销或乙种产品滞销”.

1.2 概率的定义及其运算

对于一个事件(除必然事件和不可能事件)来说，它在一次试验中可能发生，也可能不发生. 人们常常通过实际观察来确定某个事件发生的可能性的大小. 例如看到天气阴沉，人们常会说“今天十有八九要下雨”，这个“十有八九”就是表示“今天下雨”这一事件发生可能性的大小. 这是人们通过大量实践所得

出的一种统计规律，即已经经历过 n 次这种天气，下雨的天数在这 n 天中所占比例大约是0.8到0.9. 一般地，人们希望用一个适当的数字来表示事件在一次试验中发生的可能性的大小.

一、概率的统计定义

实践告诉我们，尽管在一次试验中，任一随机事件 A 是否发生具有不确定性，但是如果多次重复同一试验，事件 A 的发生具有统计规律性. 比如，抛掷一枚硬币10次，正面出现(即正面向上)6次；掷一颗骰子100次，6点出现20次. 尽管各事件出现次数不能说明什么问题，但是它们出现的次数与试验次数之比都是一个很有价值的量. 一般地，记 $n(A)$ 为 n 次试验中事件 A 出现的次数，$n(A)$ 与试验总次数 n 的比值，称为事件 A 发生的**频率**，即

$$f_n(A)=\frac{n(A)}{n}. \tag{1.1}$$

(一) 事件的频率

在同一条件下，重复进行 n 次试验，如果事件 A 发生 m 次，事件 B 发生 k 次，则它们的频率分别为

$$f_n(A)=\frac{m}{n},\qquad f_n(B)=\frac{k}{n}.$$

显然，对于任何随机事件 A，$n(A)$ 一定满足 $0\leqslant n(A)\leqslant n$，频率 $f_n(A)$ 一定满足 $0\leqslant f_n(A)\leqslant 1$，而且必然事件 S 的频率 $f_n(S)=1$，不可能事件 $\varnothing$ 的频率 $f_n(\varnothing)=0$. 如果 A 与 B 互不相容，则事件 $A+B$ 的频率应该等于两个事件的频率 $\frac{m}{n}$ 与 $\frac{k}{n}$ 之和. 综上所述，随机事件的频率满足下面三个条件：

(1) $0\leqslant f_n(A)\leqslant 1$；

(2) $f_n(S)=1$；

(3) 若事件 A，B 互不相容，则 $f_n(A\cup B)=f_n(A)+f_n(B)$.

一般地，若事件 $A_1, A_2, \cdots, A_n$ 两两互不相容，则

$$f_n\left(\bigcup_{i=1}^{n}A_i\right)=\sum_{i=1}^{n}f_n(A_i).$$

在历史上，有些人曾多次做过投掷钱币的试验，令 $A=\{$出现正面朝上$\}$，则表1-1给出了他们的试验记录.

表 1-1

试 验 者	投掷次数 n	A 的出现次数 $n(A)$	频率 $f_n(A)$
蒲丰	4040	2048	0.5069
皮尔逊	12000	6019	0.5016
皮尔逊	24000	12012	0.5005

从上表看到，虽然在一次试验中不能预知 A 是否会发生，然而当试验次数

n 逐渐增大时，频率 $f_n(A)$ 几乎总在 0.5 附近摆动.

（二）概率的统计定义

定义 1.1 在不变的一组条件下，重复进行 n 次试验，以 $n(A)$ 表示事件 A 在 n 次试验中出现的次数，则当试验次数 n 很大时，频率 $f_n(A)=n(A)/n$ 稳定地在某一数值 p 附近摆动，而且一般说来，随着试验次数的增多，这种摆动幅度将减小. 我们将这个客观存在的频率的稳定值 p 称为事件 A 在一次试验中发生的概率，记作 $P(A)=p$.

这个定义通常称为概率的统计定义，但是它只是一种描述性的定义. 定义中谈到的客观存在的频率稳定值 p 无法具体确定. 一般只是采取进行大量重复试验，通过频率值及一系列频率的平均值作为概率 $P(A)$ 的近似值，估计 $P(A)$ 的大小.

二、概率的公理化定义

（一）公理化定义

定义 1.2 假设试验 E 的样本空间为 S，对于试验 E 的每一个事件 A，即对于样本空间 S 的一个相应子集 A，都赋予一个实数 $P(A)$，如果 $P(\cdot)$ 满足下面三条公理：

公理 1 非负性：对于任何事件 A，有 $P(A)\geqslant 0$；

公理 2 规范性：对于必然事件 S，有 $P(S)=1$；

公理 3 可列可加性：对于任意可列个两两互不相容的事件 $A_1, \cdots, A_n, \cdots$，有

$$P\left(\bigcup_{i=1}^{\infty} A_i\right) = \sum_{i=1}^{\infty} P(A_i),$$

则称 $P(A)$ 为事件 A 的**概率**.

上述三条公理称为概率论的公理化结构. 这三条不需证明的公理是随机事件的概率所应具备的三个基本属性，也是我们研究概率的基础与出发点.

（二）概率的性质

从概率的三条公理出发，我们可以得到下面一系列重要推论，称为概率的性质.

1. 不可能事件的概率是零，即 $P(\varnothing)=0$.

证明 令 $A_n=\varnothing$，$n=1, 2, \cdots$，显然 $A_1, \cdots, A_n, \cdots$ 两两互不相容，且其和仍为 $\varnothing$，由公理 3，有

$$P(\varnothing) = P\left(\bigcup_{i=1}^{\infty} A_n\right) = \sum_{i=1}^{\infty} P(A_n) = \sum_{n=1}^{\infty} P(\varnothing).$$

上式成立的充分必要条件是 $P(\varnothing)=0$.

2. 有限可加性.

假设事件 $A_1, A_2, \cdots, A_n$ 两两互不相容，则有

$$P\left(\bigcup_{i=1}^{n} A_i\right) = \sum_{i=1}^{n} P(A_i). \tag{1.2}$$

特别地，如果两个事件 A 与 B 互不相容，则

$$P(A \cup B) = P(A) + P(B). \tag{1.3}$$

证明　令 $A_{n+i} = \varnothing$，$i = 1, 2, \cdots$，由公理 3 和性质 1，易得等式成立.

3. 如果事件 $A_1, A_2, \cdots, A_n, \cdots$ 构成一个完备事件组，即 $A_1, A_2, \cdots, A_n, \cdots$ 两两互不相容，其和为 S，则

$$\sum_{i=1}^{\infty} P(A_i) = 1. \tag{1.4}$$

证明　由公理 3 及公理 2 有

$$1 = P(S) = P\left(\bigcup_{i=1}^{\infty} A_i\right) = \sum_{i=1}^{\infty} P(A_i).$$

对于有限个事件 $A_1, A_2, \cdots, A_n$ 构成的完备事件组，由性质 2 及公理 2 也很容易得到下面等式

$$P(A_1) + \cdots + P(A_n) = 1.$$

特别地，两个对立事件概率的和为 1，即

$$P(A) = 1 - P(\bar{A}).$$

4. 如果事件 $A \supset B$，则有

$$P(A - B) = P(A) - P(B). \tag{1.5}$$

证明　由于 $A \supset B$，因此 $AB = B$，又 $A - B$ 与 AB 互不相容，且 $A = (A - B) + AB$. 由性质 2 可得

$$P(A) = P[(A - B) + B] = P(A - B) + P(B),$$

移项可得等式.

5. 如果事件 $A \supset B$，则有 $P(A) \geqslant P(B)$.

证明　由性质 4 知 $P(A - B) = P(A) - P(B)$. 由公理 1 知 $P(A - B) \geqslant 0$. 因此 $P(A) - P(B) \geqslant 0$，即 $P(A) \geqslant P(B)$.

6. 对任何事件 A，$P(A) \leqslant 1$.

证明　由于任何事件 A 与必然事件 S 满足关系 $S \supset A$，由性质 5 及公理 2 可得 $P(A) \leqslant P(S) = 1$.

7. 对于任意两个事件 A 与 B，有

$$P(A \cup B) = P(A) + P(B) - P(AB). \tag{1.6}$$

证明　由性质 4，可得 $P(A - B) = P(A) - P(AB)$. 由事件运算法则可得

$$A \cup B = (A - B) + B,$$

且 $A - B$ 与 B 互不相容，根据有限可加性知

$$P(A\cup B)=P(A-B)+P(B)=P(A)+P(B)-P(AB).$$

（性质2称为加法公式，性质7称为广义加法公式.）

可以证明，对于任意三个事件，A，B，C，有

$P(A\cup B\cup C)=P(A)+P(B)+P(C)-P(AB)-P(AC)-P(BC)+P(ABC)$；

对于 n 个事件 A_1，A_2，…，A_n，有

$P\left(\bigcup\limits_{i=1}^{n} A_i\right)=\sum\limits_{i=1}^{n}P(A_i)-\sum\limits_{1\leqslant i<j\leqslant n}P(A_iA_j)+\sum\limits_{1\leqslant i<j<k\leqslant n}P(A_iA_jA_k)-\cdots+(-1)^{n+1}P(A_1A_2\cdots A_n)$.

概率的上述性质对于计算事件的概率是非常有用的.

例1 某人外出旅游两天，据天气预报，第一天下雨的概率为0.6，第二天下雨的概率为0.3，两天都下雨的概率为0.1. 试求：

（1）第一天下雨而第二天不下雨的概率；

（2）第一天不下雨而第二天下雨的概率；

（3）至少有一天下雨的概率；

（4）两天都不下雨的概率；

（5）至少有一天不下雨的概率.

解 设 A_i 表示“第 i 天下雨”的事件，$i=1$，2. 由题意，有

$$P(A_1)=0.6,\ P(A_2)=0.3,\ P(A_1A_2)=0.1.$$

（1）设 B 表示“第一天下雨而第二天不下雨”的事件，则由 $B=A_1\overline{A_2}=A_1-A_2=A_1-A_1A_2$，且 $A_1A_2\subset A_1$，得

$$P(B)=P(A_1-A_1A_2)=P(A_1)-P(A_1A_2)=0.6-0.1=0.5.$$

（2）设 C 表示“第一天不下雨而第二天下雨”的事件，则同(1)的解法，有

$$P(C)=P(A_2-A_1A_2)=P(A_2)-P(A_1A_2)=0.3-0.1=0.2.$$

（3）设 D 表示“至少有一天下雨”的事件，则由 $D=A_1\cup A_2$，得

$$P(D)=P(A_1\cup A_2)=P(A_1)+P(A_2)-P(A_1A_2)=0.6+0.3-0.1=0.8.$$

（4）设 E 表示“两天都不下雨”的事件，则由 $E=\overline{A_1}\,\overline{A_2}=\overline{A_1\cup A_2}$，得

$$P(E)=P(\overline{A_1\cup A_2})=1-P(A_1\cup A_2)=1-0.8=0.2.$$

（5）设 F 表示“至少有一天不下雨”的事件，则

$$P(F)=P(\overline{A_1A_2})=1-P(A_1A_2)=1-0.1=0.9.$$

例2 某地发行 A，B，C 三种报纸. 已知在市民中订阅 A 报的有45%，订阅 B 报的有35%，订阅 C 报的有30%，同时订阅 A 报及 B 报的有10%，同时订阅 A 报及 C 报的有8%，同时订阅 B 报及 C 报的有5%，同时订阅 A，B，C 报的有3%. 试求下列事件的概率：

(1) 只订 A 报；

(2) 只订 A 报及 B 报；

(3) 至少订一种报纸；

(4) 不订任何报纸；

(5) 恰好订两种报纸；

(6) 恰好订一种报纸；

(7) 至多订一种报纸.

解 设 A, B, C 分别表示"订 A 报"、"订 B 报"、"订 C 报"的事件，则由题设，有

$$P(A)=0.45, P(B)=0.35, P(C)=0.30,$$
$$P(AB)=0.10, P(AC)=0.08, P(BC)=0.05, P(ABC)=0.03.$$

(1) $P(A\overline{B}\overline{C})=P(A-B-C)=P(A-AB-AC)$
$=P(A-A(B\cup C))=P(A)-P(AB\cup AC)$
$=P(A)-P(AB)-P(AC)+P(ABC)$
$=0.45-0.10-0.08+0.03=0.30.$

(2) $P(AB\overline{C})=P(AB-C)=P(AB-ABC)$
$=P(AB)-P(ABC)=0.10-0.03=0.07.$

(3) $P(A\cup B\cup C)=P(A)+P(B)+P(C)-P(AB)-P(AC)-P(BC)+P(ABC)$
$=0.45+0.35+0.30-0.10-0.08-0.05+0.03=0.90.$

(4) $P(\overline{A}\overline{B}\overline{C})=P(\overline{A\cup B\cup C})=1-P(A\cup B\cup C)=1-0.90=0.10.$

(5) 由(2)可知

$P(A\overline{B}C)=P(AC)-P(ABC)=0.08-0.03=0.05,$

$P(\overline{A}BC)=P(BC)-P(ABC)=0.05-0.03=0.02,$

故所求概率为

$P(AB\overline{C}+A\overline{B}C+\overline{A}BC)=P(AB\overline{C})+P(A\overline{B}C)+P(\overline{A}BC)$
$=0.07+0.05+0.02=0.14.$

(6) $P(A\overline{B}\overline{C}+\overline{A}B\overline{C}+\overline{A}\overline{B}C)=1-P(\overline{A}\overline{B}\overline{C})-P(AB\overline{C}+A\overline{B}C+\overline{A}BC)-P(ABC)$
$=1-0.10-0.14-0.03=0.73.$

(7) 由(4)和(6)，得

$P(A\overline{B}\overline{C}+\overline{A}B\overline{C}+\overline{A}\overline{B}C+\overline{A}\overline{B}\overline{C})=P(A\overline{B}\overline{C}+\overline{A}B\overline{C}+\overline{A}\overline{B}C)+P(\overline{A}\overline{B}\overline{C})$
$=0.73+0.10=0.83.$

三、古典概型

随机事件的概率是在试验中该事件出现的可能性大小的数值度量. 但是在

很多情况下，直接计算某一事件的概率是非常困难甚至是不可能的，不过对于一些简单的试验，其事件的概率可以直接计算，其中最简单的试验模型是古典概型.

定义 1.3 设随机试验 E 满足下列条件：

(1) 试验的样本空间只有有限个样本点，即 $S=\{e_1, e_2, \cdots, e_n\}$；

(2) 每个样本点的发生是等可能的，即 $P(e_1)=P(e_2)=\cdots=P(e_n)$，

则称此试验为**古典概型**，也称为**等可能概型**.

由于每个样本点所表示的基本事件是互不相容的，因此有

$$P(S)=P\{e_1\cup e_2\cup\cdots\cup e_n\}=P(e_1)+P(e_2)+\cdots+P(e_n)=1,$$

由条件(2)，即得 $P(e_i)=\dfrac{1}{n}$, $i=1, 2, \cdots, n$.

设事件 A 包含了 k 个基本事件 $e_{i_1}, e_{i_2}, \cdots, e_{i_k}$，即

$$A=e_{i_1}\cup e_{i_2}\cup\cdots\cup e_{i_k}(1\leqslant i_1<\cdots<i_k\leqslant n),$$

则有

$$\begin{aligned}P(A)&=P\{e_{i_1}\cup e_{i_2}\cup\cdots\cup e_{i_k}\}\\&=P(e_{i_1})+P(e_{i_2})+\cdots+P(e_{i_k})\\&=\frac{k}{n}=\frac{A\text{所包含的基本事件个数}}{S\text{中基本事件总数}}.\end{aligned}\tag{1.7}$$

古典概型中，事件的概率称为**古典概率**. 对于古典概率的计算，关键在于计算基本事件总数和所求事件包含的基本事件个数. 由于样本空间的选取可能有不同的方法，因此可采用不同的方法计算古典概率.

一般地，当基本事件总数相当大的时候，可利用排列、组合及乘法原理、加法原理的知识计算基本事件数，进而求得相应的概率.

例 3 一个口袋中装有 5 只乒乓球，其中 3 只是白色的，2 只是黄色的. 现从袋中取球两次，每次取 1 只，取出后不再放回. 试求：

(1) 两只球都是白球的概率；

(2) 两只球颜色不同的概率；

(3) 至少有一只白球的概率.

解 设 A 表示“两只球都是白球”的事件，B 表示“两只球颜色不同”的事件，C 表示“至少有一只白球”的事件，则有

基本事件总数 $n=\mathrm{A}_5^2=5\times4=20$；

A 所包含的基本事件数 $k_A=\mathrm{A}_3^2=3\times2=6$；

B 所包含的基本事件数 $k_B=\mathrm{A}_3^1\mathrm{A}_2^1+\mathrm{A}_2^1\mathrm{A}_3^1=3\times2+2\times3=12$；

C 所包含的基本事件数 $k_C=\mathrm{A}_3^1\mathrm{A}_2^1+\mathrm{A}_2^1\mathrm{A}_3^1+\mathrm{A}_3^2=12+6=18$，

(1) $P(A)=\dfrac{k_A}{n}=\dfrac{3}{10}$.

(2) $P(B)=\frac{k_B}{n}=\frac{3}{5}$.

(3) $P(C)=\frac{k_C}{n}=\frac{9}{10}$.

在(3)中，若利用$P(\overline{C})$来求$P(C)$则更为简单. 因为$\overline{C}$是表示“两只球均为黄球”的事件，所以

$$P(C)=1-P(\overline{C})=1-\frac{A_2^2}{n}=1-\frac{2}{20}=\frac{9}{10}.$$

本例也可另外设计样本空间. 若对于取出的两只球不考虑其先后次序，则有

$$n=C_5^2=\frac{5\times4}{2!}=10,\ k_A=C_3^2=3,\ k_B=C_3^1C_2^1=6,\ k_{\overline{C}}=C_2^2=1.$$

于是$P(A)=\frac{k_A}{n}=\frac{3}{10}$, $P(B)=\frac{k_B}{n}=\frac{3}{5}$, $P(C)=1-P(\overline{C})=1-\frac{1}{10}=\frac{9}{10}$.

应特别注意的是，为了便于问题的解决，样本空间可以作不同的设计，但必须满足等可能性的要求. 本例若视白球间是无区别的，黄球间也是无区别的话，则得

$$S=\{(白,白),(白,黄),(黄,白),(黄,黄)\},$$

在这个样本空间中，基本事件的发生不是等可能的，因此不能利用古典概率的方法来计算事件的概率.

例 4 袋中有a只白球、b只红球，依次将球一只只摸出，取出后不放回. 求第$k(1\leqslant k\leqslant a+b)$次摸出白球的概率.

解 设想球是编号的，一只只摸取直至第k次取球为止，则基本事件总数就是从$a+b$个编号的球中选出k个球进行排列的排列个数，即$n=A_{a+b}^k$.

设A为“第k次摸出白球”的事件，则A的发生相当于从a只白球中选出一只放在第k个位置上，从$a+b-1$只球中任选$k-1$只球放在前面$k-1$个位置上，于是由乘法原理，可得$k_A=A_a^1A_{a+b-1}^{k-1}$，从而

$$\begin{aligned}P(A)&=\frac{A_a^1A_{a+b-1}^{k-1}}{A_{a+b}^k}\\&=\frac{a(a+b-1)(a+b-2)\cdots(a+b-k+1)}{(a+b)(a+b-1)(a+b-2)\cdots(a+b-k+1)}\\&=\frac{a}{a+b}.\end{aligned}$$

本题还有另一种解法. 设每次试验为将摸出的$a+b$只编号的球依次排列在$a+b$个位置上，则有

$$n=(a+b)!,\ k_A=(a+b-1)!a,$$

于是

$$P(A)=\frac{(a+b-1)!a}{(a+b)!}=\frac{a}{a+b}.$$

本题是求第 k 次摸到白球的概率，然而结果却与 k 无关，即与摸球的次序无关，摸到白球的概率总是$\frac{a}{a+b}$. 这一结果表明，在进行与此类似的抽签活动时，中签的概率与抽签的先后次序无关，机会是均等的.

若将本题改为放回抽样，即每次取出一球记录下颜色后，再将其放回袋中. 如此接连摸取，求第 k 次摸出白球的概率.

设抽取 k 只球的结果为一基本事件，则基本事件总数为$(a+b)^k$，第 k 次摸出白球的事件 A 所包含的基本事件数为$(a+b)^{k-1}a$，于是

$$P(A)=\frac{(a+b)^{k-1}a}{(a+b)^k}=\frac{a}{a+b}.$$

例5 某批产品有 a 件正品，b 件次品. 从中用放回和不放回两种抽样方式抽取 n 件产品，问其中恰有 $k(k\leqslant n)$ 件次品的概率是多少？

解 (1) 放回抽样

从 $a+b$ 件产品中有放回地抽取 n 件产品，所有可能的取法有$(a+b)^n$ 种. 取出的 n 件产品中有 k 件次品，它们可以出现在不同的位置，所有可能的取法有 C_n^k 种. 对于取定的一种位置，由于取正品有 a 种可能，取次品有 b 种可能，即有 $a^{n-k}b^k$ 种可能. 于是取出的 n 件产品中恰有 k 件次品的可能取法共有 $\mathrm{C}_n^k a^{n-k}b^k$ 种，故所求概率为

$$P_1=\frac{\mathrm{C}_n^k a^{n-k}b^k}{(a+b)^n}=\mathrm{C}_n^k\left(\frac{a}{a+b}\right)^{n-k}\left(\frac{b}{a+b}\right)^k.$$

(2) 不放回抽样

从 $a+b$ 件产品中不放回地抽取 n 件(不计次序)产品的所有可能的取法有 C_{a+b}^n种. 在 a 件正品中取 $n-k$ 件的所有可能的取法有 C_a^{n-k} 种，在 b 件次品中取 k 件的所有可能的取法有 C_b^k 种，于是取出的 n 件产品中恰有 k 件次品的所有可能的取法有 $\mathrm{C}_a^{n-k}\mathrm{C}_b^k$ 种，故所求概率为 $P_2=\frac{\mathrm{C}_a^{n-k}\mathrm{C}_b^k}{\mathrm{C}_{a+b}^n}$.

这个公式称为**超几何分布的概率公式**.

例6 设有 n 个颜色各不相同的球，每个球都以概率$\frac{1}{N}$落在 $N(n\leqslant N)$ 个盒子中的每一个盒子里，且每个盒子能容纳的球数是没有限制的. 试求下列事件的概率：

A：指定的某一个盒子中没有球；

B：指定的某 n 个盒子中各有一个球；

C：恰有 n 个盒子中各有一个球；

D：指定的某一个盒子中恰有 m 个球($m\leqslant n$).

解 因为每个球落在 N 个盒子中的可能性均有 N 种，所以基本事件总数相当于从 N 个元素中选取 n 个的重复排列数，即为 N^n. 事件 A，B，C，D 所包含的基本事件数分别为

$$k_A=(N-1)^n,\ k_B=n!,\ k_C=\mathrm{C}_N^n\cdot n!,\ k_D=\mathrm{C}_n^m\cdot(N-1)^{n-m},$$

于是$P(A)=\dfrac{(N-1)^n}{N^n}=\left(1-\dfrac{1}{N}\right)^n$，

$$P(B)=\frac{n!}{N^n},$$

$$P(C)=\frac{\mathrm{C}_N^n\cdot n!}{N^n},$$

$$P(D)=\frac{\mathrm{C}_n^m\cdot(N-1)^{n-m}}{N^n}.$$

上述问题称为球在盒中的分布问题. 有许多实际问题可以归结为球在盒中的分布问题，但必须分清问题中的“球”与“盒子”，不可弄错.

例如，有 $n(n\leqslant 365)$个人，设每人的生日在一年 365 天中任一天的可能性是相同的. 试求下列事件的概率：

A：n 个人的生日均不相同；

B：至少有两个人生日相同.

在上述问题中可视人为“球”，365 天为 365 只“盒子”，归结为球在盒中的分布问题，得

$$P(A)=\frac{\mathrm{A}_{365}^n}{(365)^n},$$

$$P(B)=1-P(A)=1-\frac{\mathrm{A}_{365}^n}{(365)^n}.$$

当 $n=64$ 时，$P(B)\approx 0.997$，“至少有两人生日相同”的事件的概率非常接近1，几乎是一个必然事件了.

例 7 从 1 至 2000 中任意取一整数，求取到的整数能被 6 或 8 整除的概率.

解 设 A 为“取到的整数能被 6 整除”的事件，B 为“取到的整数能被 8 整除”的事件，则由 $333<\dfrac{2000}{6}<334$，$\dfrac{2000}{8}=250$，得 $k_A=333$，$k_B=250$. 由 $83<\dfrac{2000}{24}<84$，得“同时能被 6 和 8 整除”的数 $k_{AB}=83$，基本事件总数 $n=2000$，于

是所求的概率为

$$P(A \cup B) = P(A) + P(B) - P(AB) = \frac{333}{2000} + \frac{250}{2000} - \frac{83}{2000} = \frac{1}{4}.$$

例8 从0, 1, …, 9共十个数字中随机有放回地接连取四个数字，并按其出现的先后顺序排成一列. 试求下列各事件的概率：

(1) A_1：四个数字排成一个偶数；

(2) A_2：四个数字排成一个四位数；

(3) A_3：四个数字中0恰好出现两次；

(4) A_4：四个数字中0至少出现一次.

解 因为是放回有序抽取，所以样本空间含10^4个基本事件.

(1) 若使四个数字组成偶数，则只需末位数字为偶数即可. 这有5种可能，即0, 2, 4, 6, 8，而前三位数是任意的，有10^3种取法，于是A_1共含有$C_5^1 \cdot 10^3$个基本事件，从而

$$P(A_1) = \frac{C_5^1 \cdot 10^3}{10^4} = 0.5.$$

(2) 若使四个数字组成一个四位数，则只需第一位数字不是0即可，而后三位数是任意的，于是A_2共含有$C_9^1 \cdot 10^3$个基本事件，从而

$$P(A_2) = \frac{C_9^1 \cdot 10^3}{10^4} = 0.9.$$

(3) 若使0恰好出现两次，则只需某两次取数为0，另两次不为0即可，于是A_3共含有$C_4^2 \cdot 9^2$个基本事件，从而$P(A_3) = \dfrac{C_4^2 \cdot 9^2}{10^4} = 0.0486.$

(4) 若使取出的四个数字中不包含0，则共有9^4种不同取法，于是这一事件的概率为$\dfrac{9^4}{10^4}$，从而$P(A_4) = 1 - \dfrac{9^4}{10^4} = 1 - (0.9)^4 = 0.3439.$

例9 从n双不同的鞋子中任取$2k(2k < n)$只，求没有成双鞋子的概率.

解 样本空间含C_{2n}^{2k}个基本事件. 设A为“没有成双的鞋子”的事件，则实现这一事件可从n双鞋子中任取$2k$双，共有C_n^{2k}种取法，再从每一双取出的鞋子中，任取其中一只，有C_2^1种取法，于是A共含$C_n^{2k}(C_2^1)^{2k}$个基本事件，从而

$$P(A) = \frac{C_n^{2k} \cdot (C_2^1)^{2k}}{C_{2n}^{2k}} = \frac{C_n^{2k} \cdot 2^{2k}}{C_{2n}^{2k}}.$$

例10 将12名工人随机地平均分配到三个班组中去，其中有3名

熟练工. 试问:

(1) 每一班组各分配到一名熟练工的概率是多少?

(2) 3 名熟练工分配在同一班组的概率是多少?

解 12 名工人平均分配到三个班组中去的可能的分法总数, 即基本事件总数为

$$C_{12}^4 C_8^4 C_4^4 = \frac{12!}{4!4!4!}.$$

(1) 每一班组各分配到一名熟练工的分法有 3! 种. 对于这样的每一种分法, 其余 9 名工人平均分配到三个班组的分法共有$\frac{9!}{3!3!3!}$种, 于是, 每一班组各分配到一名熟练工的分法共有$\frac{3!9!}{3!3!3!}$种, 从而所求概率为

$$P_1 = \frac{3!9!}{3!3!3!}\bigg/\frac{12!}{4!4!4!} = \frac{16}{55} \approx 0.2909.$$

(2) 将 3 名熟练工分配在同一班组的分法有 3 种. 对于这样的每一种分法, 其余 9 名工人的分法总数为 $C_9^1 C_8^4 C_4^4 = \frac{9!}{1!4!4!}$, 于是 3 名熟练工分配在同一班组的分法共有$\frac{3 \cdot 9!}{1!4!4!}$种, 从而所求概率为

$$P_2 = \frac{3 \cdot 9!}{1!4!4!}\bigg/\frac{12!}{4!4!4!} = \frac{3}{55} \approx 0.0545.$$

例 11 某接待站在某一周曾接待过 12 次来访, 已知所有这 12 次接待都是在周二和周四进行的, 问是否可以推断接待时间是有规定的?

解 假设接待站的接待时间没有规定, 而来访者在一周的任一天中去接待站是等可能的, 那么, 12 次接待来访者都是在周二、周四的概率为 $2^{12}/7^{12} \approx 0.0000003$. 人们在长期的实践中总结得到"概率很小的事件在一次试验中实际上几乎是不发生的"(称之为实际推断原理). 现在概率很小的事件在一次试验中竟然发生了, 因此有理由怀疑假设的正确性, 从而推断接待站不是每天都接待来访者, 即认为其接待时间是有规定的.

1.3 条件概率与全概率公式

一、条件概率

例 1 一个班级中有 80 名男生, 20 名女生. 通过英语六级者 60 名, 其中有 14 名女生, 现在从班级名册中任意叫一个名字, 计算:

(1) 叫到的同学英语过六级的概率 $P(A)$;

(2) 叫到的同学是女生的概率 $P(B)$；

(3) 叫到的同学既是女生，又是英语过六级者的概率 $P(AB)$；

(4) 如果发现叫到的是女生，其英语过六级的概率 p.

解 根据古典概型公式，得

(1) $P(A)=\frac{60}{100}=0.6.$

(2) $P(B)=\frac{20}{100}=0.2.$

(3) $P(AB)=\frac{14}{100}=0.14$

(4) 在20名女生中只有14人英语过六级，因此 $p=14/20=0.7$.

设 p 是在事件 B 已经发生的条件下，事件 A 发生的概率，一般说来它与无条件概率 $P(A)$ 不同. 我们称前者为事件 A 在 B 发生条件下的条件概率，为了区别于无条件概率 $P(A)$，记作 $P(A|B)$，即 $p=P(A|B)=\frac{14}{20}=0.7$. 由于 $P(B)=\frac{20}{100}=0.2$，我们发现

$$P(A|B)=\frac{14}{20}=\frac{14/100}{20/100}=\frac{P(AB)}{P(B)}.$$

受到具体事例的启发，我们给出条件概率的定义如下：

定义1.4 设事件 A，B 是任意两个随机事件，且 $P(B)>0$. 我们用符号 $P(A|B)$ 表示在事件 B 发生的条件下，事件 A 发生的**条件概率**. 定义为

$$P(A|B)=\frac{P(AB)}{P(B)}. \tag{1.8}$$

注意以下两点：

(1) 条件概率也是一种概率，它具有一般概率的三个**基本属性**，即当 $P(B)>0$ 时，

①对任何事件 A，$P(A|B)\geqslant 0$；

② $P(S|B)=1$；

③对于可列个两两互不相容的事件 A_1，A_2，…，A_n，…，有

$$P\left(\bigcup_{i=1}^{\infty}A_i \mid B\right)=\sum_{i=1}^{\infty}P(A_i \mid B).$$

证明 ①由于 $P(B)>0$，$P(AB)\geqslant 0$，由定义1.4有

$$P(A|B)=\frac{P(AB)}{P(B)}\geqslant 0.$$

② $P(S|B)=\frac{P(SB)}{P(B)}=\frac{P(B)}{P(B)}=1.$

$$③P\left(\bigcup_{i=1}^{\infty}A_i|B\right)=\frac{P\left[\left(\bigcup_{i=1}^{\infty}A_i\right)B\right]}{P(B)}=\frac{P\left(\bigcup_{i=1}^{\infty}A_iB\right)}{P(B)}.$$

由于$A_1, A_2, \cdots, A_n, \cdots$两两互不相容，因此$A_1B, A_2B, \cdots, A_nB, \cdots$也两两互不相容. 于是有

$$P\left(\bigcup_{i=1}^{\infty}A_i\mid B\right)=\frac{P\left(\bigcup_{i=1}^{\infty}A_iB\right)}{P(B)}=\frac{1}{P(B)}\sum_{i=1}^{\infty}P(A_iB)$$
$$=\sum_{i=1}^{\infty}\frac{P(A_iB)}{P(B)}=\sum_{i=1}^{\infty}P(A_i\mid B).$$

（2）条件概率$P(A|B)$既不同于无条件概率$P(A)$，也不同于无条件概率$P(AB)$. 比如在例1(4)中，在已知事件B发生的条件下，考察事件A出现的概率时，应把原来试验的样本空间所包含的100个基本事件总数减少成为20个，这时有利于事件的基本事件数也不再是60个，而是14个，也就是说条件概率$P(A|B)$与无条件概率$P(A)$不仅讨论的样本空间不同，而且有利于各事件的基本事件数也不一样. 同样地，$P(A|B)$与$P(AB)$的区别在于$P(AB)$是从全班100名同学中任叫一人，即从由全部100个基本事件组成的试验的样本空间出发，考察叫到的既是女生，又是英语过六级者的概率. 而$P(A|B)$是在已知叫到的一名同学为女生这一信息后，再考察她是英语过六级者的概率，此时的样本空间仅有20个基本事件，二者所讨论的样本空间不同.

二、乘法公式

假设A, B是两个随机事件，由条件概率的定义式(1.8)则有

$$P(AB)=P(A)P(B|A) \qquad (P(A)>0)$$
$$=P(B)P(A|B) \qquad (P(B)>0) \qquad (1.9)$$

上述公式称为概率的**乘法公式**.

对于n个事件$A_1, A_2, \cdots, A_n$，当$P(A_1A_2\cdots A_{n-1})>0$时，有

$$P(A_1A_2\cdots A_n)=P(A_1)P(A_2|A_1)P(A_3|A_1A_2)\cdots P(A_n|A_1\cdots A_{n-1}). \qquad (1.9)'$$

例2 假设一批产品的合格率为95%，在合格品中有80%是优质品，求整批产品的优质品率.

解 记事件A为“任取一件产品为合格品”，B为“任取一件产品为优质品”. 依题意，$P(A)=0.95$，$P(B|A)=0.8$. 由于$A\supset B$，因此$AB=B$，应用乘法公式有

$$P(B)=P(AB)=P(A)P(B|A)=0.95\times0.8=0.76.$$

例3 设A, B是两个随机事件，且$P(A)=P(B)=0.4$，$P(A\cup B)=0.5$，试计算概率$P(A|B)$，$P(A-B)$，$P(A|\overline{B})$.

解 由 $P(A\cup B)=P(A)+P(B)-P(AB)$，可得

$$P(AB)=P(A)+P(B)-P(A\cup B)=0.4+0.4-0.5=0.3,$$

$$P(A|B)=\frac{P(AB)}{P(B)}=\frac{0.3}{0.4}=0.75,$$

$$P(A-B)=P(A-AB)=P(A)-P(AB)=0.4-0.3=0.1.$$

或由 $P(A\cup B)=P(B)+P(A-B)$，得

$$P(A-B)=P(A\cup B)-P(B)=0.5-0.4=0.1,$$

$$P(A|\overline{B})=\frac{P(A\overline{B})}{P(\overline{B})}=\frac{P(A-B)}{1-P(B)}=\frac{0.1}{1-0.4}=\frac{1}{6}\approx 0.17.$$

注意 对于任何两个事件 A，B，只要 $P(B)>0$，一定有 $P(A|B)+P(\overline{A}|B)=1$. 但是即使 $P(B)$，$P(\overline{B})$均大于零，$P(A|B)+P(A|\overline{B})$也不一定等于1. 因此如果认为 $P(A|\overline{B})=1-P(A|B)=0.25$，则是错误的.

例 4 为了防止意外，在矿内同时设有两种报警系统，每种报警系统单独使用时，其有效的概率系统甲是0.92，系统乙是0.93. 在甲失灵的条件下，乙仍有效的概率是0.85，求：

(1) 发生意外时，这两个报警系统至少有一个有效的概率；

(2) 在系统乙失灵的条件下，甲仍有效的概率；

(3) 系统甲、乙都有效的概率.

解 设事件 A，B 分别表示系统甲、乙单独使用时有效，依题意，

$$P(A)=0.92,\ P(B)=0.93,\ P(B|\overline{A})=0.85.$$

(1) $\overline{A}B$ 与 A 互不相容，且 $A\cup B=A+\overline{A}B$，所以

$$\begin{aligned}P(A\cup B)&=P(A)+P(\overline{A}B)=P(A)+P(\overline{A})P(B|\overline{A})\\&=0.92+0.08\times 0.85=0.988.\end{aligned}$$

(2) B 与 $A\overline{B}$互不相容，且 $A\cup B=B+A\overline{B}$，所以

$$P(A\overline{B})=P(A\cup B)-P(B)=0.988-0.93=0.058,$$

$$P(A|\overline{B})=\frac{P(A\overline{B})}{P(\overline{B})}=\frac{0.058}{0.07}\approx 0.83.$$

(3) AB 与 $A\overline{B}$互不相容，且 $A=AB+A\overline{B}$，所以

$$P(AB)=P(A)-P(A\overline{B})=0.92-0.058=0.862.$$

例 5 罐内有一个白球与一个黑球，先从罐内任取一球，若取出白球，则试验终止，若取出黑球，则把黑球放回去，同时再加进一个黑球，然后再从中任取一球. 如此下去，直到取出白球为止，计算下列事件的概率：

(1) 取了 n 次均未取到白球；

(2) 试验在第 n 次取球后终止.

解 记事件 $A_i=\{$第 i 次取到黑球$\}$，$i=1,2,\cdots,n$.

(1) $P(A_1A_2\cdots A_n)=P(A_1)P(A_2|A_1)\cdots P(A_n|A_1A_2\cdots A_{n-1})$

$$=\frac{1}{2}\times\frac{2}{3}\times\cdots\times\frac{n}{n+1}=\frac{1}{n+1}.$$

(2) $P(A_1A_2\cdots A_{n-1}\overline{A}_n)=P(A_1)P(A_2|A_1)\cdots P(A_{n-1}|A_1\cdots A_{n-2})\times P(\overline{A}_n|A_1A_2\cdots A_{n-1})$

$$=\frac{1}{2}\times\frac{2}{3}\times\cdots\times\frac{n-1}{n}\times\frac{1}{n+1}=\frac{1}{n(n+1)}.$$

或应用(1)的结果 $P(A_1A_2\cdots A_n)=\frac{1}{n+1}$, 得

$$P(A_1A_2\cdots A_{n-1})=\frac{1}{n},$$

$$P(A_1A_2\cdots A_{n-1}\overline{A}_n)=P(A_1A_2\cdots A_{n-1})-P(A_1A_2\cdots A_{n-1}A_n)=\frac{1}{n}-\frac{1}{n+1}=\frac{1}{n(n+1)}.$$

说明 (2)中第二种方法是应用 $B=BA\cup B\overline{A}$, 并且 BA 与 $B\overline{A}$ 互不相容, 从等式 $P(B)=P(BA)+P(B\overline{A})$ 移项而得.

例 6 设 A, B 是两个随机事件, 且 $0<P(A)<1$, $P(B|A)=P(B|\overline{A})$, 求证 $P(AB)=P(A)P(B)$.

证明 $P(B|A)=\frac{P(AB)}{P(A)}$,

$$P(B|\overline{A})=\frac{P(\overline{A}B)}{P(\overline{A})}=\frac{P(B)-P(AB)}{1-P(A)}.$$

从 $P(B|A)=P(B|\overline{A})$, 可得

$$\frac{P(AB)}{P(A)}=\frac{P(B)-P(AB)}{1-P(A)},$$

$$P(AB)-P(A)P(AB)=P(A)P(B)-P(A)P(AB),$$

$$P(AB)=P(A)P(B).$$

三、全概率公式与贝叶斯公式

(一) 全概率公式

例 7 假设 10 张彩票中有 3 张是中奖彩票, 7 张是不中奖彩票. 甲、乙二人先后各买一张, 分别计算它们中奖的概率.

解 记事件 A, B 分别表示甲、乙二人中奖. 易知

$$P(A)=\frac{3}{10}.$$

事件 B 可以写成两个互不相容事件 AB 与 $\overline{A}B$ 的和. 应用概率的有限可加性与

乘法公式，有

$$P(B)=P(AB)+P(\overline{A}B)=P(A)P(B|A)+P(\overline{A})P(B|\overline{A})$$

$$=\frac{3}{10}\times\frac{2}{9}+\frac{7}{10}\times\frac{3}{9}=\frac{3}{10}.$$

从这个例子中我们发现，有些事件概率的计算比较简单，可以直接用古典概率定义或概率性质或有关公式得到，如 $P(A)$. 而有些事件比较复杂，直接计算出概率较困难. 比如本例中的事件 B，需要先将它分解为较简单的两个互不相容事件 AB 与 $\overline{A}B$ 的和，再结合概率的性质及有关公式计算出概率 $P(B)$. 将这类题型加以总结得到一个计算较复杂事件概率的重要公式：

如果事件 $A_1, A_2, \cdots, A_n$ 构成一个完备事件组，并且它们的概率都大于零，则对任意一个事件 B，有

$$P(B)=\sum_{i=1}^{n}P(A_i)P(B\mid A_i). \tag{1.10}$$

此式称为**全概率公式**.

证明 由于 $A_1, A_2, \cdots, A_n$ 构成一个完备事件组，因此

$$A_1\cup A_2\cup\cdots\cup A_n=S,$$

$A_1, A_2, \cdots, A_n$ 两两互不相容，则 $A_1B, A_2B, \cdots, A_nB$ 也两两互不相容. 应用概率的有限可加性知

$$P(B)=P(SB)=P\left[\left(\bigcup_{i=1}^{n}A_i\right)B\right]=P\left[\bigcup_{i=1}^{n}(A_iB)\right]=\sum_{i=1}^{n}P(A_iB).$$

对每一个加项 $P(A_iB)$，应用乘法公式可得

$$P(B)=\sum_{i=1}^{n}P(A_i)P(B\mid A_i).$$

例 8 10 张彩票中，有 1 张是大奖彩票，2 张是纪念奖彩票，7 张为无奖彩票. 甲、乙二人先后各取一张，计算乙抽到纪念奖的概率.

解 记事件 B 为"乙抽到纪念奖"，A_1, A_2, A_3 分别表示甲抽到"大奖"、"纪念奖"与"无奖"彩票. 易见，A_1, A_2, A_3 构成一个完备事件组.

$$P(A_1)=0.1,\ P(A_2)=0.2,\ P(A_3)=0.7,$$

$$P(B|A_1)=\frac{2}{9},\ P(B|A_2)=\frac{1}{9},P(B|A_3)=\frac{2}{9}.$$

应用全概率公式得

$$P(B)=\sum_{i=1}^{3}P(A_i)P(B\mid A_i)=\frac{1}{10}\cdot\frac{2}{9}+\frac{2}{10}\cdot\frac{1}{9}+\frac{7}{10}\cdot\frac{2}{9}=\frac{18}{90}=0.2.$$

例 9 10 个乒乓球中有 7 个新球，第一次随机地取出两个球，用毕放回. 第二次又任意取出两个球，计算第二次取到几个新球的概率最大?

解 记事件 B_j 为"第二次取到 j 个新球", $j=0, 1, 2$；记事件 A_i 为"第一次取到 i 个新球", $i=0, 1, 2$. A_0, A_1, A_2 构成一个完备事件组，且

$$P(A_i)=\frac{C_7^i C_3^{2-i}}{C_{10}^2},\ P(B_j|A_i)=\frac{C_{7-i}^j C_{3+i}^{2-j}}{C_{10}^2},\ i, j=0, 1, 2.$$

重复应用全概率公式，可以计算出 $P(B_j)$, $j=0, 1, 2$, 即

$$P(B_j) = \sum_{i=0}^{2} P(A_i)P(B_j \mid A_i).$$

将上述各概率计算结果列于下表 1-2：

表 1-2

$P(A_i)$ \ $P(B_j/A_i)$ \ $P(B_j)$	345/2025	1092/2025	588/2025
3/45	3/45	21/45	21/45
21/45	6/45	24/45	15/45
21/45	10/45	25/45	10/45

由计算结果，第二次取到 1 个新球的概率最大.

（二）贝叶斯公式

例 10 在例 9 中，如果发现第二次取到的是两个新球，计算第一次没有取到新球的概率.

解 如果是无条件概率，即第一次没有取到新球的概率应该是 $P(A_0)=\frac{3}{45}$. 但是在已知第二次取到 2 个新球这一信息的条件下，则第一次没有取到新球的概率就不再是 $P(A_0)$，而是条件概率 $P(A_0|B_2)$ 于是有

$$P(A_0|B_2)=\frac{P(A_0B_2)}{P(B_2)}=\frac{P(A_0)P(B_2|A_0)}{P(B_2)}=\frac{\frac{3}{45}\times\frac{21}{45}}{\frac{588}{2025}}=\frac{3}{28}.$$

将上例中条件概率 $P(A_0|B_2)$ 的计算概括为一般的模式，得到概率计算中的另一个重要公式：

设事件 A_1, A_2, …, A_n 构成一个完备事件组，概率 $P(A_i)>0$, $i=1, 2, \cdots, n$, 则对于任意一个概率大于零的事件 B, 有

$$P(A_m \mid B)=\frac{P(A_m)P(B \mid A_m)}{\sum_{i=1}^{n} P(A_i)P(B \mid A_i)} \quad (m=1, 2, \cdots, n). \tag{1.11}$$

此式称为**贝叶斯公式**.

例 11 用三个机床加工同一种零件，各机床加工零件的数量比是

5∶3∶2，它们加工的零件合格率分别为0.94，0.90，0.95. 计算：

（1）三个机床加工的全部零件的合格率；

（2）若从全部零件中任取一件发现它是合格品，分析它是由哪个机床加工的可能性最大？

解 从整批零件中任取一个零件，记事件 B 表示“取到的零件是合格品”，事件 A_i 表示“取到的零件是由第 $i(i=1, 2, 3)$ 个机床加工的”，A_1，A_2，A_3 构成一个完备事件组，依题意

$$P(A_1)=\frac{5}{5+3+2}=0.5,\ P(A_2)=0.3,\ P(A_3)=0.2.$$

$$P(B|A_1)=0.94,\ P(B|A_2)=0.90,\ P(B|A_3)=0.95.$$

（1）应用全概率公式，得

$$P(B)=\sum_{i=1}^{3}P(A_i)P(B\mid A_i)=0.5\times0.94+0.3\times0.90+0.2\times0.95$$
$$=0.93.$$

（2）由贝叶斯公式可得

$$P(A_1|B)=\frac{P(A_1)P(B|A_1)}{P(B)}=\frac{0.5\times0.94}{0.93}=\frac{47}{93},$$

$$P(A_2|B)=\frac{P(A_2)P(B|A_2)}{P(B)}=\frac{0.3\times0.90}{0.93}=\frac{27}{93},$$

$$P(A_3|B)=\frac{P(A_3)P(B|A_3)}{P(B)}=\frac{0.2\times0.95}{0.93}=\frac{19}{93}.$$

从计算结果看出，从整批产品中取到的一个合格品由第1个机床加工的可能性最大.

1.4 事件的独立性与伯努利概型

一、事件的独立性

一般来说无条件概率 $P(A)$ 与条件概率 $P(A|B)$（如果 $P(B)>0$）是不相等的，即事件 B 的发生对于事件 A 发生的概率是有影响的. 但是在有些时候，事件 B 的发生对于事件 A 发生的概率没有影响，即有 $P(A)=P(A|B)$，这时的乘法公式为 $P(AB)=P(A)P(B)$. 类似地，如果 $P(B)=P(B|A)$（假设 $P(A)>0$），即事件 A 的发生不影响事件 B 发生的概率，则有 $P(AB)=P(A)P(B)$. 由此可见，如果 $P(A)$，$P(B)$ 均大于零，当 A，B 两个事件中任何一个事件的发生都不影响另一个事件发生的概率时，必有等式 $P(AB)=P(A)P(B)$ 成立. 受此启发，我们给出事件独立性的定义.

定义 1.5 设两个随机事件 A, B 满足 $P(AB)=P(A)P(B)$，则称事件 A 与 B **相互独立**，简称 A 与 B 独立.

注意 用上述等式定义 A 与 B 的相互独立性并不要求 $P(A)>0$ 与 $P(B)>0$ 的限制.

定义 1.6 如果三个事件 A, B, C 两两独立，即

$$P(AB)=P(A)P(B),$$
$$P(AC)=P(A)P(C),$$
$$P(BC)=P(B)P(C).$$

并且有 $P(ABC)=P(A)P(B)P(C)$，则称三个事件 A, B, C 相互独立.

定义 1.7 在 n 个事件 A_1, A_2, …, A_n 中，如果它们中的任意 $k(2\leqslant k\leqslant n)$ 个事件 A_{i_1}, A_{i_2}, …, $A_{i_k}(1\leqslant i_1<i_2<\cdots<i_k\leqslant n)$ 都满足

$$P(A_{i_1}A_{i_2}\cdots A_{i_k})=P(A_{i_1})P(A_{i_2})\cdots P(A_{i_k}),$$

则称 n 个事件 A_1, A_2, …, A_n 相互独立.

定义 1.8 在可列个事件 A_1, A_2, …, A_n, …中，如果对于任何大于 1 的正整数 n，事件 A_1, A_2, …, A_n 都是相互独立的，则称可列个事件 A_1, A_2, …, A_n, …相互独立.

推论 1 设 A, B 是两个随机事件，$P(A)>0$，则 A 与 B 相互独立的充分必要条件是 $P(B|A)=P(B)$.

证明 设 $P(A)>0$，有 $P(AB)=P(A)P(B|A)$，从定义 1.5 知，

A 与 B 相互独立

$$\Leftrightarrow P(AB)=P(A)P(B)\Leftrightarrow P(A)P(B|A)=P(A)P(B)\Leftrightarrow P(B|A)=P(B).$$

推论 2 设 A 与 B 是两个随机事件，则在下列四对事件 A 与 B，$\overline{A}$ 与 B，A 与 $\overline{B}$，$\overline{A}$ 与 $\overline{B}$ 中，只要有一对事件相互独立，那么另外三对事件也分别是相互独立的.

证明 假设 A 与 B 相互独立，我们证明 $\overline{A}$ 与 B 也相互独立，

$$\begin{aligned}P(\overline{A}B)&=P(B-AB)=P(B)-P(AB)\text{（因 }A,\ B\text{ 相互独立）}\\&=P(B)-P(A)P(B)=P(B)[1-P(A)]=P(\overline{A})P(B).\end{aligned}$$

由定义 1.5 知，$\overline{A}$ 与 B 相互独立，类似地可以证明 A 与 $\overline{B}$，$\overline{A}$ 与 $\overline{B}$ 也相互独立（留给读者自己完成）.

推论 3 设 A 与 B 是两个随机事件，$0<P(A)<1$，$0<P(B)<1$，则下面四个等式等价，即其中任何一个等式成立，另外三个等式也一定成立.

$$P(B|A)=P(B),$$
$$P(B|\overline{A})=P(B),$$
$$P(A|B)=P(A),$$
$$P(A|\overline{B})=P(A).$$

证明 (1)⇒(2)

因 $P(A)>0$, $P(B|A)=P(B)$, 应用推论1知 A 与 B 相互独立, 应用推论2知 $\overline{A}$ 与 B 也相互独立. 结合 $P(\overline{A})>0$, 应用推论1可得 $P(B|\overline{A})=P(B)$. 其余类似.

在实际应用中, 我们往往不是根据定义1.5~1.8判断事件的相互独立性, 而是根据问题的实际背景进行分析, 从直观上确认事件的相互独立性之后, 再应用独立性的有关结论去解题.

不进行证明, 我们给出下面几个推论:

推论4 n 个事件 $A_1, A_2, \cdots, A_n$ 相互独立, 则将它们中任意一部分事件换成各自的对立事件后所得的 n 个事件仍是相互独立的.

推论5 如果 n 个事件 $A_1, A_2, \cdots, A_n$ 相互独立, 则它们中任意 $k(2\leqslant k\leqslant n)$ 个事件 $A_{i_1}, A_{i_2}, \cdots, A_{i_k}(1\leqslant i_1<i_2<\cdots<i_k\leqslant n)$ 仍是相互独立的.

推论6 如果 n 个事件相互独立, 则有 $P(A_1A_2\cdots A_n)=P(A_1)P(A_2)\cdots P(A_n)$.

推论7 如果 n 个事件相互独立, 则有

$$P\left(\bigcup_{i=1}^{n} A_i\right)=1-P(\overline{A}_1)P(\overline{A}_2)\cdots P(\overline{A}_n)=1-\prod_{i=1}^{n} P(\overline{A}_i). \tag{1.12}$$

例1 甲、乙两名围棋手进行三盘两胜制的争夺赛, 据以往战绩, 每盘甲胜乙的概率是0.6. 计算甲选手能获胜的概率(假设各盘比赛胜负互不影响).

解 记事件 A_i 表示"第 i 盘比赛中甲战胜乙", $i=1, 2, 3$. 事件 A 表示"甲选手获胜". 则有 A_1, A_2, A_3 相互独立, $P(A_1)=P(A_2)=P(A_3)=0.6$. 事件 A_1A_2, $A_1\overline{A}_2A_3$, $\overline{A}_1A_2A_3$ 两两互不相容, 其和为 A, 由概率的有限可加性, 可得

$$\begin{aligned}
P(A)&=P(A_1A_2+A_1\overline{A}_2A_3+\overline{A}_1A_2A_3)\\
&=P(A_1A_2)+P(A_1\overline{A}_2A_3)+P(\overline{A}_1A_2A_3)\\
&=P(A_1)P(A_2)+P(A_1)P(\overline{A}_2)P(A_3)+P(\overline{A}_1)P(A_2)P(A_3)\\
&=0.6^2+0.6^2\times0.4+0.6^2\times0.4=0.648.
\end{aligned}$$

例2 假设一条线路中有 n 个电阻, 每个电阻断电的概率都是 $p(0<p<1)$, 分别计算在一个线路上 n 个电阻并联和串联时线路断电的概率.

解 记事件 A_i 表示"第 i 个电阻断电", $i=1, 2, \cdots, n$, A 表示"整条线路断电". 直观上可以确认 $A_1, A_2, \cdots, A_n$ 相互独立.

(1) 当 n 个电阻并联时, 只有当所有电阻全断电时, 线路才会断电, 因此有

$$P(A)=P(A_1A_2\cdots A_n)=P(A_1)P(A_2)\cdots P(A_n)=p^n.$$

(2) 在 n 个电阻串联时，只要有一个电阻断电，就会使整条线路断电，因此有

$$P(A)=P(A_1\cup A_2\cup\cdots\cup A_n)=1-P(\overline{A}_1)P(\overline{A}_2)\cdots P(\overline{A}_n)=1-(1-p)^n.$$

例 3 甲、乙、丙三人在不同位置同时向某一个目标进行一次射击. 假设它们每人的命中率分别是 0.6, 0.7, 0.8. 计算下列事件的概率：

(1) 恰好有一人击中目标；

(2) 至少有一人击中目标；

(3) 恰好有两人击中目标.

解 记事件 A, B, C 分别表示甲、乙、丙击中目标，事件 A_i 为“有 i 人击中目标”，$i=0, 1, 2, 3$. 依题意，A_0, A_1, A_2, A_3 构成一个完备事件组，且 A, B, C 相互独立，$P(A)=0.6$, $P(B)=0.7$, $P(C)=0.8$.

(1) $P(A_1)=P(A\overline{B}\overline{C})+P(\overline{A}B\overline{C})+P(\overline{A}\overline{B}C)$

$=P(A)P(\overline{B})P(\overline{C})+P(\overline{A})P(B)P(\overline{C})+P(\overline{A})P(\overline{B})P(C)$

$=0.6\times0.3\times0.2+0.4\times0.7\times0.2+0.4\times0.3\times0.8=0.188.$

(2) $P(A_0)=P(\overline{A}\overline{B}\overline{C})=P(\overline{A})P(\overline{B})P(\overline{C})=0.4\times0.3\times0.2=0.024$,

$P(A_1\cup A_2\cup A_3)=P(\overline{A}_0)=1-P(A_0)=0.976.$

(3) $P(A_3)=P(ABC)=P(A)P(B)P(C)=0.6\times0.7\times0.8=0.336.$

$P(A_2)=1-P(A_0)-P(A_1)-P(A_3)=1-0.024-0.188-0.336$

$=0.452.$

也可以直接由 $P(A_2)=P(AB\overline{C}+A\overline{B}C+\overline{A}BC)$ 计算 $P(A_2)$.

例 4 某种仪器上装有大、中、小三个不同功率的灯泡，已知当三个灯泡完好时，仪器发生故障的概率仅为 1%. 当烧坏一个灯泡时，仪器发生故障的概率为 25%，当烧坏两个灯泡或三个灯泡时，仪器发生故障的概率分别为 65% 与 90%. 设每个灯泡被烧坏与否互不影响，并且它们被烧坏的概率分别为 0.1, 0.2, 0.3, 求仪器发生故障的概率.

解 仪器发生故障与否和三个灯泡的完好情况有密切关系. 我们应该把三个灯泡被烧坏的数量视为导致仪器发生故障的重要因素来考虑. 记事件 A_i 为“仪器上三个灯泡中有 i 个灯泡被烧坏”，$i=0, 1, 2, 3$, B 为“仪器发生故障”. 易见，A_0, A_1, A_2, A_3 是一个完备组，并且有

$$P(B|A_0)=0.01,\ P(B|A_1)=0.25,\ P(B|A_2)=0.65,\ P(B|A_3)=0.90.$$

由于各灯泡寿命相互独立，所以有

$$P(A_0)=0.9\times0.8\times0.7=0.504,$$
$$P(A_1)=0.1\times0.8\times0.7+0.9\times0.2\times0.7+0.9\times0.8\times0.3=0.398,$$
$$P(A_3)=0.1\times0.2\times0.3=0.006,$$
$$P(A_2)=1-P(A_0)-P(A_1)-P(A_2)=0.092.$$

应用全概率公式，有

$$P(B)=\sum_{i=0}^{3}P(A_i)P(B\mid A_i)=0.504\times0.01+0.398\times0.25+0.092\times 0.65+0.006\times0.90=0.1697.$$

二、伯努利概型

定义 1.9 进行 n 次试验，如果任何一次试验中各种结果发生的概率都不受其他各次试验发生结果的影响，则称这 n 次试验是相互独立的.

如果对任意的正整数 $n(n\geqslant 2)$，n 个试验 $E_1, E_2, \cdots, E_n$ 都是相互独立的，则称无限试验序列 $E_1, E_2, \cdots, E_n, \cdots$是**独立试验序列**.

显然，在同一条件下进行的重复试验一定是相互独立的试验. 只有两种对立结果的试验，称为**伯努利试验**.

定义 1.10 如果 n 个试验满足下面两个条件：

(1) 这 n 个试验是相互独立的；

(2) 每次试验中仅有事件 A 发生或 $\overline{A}$ 发生两种可能结果，且在每次试验中，事件 A 发生的概率都相同，即 $P(A)=p$，p 与试验序号无关，则称这 n 个试验为 n **重伯努利试验**，又称为 n **重伯努利概型**.

伯努利概型不仅在概率论的发展史上发挥过重要的作用，而且在概率论的应用中也被广泛应用，它是一个很重要的概率模型. 抛硬币试验是只有正面和反面两个结果的试验，如果将硬币连抛 n 次就是 n 重伯努利试验；独立射击400 次也是 n 重伯努利试验；再比如 100 件产品中有 5 件次品，抽取 20 件，如果采用放回抽样，则每次抽取到次品的概率都是 5%，这就是 20 重伯努利试验. 如果抽取是不放回的，虽然每次抽取到次品的概率都为 5%，但各次试验不是独立的，就不是伯努利试验.

在伯努利概型中，应用伯努利公式，可以直接计算不具备有限等可能这个古典概型条件的一些事件的概率.

伯努利公式 设事件 A 在每次试验中发生的概率都是 $p(0<p<1)$，B_k：在 n 重伯努利试验中，事件 A 恰好发生 k 次，则概率 $P(B_k)$可如下计算：

$$P(B_k)=\mathrm{C}_n^k p^k q^{n-k},\qquad k=0, 1, \cdots, n.$$

其中 $q=1-p$.

证明 在 n 重伯努利试验中，事件 A 发生 k 次共有 C_n^k 种方式. 由于各次试验是相互独立的，因此事件 A 在指定的 k 次试验中发生，在其他 $n-k$ 次试验中

不发生的概率为

$$\underbrace{p\cdot p\cdots\cdot p}_{k}\cdot\underbrace{(1-p)\cdot(1-p)\cdots\cdot(1-p)}_{n-k}=p^k(1-p)^{n-k}.$$

又因为各种不同方式所对应的这 C_n^k 个事件是互不相容的，由概率的有限可加性，在 n 次试验中事件 A 发生 k 次的概率为

$$P(B_k)=C_n^k p^k(1-p)^{n-k},\qquad k=0,1,2,\cdots,n.$$

例5 一条成虫一次可产下3个卵，如果每个卵能孵化成幼虫的概率都是0.9，分别求一条成虫产卵一次最多能孵化出一条幼虫的概率 α 以及最少能孵化出一条幼虫的概率 β.

解 由于各个卵能否孵化出幼虫可以认为是相互独立的，且每个卵能孵化成幼虫的概率都相同. 这是一个 $n=3$，$p=0.9$ 的伯努利概型，应用伯努利公式得

$$\alpha=P(B_0\cup B_1)=P(B_0)+P(B_1)=0.1^3+C_3^1\times0.9\times0.1^2=0.028,$$

$$\beta=P(B_1\cup B_2\cup B_3)=\sum_{k=1}^{3}P(B_k)=\sum_{k=1}^{3}C_3^k0.9^k\times0.1^{3-k}=0.999.$$

利用对立事件求 β 更为简便，B_0，B_1，B_2，B_3 构成一个完备事件组，事件 B_0 表示三个卵均未孵化为幼虫，它是至少孵化出一条幼虫的对立事件，所以

$$\beta=P(\overline{B_0})=1-P(B_0)=1-0.1^3=0.999.$$

例6 一本500页的书共有500个错误，每个错误等可能地出现在每一页上(假设每一页的印刷符号都超过500个). 计算指定的一页上至少有三个错误的概率 a.

解 由于每个错误都可能出现在指定一页上，其概率 $p=1/500$，也可能不出现在指定的一页上，其概率 $q=1-p$. 可以认为各个错误是否出现在该指定页上是相互独立的，这是一个 $n=500$，$p=1/500=0.002$ 的500重伯努利概型，应用伯努利公式有

$$\begin{aligned}a&=1-P(B_0\cup B_1\cup B_2)=1-[P(B_0)+P(B_1)+P(B_2)]\\&=1-\sum_{k=0}^{2}P(B_k)=1-\sum_{k=0}^{2}C_{500}^k0.002^k\times0.998^{500-k}\approx0.0801.\end{aligned}$$

习 题 一

1. 写出下列随机试验的样本空间：

(1) 掷一颗匀称的骰子，观察前后两次出现的点数之和；

(2) 在单位圆上任取两点，观察这两点的距离；

(3) 生产产品直到有5件产品为正品，记录生产产品的总件数；

(4) 观察某医院一天内前来就诊的人数.

2. 设A, B, C为三事件, 用A, B, C的运算关系表示下列事件:

(1) A与C都发生, 而B不发生;

(2) A发生, 且B与C至少有一个不发生;

(3) A, B, C中恰有一个发生;

(4) A, B, C中至少有一个发生;

(5) A, B, C中不多于一个发生;

(6) A, B, C中恰有两个发生;

(7) A, B, C中至少有两个发生;

(8) A, B, C中不多于两个发生.

3. 用作图法说明下列等式成立

(1) $A\cup B=(A-AB)\cup B$, 且右边两事件互斥;

(2) $A\cup B=(A-B)\cup(B-A)\cup(AB)$;

(3) $(A\cup B)\cap C=AC\cup BC$;

(4) $AB\cup C=(A\cup C)\cap(B\cup C)$.

4. 问事件"A, B至少发生一个"与"A, B至多发生一个"是否为对立事件?

5. 按从小到大次序排列$P(A)$, $P(A\cup B)$, $P(AB)$, $P(A)+P(B)$, 并说明理由.

6. 设A, B, C为三事件, 且$P(A)=P(B)=P(C)=\frac{1}{4}$, $P(AB)=0$, $P(AC)=\frac{1}{8}$, $P(BC)=\frac{1}{6}$, 求事件A, B, C中至少有一个发生的概率.

7. 计算下列各题:

(1) 设$P(A)=0.5$, $P(B)=0.3$, $P(A\cup B)=0.6$, 求$P(A\bar{B})$;

(2) 设$P(A)=0.8$, $P(A-B)=0.4$, 求$P(\overline{AB})$;

(3) 设$P(AB)=P(\bar{A}\bar{B})$, $P(A)=0.3$, 求$P(B)$.

8. 一批灯泡40只, 其中3只是坏的, 从中任取5只检查. 问:

(1) 5只都是好的概率是多少?

(2) 有2只是坏的概率是多少?

9. 两副纸牌, 各有52张, 从每一副中任取一张, 求至少有一张是红桃A的概率.

10. 从标号1号到15号的试验田中任取3块, 求:

(1) 取到试验田最小号码为5的概率;

(2) 求最大号码为5的概率.

11. 某市有2万辆自行车, 其牌照号码从00001到20000, 求事件"市内偶然遇到的一辆自行车，其牌照号码中有数字 8”的概率.

12. 从 5 双不同的鞋子中任取 4 只，问这 4 只鞋子中至少有两只配成一双的概率是多少？

13. 用 13 个字母 A, A, A, C, E, H, I, I, M, M, N, T, T 作拼字游戏. 已知字母的各种排列是随机的，求恰好组成“*MATHEMATICIAN*”一词的概率.

14. 一盒中有 $2n$ 个黑球和 $2n$ 个白球，将盒中的球任意地分成个数相等的两组，求每组中黑白球个数相等的概率.

15. n 个老同学随机地围绕圆桌而坐，求下列事件的概率：

(1) 甲乙两人坐在一起，且乙在甲的左边；

(2) 甲、乙、丙坐在一起；

(3) 如果 n 个人并排坐在长桌的一边，求上述事件的概率.

16. 已知 $P(\overline{A})=0.3$, $P(B)=0.4$, $P(A\overline{B})=0.5$, 求 $P(B|A\cup\overline{B})$.

17. 已知 $P(A)=0.6$, $P(B)=0.4$, $P(A|B)=0.5$, 计算下列二式：

(1) $P(A\cup B)$；　　(2) $P(\overline{A}\cup B)$.

18. 证明：若 $P(A|B)>P(A)$, 则 $P(B|A)>P(B)$.

19. 设 $P(B)>0$, 证明：$P(A|B)\geqslant 1-\dfrac{P(\overline{A})}{P(B)}$.

20. 一批产品共 20 件，其中有 5 件是次品，其余为正品. 现从这 20 件产品中不放回地任意抽取三次，每次只取一件，求下列事件的概率：

(1) 在第一、第二次取到正品的条件下，第三次取到次品；

(2) 第三次才取到次品；

(3) 第三次取到次品.

21. (1) 甲袋有 2 只白球，1 只黑球，乙袋有 1 只白球，2 只黑球，现从甲袋中任取一球放入乙袋，再从乙袋中任取一球，求此球为白球的概率.

(2) 第一个盒子装有 5 只红球，4 只白球；第二个盒子装有 4 只红球，5 只白球. 现从第一个盒子中任取 2 只球放入第二个盒中去，然后从第二个盒子中任取一只球，求取到白球的概率.

22. 已知 5% 的男人和 0.25% 的女人是色盲者. 现随机地挑选一人，恰为色盲者. 问此人为男人的概率是多少？(假设男人、女人各占一半)

23. 有朋友自远方来，他乘火车、轮船、汽车、飞机来的概率分别是 0.3, 0.2, 0.1, 0.4. 如果他乘火车、轮船、汽车来，则迟到的概率分别是 1/4, 1/3, 1/12, 而乘飞机不会迟到，可他迟到了，问他是乘火车来的概率是多少？

24. 在某工厂里有甲、乙、丙 3 台机器生产螺丝钉，它们的产量各占 25%, 35%, 40%, 并且在各自的产品里，不合格品各占 5%, 4%, 2%. 现从产品中任取一只恰是不合格品，求此不合格品分别是机器甲、乙、丙生产的概率.

25. 有两箱同种类的零件. 第一箱装50只，其中10只是一等品；第二箱装30只，其中18只是一等品. 今从两箱中任挑出一箱，然后从该箱中取零件两次，每次任取一只，作不放回抽样. 求：

(1) 第一次取到的零件是一等品的概率；

(2) 第一次取到的零件是一等品的条件下，第二次取到的也是一等品的概率.

26. 某人下午5:00下班，他所积累的资料如表1-3：

表 1-3

到家时间	5:35~5:39	5:40~5:44	5:45~5:49	5:50~5:54	迟于5:54
乘地铁到家的概率	0.10	0.25	0.45	0.15	0.05
乘汽车到家的概率	0.30	0.35	0.20	0.10	0.05

某日他抛一枚硬币决定乘地铁还是乘汽车，结果他是5:47到家的. 试求他是乘地铁回家的概率.

27. 已知一批产品中96%是合格品，检查产品时，一合格品被误认为是次品的概率是0.02，一个次品被误认为是合格品的概率是0.05，求在被检查后认为是合格品的产品确实是合格品的概率.

28. 图1-2中1，2，3，4，5，6表示继电器接点. 假设每一继电器接点闭合的概率为p，且各继电器闭合与否相互独立，求L到R是通路的概率.

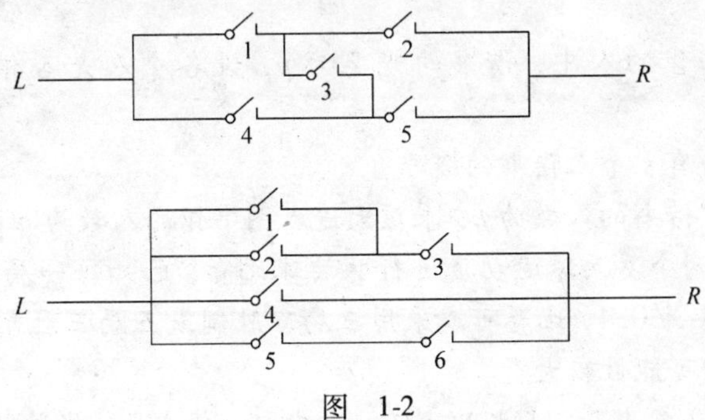

图 1-2

29. 三个人独立地去破译一个密码，他们能译出的概率分别是1/5，1/3，1/4，问三人中至少有一人能将此密码译出的概率是多少？

30. 某人决定去甲、乙、丙三国之一旅游. 注意到这三国此季节内下雨的概率分别为1/2，2/3和1/2，他去这三国旅游的概率分别为1/4，1/4和1/2. 请据此信息计算他旅游遇上雨天的概率是多少？

31. 根据以往的临床记录知道，癌症患者对某种试验呈阳性反应的概率为0.95，非癌症患者对试验呈阳性反应的概率为0.01. 若被试验者患有癌症的概率为0.005，若某人对试验呈阳性反应，求此人患有癌症的概率.

32. 仓库中有10箱同一规格的产品，其中2箱由甲厂生产，3箱由乙厂生产，5箱由丙厂生产，三厂产品的合格率分别为85%，80%和90%.

(1) 求这批产品的合格率；

(2) 从这10箱中任取一箱，再从该箱中任取一件，若此产品为合格品，问此产品由甲、乙、丙三厂生产的概率各是多少？

33. 进行4次独立的试验，在每次试验中事件A出现的概率为0.3，若事件A出现不少于2次，则B出现的概率为1；若事件A出现1次，则B出现的概率为0.6；若A不出现，则B也不出现. 求事件B出现的概率.

34. 甲、乙、丙三人独立地向同一飞机射击，设击中的概率分别是0.4，0.5，0.7. 若只有一人击中，则飞机被击落的概率为0.2；若有两人击中，则飞机被击落的概率是0.6；若三人都击中，则飞机一定被击落. 求飞机被击落的概率.

35. 盒中放有12个羽毛球，其中有9个是新的. 第一次从中任取3个来用，用后仍放回盒中，第二次再从盒中任取3个，已知第二次取出的球都是新球，求第一次取到都是新球的概率.

36. 某厂生产的电灯泡使用寿命在1000小时以上的概率为0.2. 求三个灯泡中最多有一个用不到1000小时的概率.

37. 设A_n表示每天进入图书馆的人数为$n(n=0, 1, 2, \cdots)$的事件，且

$$P(A_n)=\frac{\lambda^n}{n!}e^{-\lambda}.$$

而进入图书馆的人中，借书的概率为p，设各个人是否借书相互独立，求：

(1) 某天恰有k个人借书的概率；

(2) 若某天借书的人数为k，求该天进入图书馆的人数为n的概率.

38. 甲、乙两个乒乓球运动员进行乒乓球比赛，已知每一局甲胜的概率为0.6，乙胜的概率为0.4，比赛可以采用三局二胜制或五局三胜制，问在哪一种赛制下甲获胜的可能性较大？

39. 某人有2盒火柴，点火时从任一盒中取一根火柴，经过若干时间后，发现一盒火柴已经用完. 已知最初两盒中各有n根火柴，求这时另一盒中还有r根火柴的概率.

40. 一个医生已知某种病患者的痊愈率为25%，为试验某种新药是否有效，把它给10名患者服用，并规定至少有4名患者痊愈则认为新药有效，否则认定新药无效. 求：

(1) 虽然新药有效，且把痊愈率提高到35%，但通过试验被否定的概率；

(2) 新药完全无效，但通过试验被认为有效的概率.

第 2 章　随机变量及其分布

在第 1 章中，我们在随机试验的样本空间的基础上研究了随机事件及其概率. 但是，样本空间是一个一般的集合，不便于用微积分等数学工具来处理. 从这一章起，我们引入随机变量，将样本点数量化，并利用随机变量来研究随机现象，借助于微积分工具全面、深刻地揭示随机现象的统计规律性.

2.1　随机变量

在一些随机试验中，试验的结果本身是由数量来表示的. 看下面试验的样本空间.

例 1　掷两颗骰子，观察它们出现的点数之和. 这个试验共有 11 个样本点，其试验的样本空间为 $S=\{2, 3, 4, \cdots, 11, 12\}$.

例 2　将一枚硬币抛掷三次，观察出现正面 H 的总次数. 这个试验共有 4 个样本点，其试验的样本空间为 $S=\{0, 1, 2, 3\}$.

这两个例子所提到的量，尽管它们的具体内容不一样，但从数学观点看来，它们表现的共同点是：对每一个可能结果，有唯一一个实数与之对应. 或者说，试验的结果本身就是数量. 有时，虽然试验的结果与数量无直接联系，但是也可以用数量表示.

例 3　任意抛一枚硬币，有两个结果，样本空间 $S=\{H, T\}$，其中，H 表示正面，T 表示反面. 我们引入 $X=\begin{cases}0, & T\text{ 出现}\\ 1, & H\text{ 出现}\end{cases}$，这样，此试验的结果也数量化了. 如此这样，我们可以在样本空间与实数集之间建立一种对应，这种对应关系实际定义了样本空间 S 上的函数，通常记作 $X=X(e)$，$e\in S$. 那么例3

中的 $X(T)=0$, $X(H)=1$.

这与微积分中定义的函数概念本质上并无区别，只不过在微积分中，函数的自变量 x 通常是实数. $X=X(e)$ 的定义域是样本空间 S，"自变量" e 在 S 中"取值". 而且，我们主要关心 e 的不确定性及其统计规律所导致的因变量 X 的不确定性及其统计规律性. 这种依赖于试验的结果而具有统计规律的变量 X 称为随机变量. 我们有以下定义：

定义 2.1 定义在样本空间 S 上，取值为实数的函数 $X=X(e)$, $e\in S$，称为 S 上的**随机变量**.

随机变量的取值依试验的结果而定，在试验之前不能预知它取什么值，而试验的各个结果的出现是有一定的概率的，因而随机变量 X 的取值是有一定的概率的. 比如，在掷硬币的试验中，X 以 1/2 的概率取 1；在掷骰子的试验中，X 以 1/6 的概率取 1.

随机变量可以表述随机事件. 例 2 中引入的随机变量 $X=0, 1, 2, 3$，记 $\{X=2\}$ 为事件"三次中正面 H 出现两次"，记 $\{X\geqslant 2\}$ 为事件"三次中至少两次出现 H".

今后我们常用大写字母 X, Y, Z, …来表示随机变量.

随机变量的引入，使我们能用随机变量来描述各种随机现象，也就有可能利用微积分的方法对随机试验的结果进行深入广泛的研究和讨论.

2.2 离散型随机变量及其分布律

一、离散型随机变量及其分布律

如果一个随机变量只可能取有限个或可列无限个值，那么我们称这种随机变量为**离散型随机变量**. 例如，2.1 节的例子就是离散型随机变量；又如，某城市的电话交换台一昼夜收到的呼叫次数也是离散型随机变量.

对于一个离散型随机变量，我们需要知道它的所有取值以及取每个值的概率，这就是随机变量的概率分布或分布律.

设离散型随机变量 X 的所有可能的取值为 $x_k(k=1, 2, \cdots)$，X 取各个值的概率为

$$P\{X=x_k\}=p_k,\ k=1, 2, \cdots \tag{2.1}$$

由概率的定义，p_k 满足如下两个条件：

(1) $p_k\geqslant 0$, $k=1, 2, \cdots$;

(2) $\sum_{k=1}^{\infty} p_k=1$.

我们称式(2.1)为离散型随机变量 X 的**分布律**. 分布律也可以用表格来

表示：

X	x_1	x_2	$\cdots$	x_n	$\cdots$
P	p_1	p_2	$\cdots$	p_n	$\cdots$

这个表格直观地表示了随机变量 X 取各个值的概率的规律. 由条件(2)可知分布在 X 上的各个值的概率加起来是1.

例1 掷一枚硬币，设 X 为一次投掷中正面出现的次数，即 $X=0$，1，分布律为

X	0	1
P	1/2	1/2

例2 设离散型随机变量 X 的分布律为 $P\{X=k\}=a\cdot\dfrac{\lambda^k}{k!}$，$k=0$，1，2，…，求常数 a.

解 由于 $1=\sum\limits_{k=0}^{\infty}P\{X=k\}=\sum\limits_{k=0}^{\infty}a\cdot\dfrac{\lambda^k}{k!}=a\mathrm{e}^{\lambda}$，故 $a=\mathrm{e}^{-\lambda}$.

例3 设一汽车在开往目的地的道路上需经过四组信号灯，每组信号灯以概率 p 禁止汽车通过. 以 X 表示汽车首次停下时，它已通过的信号灯的组数(设各组信号灯的工作是相互独立的)，求 X 的分布律及 $P\{X\leqslant 2\}$.

解 X 的取值为：0，1，2，3，4，其分布律为

X	0	1	2	3	4
P	p	$(1-p)p$	$(1-p)^2p$	$(1-p)^3p$	$(1-p)^4$

对于 $X=2$，意味着前两盏灯是绿灯而第三盏灯是红灯. 如果设 A_i 表示第 i 盏灯是红灯，则“$X=2$”就为 $\overline{A}_1\overline{A}_2A_3$.

$$P\{X=2\}=P(\overline{A}_1)P(\overline{A}_2)P(A_3)=(1-p)^2p,$$
$$P\{X\leqslant 2\}=p+(1-p)p+(1-p)^2p.$$

这个例子告诉我们利用概率分布可以求出任意事件的概率. 一般地，

$$P\{X\subset S\}=\sum_{a_i\in S}P\{X=a_i\}.$$

例如，$P\{X<0\}=P\{\varnothing\}=0$，

$P\{X>3\}=(1-p)^4$，

$P\{1\leqslant X<3\}=P\{X=1\}+P\{X=2\}$.

二、常见的离散型随机变量

由于概率分布刻画了一个离散型随机变量的统计规律性，因此，随机变量按其概率分布的不同可以有多种多样. 下面介绍几种常见的离散型随机变量.

(一) (0—1)分布

设随机变量 X 只可能取0和1两个值，它的分布律是

$$P\{X=k\}=p^k(1-p)^{1-k},\ k=0,\ 1.\ (0<p<1) \tag{2.2}$$

则称 X 服从**(0—1)分布**或**两点分布**.

也可以用表格形式来表示：

X	0	1
P	$1-p$	p

凡是样本空间仅有两个样本点构成的试验都可以用服从(0—1)分布的随机变量来刻画. 例如检查产品质量是否合格，婴儿的性别，前面讨论的抛硬币的试验都可以用(0—1)分布的随机变量来描述. 这是经常遇到的一种试验.

（二）二项分布

二项分布是伯努利试验下的一种分布. 在伯努利试验中如果 A 发生的概率为 $P(A)=p(0<p<1)$，以 X 表示 n 重贝努利试验中 A 发生的次数，则 X 是一个随机变量，所有的可能取值为 0，1，2，…，n. 由伯努利公式，在 n 次试验中，事件 A 发生 k 次的概率为

$$P\{X=k\}=C_n^k p^k(1-p)^{n-k},\qquad k=0,\ 1,\ 2,\ \cdots,\ n. \tag{2.3}$$

或写成

X	0	1	2	…	k	…	n
$P\{X=k\}$	$(1-p)^n$	$C_n^1p(1-p)^{n-1}$	$C_n^2p^2(1-p)^{n-2}$	…	$C_n^kp^k(1-p)^{n-k}$	…	p^n

显然

$$P\{X=k\}\geqslant 0,\qquad k=0,\ 1,\ 2,\ \cdots,\ n.$$

且

$$\sum_{k=0}^{n}P\{X=k\}=\sum_{k=0}^{n}C_n^kp^k(1-p)^{n-k}=[p+(1-p)]^n=1.$$

我们注意到 $C_n^kp^k(1-p)^{n-k}$ 刚好是二项式 $[p+(1-p)]^n$ 的展开式中出现的 p^k 的那一项，为此我们称随机变量 X 服从参数为 n，p 的**二项分布**，记为 $X\sim B(n,\ p)$.

特别，当 $n=1$ 时，$P\{X=k\}=p^k(1-p)^{1-k}(k=0,\ 1)$ 就是(0—1)分布.

例 4 设某人射击的命中率为 0.4，今进行 n 次独立射击，以 X 表示 n 次射击中命中的次数，求 X 的分布律.

解 将一次射击看成是一次试验，那么 X 服从参数为 n，0.4 的二项分布，即 $X\sim B(n,\ 0.4)$，于是

$$P\{X=k\}=C_n^k(0.4)^k(0.6)^{n-k},\ k=0,\ 1,\ 2,\ \cdots,\ n.$$

当 $n=15$ 时，可得 X 的分布律如下所示：

$P\{X=0\}=0.0005$	$P\{X=4\}=0.1268$	$P\{X=8\}=0.1181$	$P\{X=12\}=0.00165$
$P\{X=1\}=0.0047$	$P\{X=5\}=0.1859$	$P\{X=9\}=0.0612$	$P\{X=13\}=0.00025$
$P\{X=2\}=0.0219$	$P\{X=6\}=0.2066$	$P\{X=10\}=0.0245$	$P\{X=14\}=0.00002$
$P\{X=3\}=0.0634$	$P\{X=7\}=0.1771$	$P\{X=11\}=0.0074$	$P\{X=15\}=0.00001$

例5 在伯努利试验中，每次试验成功的概率为 p，试验进行到成功与失败均出现时停止，求试验次数的分布律.

解 设 X 表示试验次数，于是 X 的可能取值为 $2, 3, \cdots$，当 $X=k$ 时，表示前面 $k-1$ 次失败，第 k 次成功或前面 $k-1$ 次成功，第 k 次失败，于是 X 的分布律为

$$P\{X=k\}=(1-p)^{k-1}p+p^{k-1}(1-p), \qquad k=2, 3, 4, \cdots.$$

例6 假设一厂家生产的每台仪器以概率0.70可以直接出厂，以概率0.30需进一步调试，经调试后以概率0.80可以出厂，以概率0.20定为不合格品不能出厂. 现该厂新生产了 $n(n\geqslant 2)$ 台仪器(假设每台仪器的生产过程相互独立)，求：

(1) 全部能出厂的概率 α;

(2) 其中恰好有2台不能出厂的概率 β;

(3) 其中至少有2台不能出厂的概率 θ.

解 对于新生产的每台仪器，引进事件：$A=\{$仪器需要进一步调试$\}$，$B=\{$仪器能出厂$\}$，$AB=\{$仪器经调试后能出厂$\}$.

由题意知，$B=\overline{A}+AB$，$P(A)=0.30$，$P(B|A)=0.80$,

$$P(AB)=P(A)P(B|A)=0.30\times 0.80=0.24,$$
$$P(B)=P(\overline{A})+P(AB)=0.70+0.24=0.94.$$

设 X 为所生产的 n 台仪器中能出厂的台数，则 X 服从二项分布 $B(n, 0.94)$，因此

$$\begin{aligned}
\alpha &= P\{X=n\}=0.94^n,\\
\beta &= P\{X=n-2\}=\mathrm{C}_n^2\times 0.94^{n-2}\times 0.06^2,\\
\theta &= P\{X\leqslant n-2\}=1-P\{X=n-1\}-P\{X=n\}\\
&= 1-n\times 0.94^{n-1}\times 0.06-0.94^n.
\end{aligned}$$

(三) 泊松分布

设随机变量 X 的可能取值是 $0, 1, 2, \cdots$，且取各个值的概率为

$$P\{X=k\}=\frac{\mathrm{e}^{-\lambda}\lambda^k}{k!}, \qquad k=0, 1, 2, \cdots. \tag{2.4}$$

其中 $\lambda>0$ 是常数，则称 X 服从参数为 λ 的**泊松分布**，记为 $X\sim\pi(\lambda)$. 易知

$$p_k=\frac{\mathrm{e}^{-\lambda}\lambda^k}{k!}>0, \qquad k=0, 1, 2, \cdots.$$

$$\sum_{k=0}^{\infty}p_k=\sum_{k=0}^{\infty}\frac{\mathrm{e}^{-\lambda}\lambda^k}{k!}=\mathrm{e}^{-\lambda}\sum_{k=0}^{\infty}\frac{\lambda^k}{k!}=\mathrm{e}^{-\lambda}\cdot\mathrm{e}^{\lambda}=1.$$

泊松分布也是概率论中一种重要的分布，服从泊松分布的随机变量是很多的，例如，某交通道口中午一小时内汽车的流量，我国一年内发生的三级以上

地震的次数，公共汽车站等候的乘客数，一年内战争爆发的次数等等，都可以用泊松分布来描述.

2.3 随机变量的分布函数

一、随机变量的分布函数的定义

前一节我们研究了离散型随机变量，其分布律就可以完整地描述它的统计规律性. 为了从数学上统一地对随机变量进行研究，我们对离散型和非离散型的随机变量统一地引入分布函数的概念.

定义 2.2 设 x 是任意实数，考虑随机变量 X 取小于 x 的值的概率 $P\{X\leqslant x\}$，显然它是 x 的函数，记作

$$F(x)=P\{X\leqslant x\}, \tag{2.5}$$

称为随机变量 X 的**分布函数**，且称 X 服从 $F(x)$，记作 $X\sim F(x)$. 有时可用 $F_X(x)$ 以表明是 X 的分布函数.

在几何上，我们把 X 看成是数轴上随机点的坐标，则分布函数 $F(x)$ 在 x 处的函数值就是 X 落在区间 $(-\infty, x]$ 内的概率.

二、随机变量的分布函数的性质

如果已知随机变量 X 的分布函数，则不难计算随机变量 X 落在半开区间 $(x_1, x_2]$ 内的概率

$$P\{x_1<X\leqslant x_2\}=P\{X\leqslant x_2\}-P\{X\leqslant x_1\}=F(x_2)-F(x_1). \tag{2.6}$$

定理 2.1 任一随机变量 X 的分布函数 $F(x)$ 具有如下性质：

(1) $F(x)$ 为非减函数，若 $x_1<x_2$，则 $F(x_1)\leqslant F(x_2)$；

(2) $\lim\limits_{x\to-\infty}F(x)=0$，$\lim\limits_{x\to+\infty}F(x)=1$；

(3) $F(x)$ 为右连续函数. 对任意实数 x_0，有 $\lim\limits_{x\to x_0^+}F(x)=F(x_0)$.

最后我们指出：如果一个函数满足上述三条性质，则此函数一定可作为某随机变量的分布函数. 从而这三条基本性质成为可判别某一个函数是否成为分布函数的充要条件.

有了随机变量 X 的分布函数，那么有关 X 的各种事件的概率都能方便地用分布函数来表示了. 例如，对任意的实数 a 与 b，有

$$P\{a<X\leqslant b\}=F(b)-F(a),$$

$$P\{X=a\}=F(a)-F(a-0),$$

$$P\{X\geqslant b\}=1-F(b-0),$$

$$P\{X>b\}=1-F(b),$$

$$P\{a<X<b\}=F(b-0)-F(a),$$

$$P\{a \leqslant X \leqslant b\} = F(b) - F(a-0),$$
$$P\{a \leqslant X < b\} = F(b-0) - F(a-0).$$

特别当 $F(x)$ 在 a 与 b 处连续时，有

$$F(a-0) = F(a),\ F(b-0) = F(b).$$

这些公式将会在今后的概率计算中经常用到.

例 1 设随机变量 X 的分布函数为

$$F(x) = A + B\arctan x, \qquad -\infty < x < +\infty.$$

试求：(1) 系数 A 和 B；

(2) X 落在区间 $(-1, 1]$ 内的概率.

解 (1) 由分布函数性质(2)，可得

$$\lim_{x \to -\infty} F(x) = A - \frac{\pi}{2}B = 0,\ \lim_{x \to +\infty} F(x) = A + \frac{\pi}{2}B = 1,$$

解得 $\quad A = \dfrac{1}{2},\ B = \dfrac{1}{\pi}.$

(2) $P\{-1 < X \leqslant 1\} = F(1) - F(-1) = \dfrac{1}{2}.$

例 2 设随机变量 X 的分布律为

X	-1	0	1
P	0.5	0.2	0.3

求 X 的分布函数及 $P\{X \leqslant 0\}$，$P\left\{-\dfrac{1}{2} < X \leqslant \dfrac{1}{4}\right\}$，$P\{0 \leqslant X \leqslant 1\}$.

解 由分布函数的定义，$F(x)$ 在任何一个 x 处的值等于不大于 x 的各种取值对应的概率之和，即

$$F(x) = \begin{cases} 0, & x < -1 \\ 0.5, & -1 \leqslant x < 0 \\ 0.5 + 0.2 = 0.7, & 0 \leqslant x < 1 \\ 0.5 + 0.2 + 0.3 = 1, & x \geqslant 1 \end{cases}.$$

它的图像如图 2-1 所示，这是一个右连续的阶梯函数，在 $x = -1, 0, 1$ 分别有跳跃值 0.5，0.2，0.3.

$$P\{X \leqslant 0\} = F(0) = 0.7,$$
$$P\left\{-\frac{1}{2} < X \leqslant \frac{1}{4}\right\} = F\left(\frac{1}{4}\right) - F\left(-\frac{1}{2}\right) = 0.7 - 0.5 = 0.2,$$
$$P\{0 \leqslant X \leqslant 1\} = F(1) - F(0) + P\{X = 0\} = 1 - 0.7 + 0.2 = 0.5.$$

一般地，若 X 是一个离散型随机变量，其概率分布律为

$$P(X = x_k) = p_k, \qquad k = 1, 2, 3, \cdots.$$

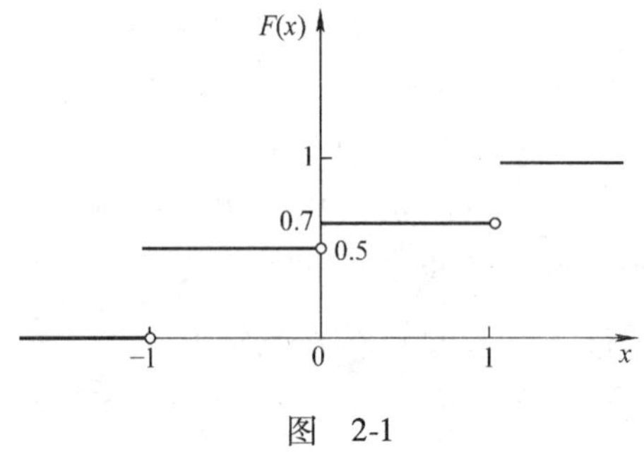

图 2-1

由 X 的可列可加性，可得 X 的分布函数为

$$F(x)=P\{X\leqslant x\}=\sum_{x_k\leqslant x}P\{X=x_k\}=\sum_{x_k\leqslant x}p_k,\ -\infty<x<\infty.$$

上式求和是对所有满足 $x_k\leqslant x$ 的脚标 k 求和.

2.4 连续型随机变量

一、连续型随机变量及其概率密度函数

连续型随机变量的一切可能值充满某个区间(a, b)，这个区间内有无穷多个不可数的实数，因此不可能把它的取值一一列出，也就不可能用表格的形式(即分布律)来研究它的统计规律性，而要改用概率密度函数表示.

定义 2.3 设随机变量 X 的分布函数为 $F(x)$，如果存在实数轴上一个非负可积函数 $f(x)$，使对任意实数 x 有

$$F(x)=\int_{-\infty}^{x}f(t)\mathrm{d}t,\quad -\infty<x<+\infty. \tag{2.7}$$

则称 X 为**连续型随机变量**，称 $f(x)$ 为 X 的**概率密度函数**，简称**概率密度**或**密度函数**.

概率密度函数的基本性质：

(1) $f(x)\geqslant 0$;

(2) $\int_{-\infty}^{+\infty}f(x)\mathrm{d}x=1$;

(3) 对任意常数 a, b, $P\{a<X\leqslant b\}=F(b)-F(a)=\int_a^b f(x)\mathrm{d}x$;

(4) 在 $f(x)$ 的连续点 x 处，$F'(x)=f(x)$.

例 1 设随机变量 X 概率密度为

$$f(x)=\begin{cases}\lambda \mathrm{e}^{-3x}, & x\geqslant 0\\ 0, & x<0\end{cases}.$$

试确定常数 λ，并求 X 的分布函数 $F(x)$ 及 $P\{-0.1<X\leqslant 0.1\}$.

解 由概率密度函数的性质有 $\int_{-\infty}^{+\infty} f(x)\mathrm{d}x=1$，即有 $\int_0^{+\infty}\lambda \mathrm{e}^{-3x}\mathrm{d}x=\frac{\lambda}{3}=1$.

求得 $\lambda=3$，从而

$$f(x)=\begin{cases}3\mathrm{e}^{-3x}, & x\geqslant 0\\ 0, & x<0\end{cases}.$$

根据 $F(x)=\int_{-\infty}^{x} f(t)\mathrm{d}t$，有

当 $x<0$ 时，$F(x)=\int_{-\infty}^{x} f(t)\mathrm{d}t=0$；

当 $x\geqslant 0$ 时，$F(x)=\int_{-\infty}^{x} f(t)\mathrm{d}t=\int_{-\infty}^{0} 0\mathrm{d}x+\int_0^x 3\mathrm{e}^{-3x}\mathrm{d}x=-\mathrm{e}^{-3x}\big|_0^x=1-\mathrm{e}^{-3x}$.

故 X 的分布函数为

$$F(x)=\begin{cases}1-\mathrm{e}^{-3x}, & x\geqslant 0\\ 0, & x<0\end{cases}.$$

从而

$$P\{-0.1<X\leqslant 0.1\}=\int_{-0.1}^{0.1} f(x)\mathrm{d}x=\int_0^{0.1}3\mathrm{e}^{-3x}\mathrm{d}x=0.259,$$

或 $\quad P\{-0.1<X\leqslant 0.1\}=F(0.1)-F(-0.1)=1-\mathrm{e}^{-0.3}=0.259.$

从连续型随机变量的分布函数可以看出，$F(x)$ 的导数是概率密度函数，即

$$f(x)=\lim_{\Delta x\to 0}\frac{F(x+\Delta x)-F(x)}{\Delta x}=\lim_{\Delta x\to 0}\frac{P\{x<X\leqslant x+\Delta x\}}{\Delta x}$$

由此可以看出 $f(x)$ 被称为概率密度的理由. 另外，由概率密度函数求分布函数时的积分要注意积分上下限的合理运用.

例2 设随机变量 X 的概率密度为

$$f(x)=\begin{cases}x, & 0\leqslant x<1\\ 2-x, & 1\leqslant x<2\\ 0, & \text{其他}\end{cases}.$$

求 X 的分布函数 $F(x)$.

解 当 $x<0$ 时，$F(x)=\int_{-\infty}^{x} f(t)\mathrm{d}t=0$；

当 $0\leqslant x<1$ 时，$F(x)=\int_{-\infty}^{x} f(t)\mathrm{d}t=\int_{-\infty}^{0} 0\mathrm{d}t+\int_0^x t\mathrm{d}t=\frac{x^2}{2}$；

当 $1\leqslant x<2$ 时，$F(x)=\int_{-\infty}^{x} f(t)\mathrm{d}t=\int_{-\infty}^{0} 0\mathrm{d}t+\int_0^1 t\mathrm{d}t+\int_1^x (2-t)\mathrm{d}t$

$$=-\frac{x^2}{2}+2x-1;$$

当 $x \geqslant 2$ 时, $F(x)=\int_{-\infty}^{x} f(t)\mathrm{d}t=\int_{-\infty}^{0} 0\mathrm{d}t+\int_{0}^{1} t\mathrm{d}t+\int_{1}^{2}(2-t)\mathrm{d}t+\int_{2}^{x} 0\mathrm{d}t=1.$

故 X 的分布函数为

$$F(x)=\begin{cases}0, & x<0 \\ \dfrac{x^2}{2}, & 0 \leqslant x<1 \\ -\dfrac{x^2}{2}+2x-1, & 1 \leqslant x<2 \\ 1, & x \geqslant 2\end{cases}.$$

以上我们讨论了两种随机变量的类型，即离散型和连续型. 但是，除了这两种随机变量之外，还有既非离散型又非连续型的随机变量，对此类型本书不讨论.

在离散随机变量的场合，

$$P\{a<X \leqslant b\}=\sum_{a<x_k \leqslant b} p_k,$$

其中 p_k 是 X 的可能取值 x_k 的概率；

在连续随机变量的场合，

$$P\{a<X \leqslant b\}=\int_a^b f(x)\mathrm{d}x.$$

可见，概率密度函数与分布律所起的作用是类似的，但它们也有着明显的差别，具体有

(1) 离散型随机变量的分布函数是右连续的阶梯函数，连续型随机变量的分布函数是连续函数.

(2) 离散型随机变量在其可能取值的点 x_0 的概率不为 0，连续型随机变量在任何一点 a 的概率都为 0，即

$$P\{X=a\}=\int_a^a f(x)\mathrm{d}x=0.$$

(3) 连续型随机变量计算概率不计较单点值，从而

$$P\{a<X \leqslant b\}=P\{a \leqslant X \leqslant b\}=P\{a<X<b\}=P\{a \leqslant X<b\},$$

离散型随机变量在计算概率时要“点点计较”.

二、常见的连续型随机变量

下面介绍几种常用的连续型随机变量.

(一) 均匀分布

若随机变量 X 的概率密度为

$$f(x)=\begin{cases}\dfrac{1}{b-a}, & a<x<b \\ 0, & \text{其他}\end{cases}, \tag{2.8}$$

则称 X 在区间 (a, b) 上服从**均匀分布**，记作 $X \sim U(a, b)$，其分布函数为

$$F(x)=\begin{cases}0, & x<a\\ \dfrac{x-a}{b-a}, & a\leqslant x<b.\\ 1, & x\geqslant b\end{cases}$$

$f(x)$ 及 $F(x)$ 的图像分别如图 2-2，图 2-3 所示.

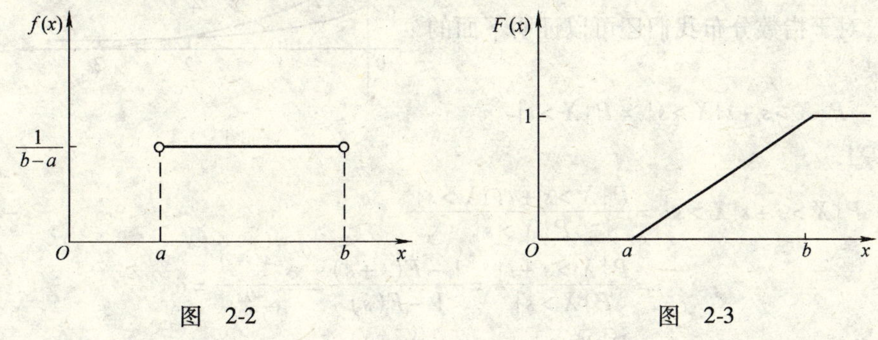

图 2-2　　图 2-3

例3　设随机变量 X 在 $(2, 6)$ 上服从均匀分布，现对 X 进行三次独立观察，试求至少有两次观测值大于 3 的概率.

解　由 X 在 $(2, 6)$ 上服从均匀分布，故

$$f(x)=\begin{cases}\dfrac{1}{4}, & 2<x<6\\ 0, & 其他\end{cases}.$$

每次观察中观测值 $\{X>3\}$ 的概率 $P\{X>3\}=p$，则

$$p=P\{X>3\}=\int_3^{+\infty}f(x)\mathrm{d}x=\int_3^6\frac{1}{4}\mathrm{d}x=\frac{3}{4}.$$

以 Y 表示三次观察中 $\{X>3\}$ 的次数，则 $Y\sim B(3, p)$，即

$$P\{Y=k\}=\mathrm{C}_3^k p^k(1-p)^{3-k},\qquad k=0, 1, 2, 3.$$

$$P\{Y\geqslant 2\}=1-P\{Y<2\}=1-P\{Y=0\}-P\{Y=1\}=\frac{27}{32}.$$

(二) 指数分布

若随机变量 X 的概率密度为

$$f(x)=\begin{cases}\lambda \mathrm{e}^{-\lambda x}, & x>0\\ 0, & x\leqslant 0\end{cases},\tag{2.9}$$

则称 X 服从**指数分布**，记作 $X\sim e(\lambda)$，其中参数 $\lambda>0$，其分布函数为

$$F(x)=\begin{cases}1-\mathrm{e}^{-\lambda x}, & x>0\\ 0, & x\leqslant 0\end{cases}.$$

图 2-4 中画出了 $\lambda=1$，$\lambda=\frac{1}{2}$时，$f(x)$的图形.

因为指数分布随机变量只可能取非负实数，所以指数分布常用作各种“寿命”分布，例如电子元器件的寿命、动物的寿命、电话的通话时间、随机服务系统中的服务时间等都可假定服从指数分布.

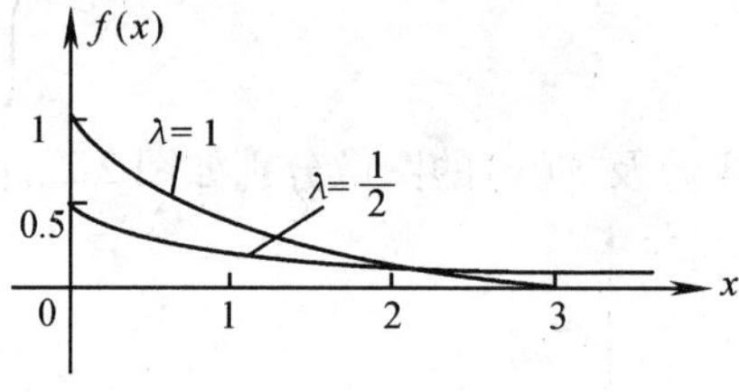

图 2-4

对于指数分布我们还可以证明下面的结果：

$$P\{X>s+t|X>s\}=P\{X>t\}.$$

事实上

$$\begin{aligned}P\{X>s+t|X>s\}&=\frac{P\{X>s+t\cap X>s\}}{P\{X>s\}}\\&=\frac{P\{X>s+t\}}{P\{X>s\}}=\frac{1-F(t+s)}{1-F(s)}=\frac{\mathrm{e}^{-\lambda(t+s)}}{\mathrm{e}^{-\lambda s}}=\mathrm{e}^{-\lambda t}\\&=P\{X>t\}.\end{aligned}$$

这是指数分布特有的性质，被称作无记忆性. 即假设 X 是某元件的寿命，已知元件已使用了 s 小时，它使用至少 $s+t$ 小时的条件概率，与从开始使用时算起至少使用 t 小时的概率相等. 也就是说，元件对它已使用过的 s 小时没有记忆了.

例 4 某元件的寿命 X(以小时计)服从指数分布，概率密度为

$$f(x)=\begin{cases}\lambda\mathrm{e}^{-\lambda x}, & x>0\\ 0, & x\leqslant 0\end{cases},\qquad(\lambda>0)$$

设对于该元件，在已知寿命小于 2000 小时的条件下寿命小于 1000 小时的概率为$\frac{2}{3}$，试求该元件寿命大于 3000 小时的概率.

解 由已知

$$P\{X<1000|X<2000\}=\frac{P\{X<1000\}}{P\{X<2000\}}=\frac{1-\mathrm{e}^{-1000\lambda}}{1-\mathrm{e}^{-2000\lambda}}=\frac{2}{3},$$

解之，得 $\mathrm{e}^{-1000\lambda}=\frac{1}{2}$.

于是，寿命大于 3000 小时的概率为

$$P\{X>3000\}=1-\int_0^{3000}\lambda\mathrm{e}^{-\lambda x}\mathrm{d}x=1-F(3000)=\mathrm{e}^{-3000\lambda}=(\mathrm{e}^{-1000\lambda})^3=\frac{1}{8}.$$

(三) 正态分布

若随机变量 X 的概率密度为

$$f(x)=\frac{1}{\sqrt{2\pi}\sigma}\mathrm{e}^{-\frac{(x-\mu)^2}{2\sigma^2}},\qquad -\infty<x<+\infty,\tag{2.10}$$

则称 X 服从正态分布，记作 $X\sim N(\mu,\sigma^2)$，其中参数 $-\infty<\mu<+\infty$，$\sigma>0$.

1. 正态分布的概率密度函数和分布函数

显然 $f(x)>0$，且

$$\int_{-\infty}^{+\infty}f(x)\mathrm{d}x=\frac{1}{\sqrt{2\pi}\sigma}\int_{-\infty}^{+\infty}\mathrm{e}^{-\frac{(x-\mu)^2}{2\sigma^2}}\mathrm{d}x=\frac{1}{\sqrt{2\pi}}\int_{-\infty}^{+\infty}\mathrm{e}^{-\frac{y^2}{2}}\mathrm{d}y=1,\text{其中 } y=\frac{x-\mu}{\sigma}.$$

$f(x)$ 是一条中间高、两边低、左右关于直线 $x=\mu$ 对称的曲线，μ 是分布的中心，且在 $x=\mu$ 附近取值的可能性大，在两侧取值的可能性小，在 $x=\mu\pm\sigma$ 处曲线有拐点，$f(x)$ 的曲线以 x 轴为渐近线，即 $\lim\limits_{x\to\pm\infty}f(x)=0$.

图 2-5，图 2-6 中给出了 μ 和 σ 变化时，正态密度曲线的变化情况.

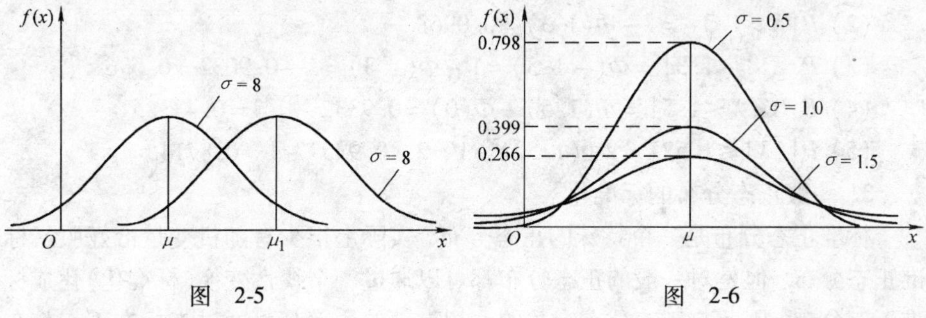

图 2-5　　　　图 2-6

从图 2-5 中可以看出：

如果固定 σ 值，变动 μ 值，则图形只是沿着 x 轴平移，却不改变其形状. 于是，称 μ 为位置参数；

从图 2-6 中可以看出：

如果固定 μ 值，变动 σ 值，则图形的位置不变，只是 σ 越小，曲线图形呈高而瘦；σ 越大，曲线图形呈矮而胖. 于是，称 σ 为形状参数.

正态分布的分布函数为

$$F(x)=\frac{1}{\sqrt{2\pi}\sigma}\int_{-\infty}^{x}\mathrm{e}^{-\frac{(t-\mu)^2}{2\sigma^2}}\mathrm{d}t,\qquad -\infty<x<+\infty.$$

2. 标准正态分布

当 $\mu=0$，$\sigma=1$ 时称正态分布 $X\sim N(0,1)$ 为标准正态分布. 记标准正态分布的概率密度函数为 $\varphi(x)$，分布函数为 $\Phi(x)$，即

$$\varphi(x)=\frac{1}{\sqrt{2\pi}}\mathrm{e}^{-\frac{x^2}{2}},\qquad -\infty<x<+\infty,\tag{2.11}$$

$$\Phi(x)=\frac{1}{\sqrt{2\pi}}\int_{-\infty}^{x}\mathrm{e}^{-\frac{t^2}{2}}\mathrm{d}t,\qquad -\infty<x<+\infty.\tag{2.12}$$

由于 $\Phi(x)$ 的计算比较复杂，为了计算方便，所以对 $x\geqslant0$ 附表 2 中给出了

$\Phi(x)$的值，利用这张表还可以得出

$$\Phi(-x)=1-\Phi(x),$$
$$P\{X>x\}=1-\Phi(x),$$
$$P\{a<X<b\}=\Phi(b)-\Phi(a),$$
$$P\{|X|<x\}=2\Phi(x)-1.$$

例5 设$X\sim N(0,1)$，利用附表2，求下列事件的概率：

(1) $P\{X\leqslant 1.3\}$；(2) $P\{X>1.3\}$；(3) $P\{X<-1.3\}$；(4) $P\{0<X<1.5\}$；(5) $P\{|X|\leqslant 1.52\}$.

解 (1) $P\{X\leqslant 1.3\}=\Phi(1.3)=0.9032$.

(2) $P\{X>1.3\}=1-\Phi(1.3)=0.0968$.

(3) $P\{X<-1.3\}=\Phi(-1.3)=1-\Phi(1.3)=1-0.9032=0.0968$.

(4) $P\{0<X\leqslant 1.5\}=\Phi(1.5)-\Phi(0)=0.9332-0.5=0.4332$.

(5) $P\{|X|\leqslant 1.52\}=2\Phi(1.52)-1=2\times 0.9357-1=0.8714$.

3. 一般正态分布的标准化

标准正态分布是一个特殊的正态分布，实际上很少有随机变量恰好服从标准正态分布. 但是对一般的正态分布都可以通过一个线性变换(标准化)化成标准正态分布. 因此与正态分布有关的一切事件的概率都可通过查标准正态分布函数表获得. 因此标准正态分布$X\sim N(0,1)$对一般正态分布$X\sim N(\mu,\sigma^2)$的计算起着关键的作用.

事实上，若$X\sim N(\mu,\sigma^2)$，则分布函数

$$F(x)=\frac{1}{\sqrt{2\pi}\sigma}\int_{-\infty}^{x}\mathrm{e}^{-\frac{(t-\mu)^2}{2\sigma^2}}\mathrm{d}t$$

令$v=\dfrac{t-\mu}{\sigma}$，则

$$F(x)=\frac{1}{\sqrt{2\pi}}\int_{-\infty}^{\frac{x-\mu}{\sigma}}\mathrm{e}^{-\frac{v^2}{2}}\mathrm{d}v=\Phi\left(\frac{x-\mu}{\sigma}\right)$$

即$\dfrac{X-\mu}{\sigma}\sim N(0,1)$.

由此，我们得到一般正态分布的计算公式，若$X\sim N(\mu,\sigma^2)$，则有

$$P\{X\leqslant c\}=\Phi\left(\frac{c-\mu}{\sigma}\right),$$

$$P\{a<X\leqslant b\}=\Phi\left(\frac{b-\mu}{\sigma}\right)-\Phi\left(\frac{a-\mu}{\sigma}\right).$$

例6 设随机变量$X\sim N(1,4)$，试求：

(1) $P\{1.2<X\leqslant 3\}$；

(2) $P\{X\leqslant 0\}$；

(3) $P\{|X|>1\}$；

(4) 常数 a，使得 $P\{X\leqslant a\}=0.9505$.

解 (1) $P\{1.2<X\leqslant 3\}=\Phi\left(\dfrac{3-1}{2}\right)-\Phi\left(\dfrac{1.2-1}{2}\right)=0.8413-0.5398$

$=0.3015$.

(2) $P\{X\leqslant 0\}=\Phi\left(\dfrac{0-1}{2}\right)=\Phi(-0.5)=1-\Phi(0.5)=1-0.6915$

$=0.3085$.

(3) $P\{|X|>1\}=1-P\{|X|\leqslant 1\}=1-P\{-1\leqslant X\leqslant 1\}$

$=1-\Phi\left(\dfrac{1-1}{2}\right)+\Phi\left(\dfrac{-1-1}{2}\right)$

$=1-\Phi(0)+\Phi(-1)=1-\Phi(0)+1-\Phi(1)=0.6587$.

(4) $P\{X\leqslant a\}=\Phi\left(\dfrac{a-1}{2}\right)=0.9505$.

在附表 2 中，

$$\Phi(1.65)=0.9505,$$

故

$$\frac{a-1}{2}=1.65,$$

从中解得 $a=4.3$.

2.5 随机变量的函数的分布

一般说来，函数 $y=g(x)$ 是定义在实数集上的一个连续函数，X 是一个随机变量，那么 $Y=g(X)$ 作为 X 的函数，同样也是一个随机变量. 在实际问题中，往往会遇到要求一个随机变量的函数的分布问题. 例如，地震时房屋的倒塌数是 X；函数 $y=g(x)$ 反映了房屋倒塌数 X 与带来的经济损失 Y 之间的函数关系. 我们希望通过已知的 X 的分布求出随机变量 $Y=g(X)$ 的分布.

寻求随机变量函数的分布，是概率论的基本技巧，在概率论与数理统计中经常要用到这些技巧. 下面分别讨论离散型和连续型两种随机变量函数的分布.

一、离散型随机变量函数的分布

我们通过一个例子来说明.

例 1 设离散型随机变量 X 的分布律为

X	-1	0	1
P	0.2	0.3	0.5

求：(1) $Y=X^3$ 的分布律；(2) $Y=X^2$ 的分布律.

解 (1) $Y=X^3$ 的可能取值为 -1, 0, 1, 且显然有

$$P\{Y=-1\}=P\{X^3=-1\}=P\{X=-1\}=0.2,$$
$$P\{Y=0\}=P\{X^3=0\}=P\{X=0\}=0.3,$$
$$P\{Y=1\}=P\{X^3=1\}=P\{X=1\}=0.5,$$

故 $Y=X^3$ 的分布律为

$Y=X^3$	-1	0	1
P	0.2	0.3	0.5

(2) $Y=X^2$ 的可能取值为 0, 1, 且

$$P\{Y=0\}=P\{X^2=0\}=P\{X=0\}=0.3,$$
$$P\{Y=1\}=P\{X^2=1\}=P\{X=1\}+P\{X=-1\}=0.7,$$

故 $Y=X^2$ 的分布律为

$Y=X^2$	0	1
P	0.3	0.7

一般地，设离散型随机变量 X 的分布律为

X	x_1	x_2	$\cdots$	x_n	$\cdots$
P	p_1	p_2	$\cdots$	p_n	$\cdots$

则 $Y=g(X)$ 的可能取值为 $g(x_1)$, $g(x_2)$, $\cdots$, $g(x_n)$, $\cdots$. 如果 $g(x_i)$ 的值全不相等，则 $Y=g(X)$ 的分布律为

$Y=g(X)$	$g(x_1)$	$g(x_2)$	$\cdots$	$g(x_n)$	$\cdots$
P	p_1	p_2	$\cdots$	p_n	$\cdots$

如果 $g(x_i)$ 中有相等的，则应把使 $g(x_i)$ 相等的那些 x_i 所对应的概率合并相加，作为 Y 取可能值 $g(x_i)$ 的概率，这样即可得到 $Y=g(X)$ 的分布律.

二、连续型随机变量函数的分布

求离散型随机变量的分布是很简单的事，而对连续型随机变量 X, 我们分别就以下几种情况讨论 $Y=g(X)$ 的分布.

(一) 当 $g(x)$ 为严格单调时

定理 2.2 设连续型随机变量 X 的概率密度函数为 $f_X(x)$, 又设 $y=g(x)$ 是处处可导的单调函数(即 $g'(x)>0$ 或 $g'(x)<0$), 则 $Y=g(X)$ 是连续型随机变量，且 Y 的概率密度函数为

$$f_Y(y)=\begin{cases}f_X[h(y)]\,|h'(y)|, & \alpha<y<\beta\\0, & \text{其他}\end{cases}. \tag{2.13}$$

其中 $x=h(y)$ 是 $y=g(x)$ 的反函数，α 是 $y=g(x)$ 的最小值，β 是 $y=g(x)$ 的最大值.

证明 设 $Y=g(X)$ 的分布函数为 $F_Y(y)$. 不妨设 $y=g(x)$ 为单调增函数，这时它的反函数 $x=h(y)$ 也是单调增函数，且 $h'(y)>0$. 记 α 是 $y=g(x)$ 的最小值，β 是 $y=g(x)$ 的最大值，这意味着 $y=g(x)$ 仅在区间 (α,β) 上取值，于是

当 $y\leqslant\alpha$ 时，

$$F_Y(y)=P\{Y\leqslant y\}=0;$$

当 $y\geqslant\beta$ 时，

$$F_Y(y)=P\{Y\leqslant y\}=1;$$

当 $\alpha<y<\beta$ 时，Y 的分布函数为

$$F_Y(y)=P\{Y\leqslant y\}=P\{g(X)\leqslant y\}=P\{X\leqslant h(y)\}=\int_{-\infty}^{h(y)}f_X(x)\,\mathrm{d}x,$$

由此得 Y 的概率密度函数为

$$f_Y(y)=F_Y'(y)=f_X[h(y)]h'(y).$$

同理可证当 $y=g(x)$ 为单调减函数时，结论也成立. 但此时要注意 $h'(y)<0$，故要加绝对值符号. 所以我们有

$$f_Y(y)=\begin{cases}f_X[h(y)]\,|h'(y)|, & \alpha<y<\beta\\0, & \text{其他}\end{cases}.$$

利用这个定理，我们证明一个很有用的结论，并用定理的形式表示.

定理 2.3 设随机变量 X 服从正态分布 $N(\mu,\sigma^2)$，则当 $a\neq0$ 时，X 的线性函数

$$Y=aX+b\sim N(a\mu+b,\ a^2\sigma^2),$$

即 Y 亦服从正态分布.

证明 $X\sim N(\mu,\sigma^2)$，故 X 的概率密度为

$$f_X(x)=\frac{1}{\sqrt{2\pi}\sigma}\mathrm{e}^{-\frac{(x-\mu)^2}{2\sigma^2}},\qquad -\infty<x<+\infty.$$

函数 $y=ax+b$ 的反函数 $x=h(y)=\dfrac{y-b}{a}$，$|h'(y)|=\dfrac{1}{|a|}$.

由定理 2.2，即得 Y 的概率密度为

$$f_Y(y)=f_X\left(\frac{y-b}{a}\right)\cdot$$

$$=\frac{1}{\sqrt{2\pi}|a|\sigma}\mathrm{e}^{-}$$

即证得 Y 亦为正态随机变量，$Y \sim N(a\mu+b,\ a^2\sigma^2)$.

例 2 (1) $X\sim N(10,\ 2^2)$，则 $2X+5\sim N(25,\ 4^2)$；

(2) $X\sim N(0,\ 2^2)$，则 $-X\sim N(0,\ 2^2)$.

（二）当 $g(x)$ 为其他形式时

以上定理在使用时的确很方便，但条件 $g(x)$ 严格单调、反函数连续可微条件太强，有些场合无法满足，例如 $Y=X^2$. 对无法满足定理条件的情况，可以先计算 $Y=g(X)$ 的分布函数，且使其用 X 的分布函数表示，然后再用求导的方法求出 Y 的概率密度函数. 下面用两个例子来说明此种方法.

例 3 设随机变量 X 的概率密度函数为

$$f_X(x)=\begin{cases}1-|x|, & -1<x<1\\ 0, & \text{其他}\end{cases},$$

求随机变量 $Y=X^2+1$ 的分布函数与概率密度函数.

解 当 X 的取值于 $(-1,\ 1)$ 时，相应于 Y 取值于 $[1,\ 2)$. 当 $1\leqslant y<2$ 时，Y 的分布函数

$$\begin{aligned}F_Y(y)&=P\{Y\leqslant y\}=P\{X^2+1\leqslant y\}\\&=P\{-\sqrt{y-1}\leqslant X\leqslant\sqrt{y-1}\}\\&=\int_{-\sqrt{y-1}}^{\sqrt{y-1}}(1-|x|)\mathrm{d}x=2\int_0^{\sqrt{y-1}}(1-x)\mathrm{d}x\\&=1-(1-\sqrt{y-1})^2,\end{aligned}$$

从而，Y 的分布函数

$$F_Y(y)=\begin{cases}0, & y<1\\ 1-(1-\sqrt{y-1})^2, & 1\leqslant y<2.\\ 1, & y\geqslant 2\end{cases}$$

Y 的概率密度函数为

$$f_Y(y)=\begin{cases}\dfrac{1}{\sqrt{y-1}}-1, & 1<y<2\\ 0, & \text{其他}\end{cases}.$$

例 4 设随机变量 X 具有概率密度 $f_X(x)$，求 $Y=X^2$ 的概率密度函数.

解 先求 Y 的分布函数 $F_Y(y)$，由于 $Y=X^2\geqslant 0$，故当 $y\leqslant 0$ 时，$F_Y(y)=0$，当 $y>0$ 时，有

$$F_Y(y)=P\{Y\leqslant y\}=P\{X^2\leqslant y\}=P\{-\sqrt{y}\leqslant X\leqslant\sqrt{y}\}=F_X(\sqrt{y})-F_X(-\sqrt{y})$$

将 $F_Y(y)$ 关于 y 求导，即得 Y 的概率密度函数为

$$f_Y(y)=\begin{cases}\dfrac{1}{2\sqrt{y}}[f_X(\sqrt{y})+f_X(-\sqrt{y})], & y>0\\ 0, & \text{其他}\end{cases}.$$

习 题 二

1. 一口袋中有 5 只球，编号为 1，2，3，4，5. 从中任取 3 只，以 X 表示取出的 3 只球中的最大号码.

(1) 试求 X 的分布律；

(2) 写出 X 的分布函数,并作图.

2. 一颗骰子抛两次，以 X 表示两次中所得的最小点数.

(1) 试求 X 的分布律；

(2) 写出 X 的分布函数.

3. 离散型随机变量 X 的概率分布为：

(1) $P\{X=i\}=a\cdot 2^i$, $i=1, 2, \cdots, 100$；

(2) $P\{X=i\}=2a^i$, $i=1, 2, \cdots$.

分别求(1) (2)中的 a 的值.

4. 设随机变量 X 的分布函数为

$$F(x)=\begin{cases}0, & x<-5\\ 0.2, & -5\leqslant x<-2\\ 0.3, & -2\leqslant x<0\\ 0.5, & 0\leqslant x<2\\ 1, & x\geqslant 2\end{cases}.$$

求 X 的概率分布及概率 $P\{-3<X\leqslant 0\}$.

5. 一批产品共 10 件，其中 7 件正品，3 件次品，每次从中任取一件，求下面两种情形下，直到取到正品为止所需抽取次数 X 的概率分布：

(1) 每次抽取后再放回去；

(2) 每次抽取后不放回.

6. 一大楼装有 5 个同类型的供水设备. 调查表明在任一时刻 t 每个设备被使用的概率为 0.1，问在同一时刻

(1) 恰有 2 个设备被使用的概率是多少?

(2) 至少有 3 个设备被使用的概率是多少?

(3) 至多有 3 个设备被使用的概率是多少?

7. 甲、乙两人投篮，投中的概率分别是 0.6 和 0.7，今各投 3 次. 求：

(1) 两人投中次数相等的概率；

(2) 甲比乙投中次数多的概率.

8. 某实验室有12台电脑，各台电脑开机与关机是相互独立的. 如果每台电脑开机时间占工作时间的3/4，试求在工作时间内任一时刻关机的电脑台数超过两台的概率以及最有可能有几台电脑同时开机?

9. 已知每天到炼油厂的油船数 X 服从参数为2的泊松分布，而港口的设备只能为三艘油船服务. 如果一天中到达的油船超过三艘，超出的油船必须转向另一港口.

(1) 这一天中必须有油船转走的概率;

(2) 设备增加到多少，才能使每天到达港口的油船有90%可以得到服务.

10. 一电话交换台每分钟收到的呼唤次数服从参数为4的泊松分布. 求:

(1) 每分钟恰有8次呼唤的概率.

(2) 每分钟呼唤的次数大于10的概率.

11. 设随机变量 X 的分布函数为

$$F(x)=\begin{cases}0, & x\leqslant 0\\ Ax^2, & 0<x\leqslant 1.\\ 1, & x>1\end{cases}$$

求 (1) A; (2) $P\{0.5<X\leqslant 0.8\}$.

12. 判断下列函数是否为连续型随机变量 X 的分布函数，如果是，则求其密度函数.

$$F(x)=\begin{cases}0, & x\leqslant 0\\ x^2, & 0<x\leqslant 1,\\ 1, & x>1\end{cases}\qquad F(x)=\begin{cases}0, & x\leqslant 0\\ \dfrac{1}{2}x^2, & 0<x\leqslant 1.\\ 1, & x>1\end{cases}$$

13. 设随机变量 X 的概率密度为

$$f(x)=\begin{cases}2(1-1/x^2), & 1\leqslant x\leqslant 2\\ 0, & \text{其他}\end{cases}.$$

求 X 的分布函数 $F(x)$.

14. 设随机变量 X 的概率密度函数为

$$f(x)=\begin{cases}A\sin x, & 0<x\leqslant \pi\\ 0, & \text{其他}\end{cases}.$$

求: (1) 常数 A; (2) X 的分布函数; (3) X 落在 $\left[-\dfrac{\pi}{4},\dfrac{\pi}{4}\right]$ 的概率.

15. 设某种电子管的使用寿命 X(以小时计)具有以下的概率密度:

$$f(x)=\begin{cases}\dfrac{300}{x^2}, & x>300\\ 0, & \text{其他}\end{cases}.$$

现有一大批此种电子管(设它们损坏与否相互独立)，任取6只，求：

(1) 这种电子管的使用寿命不少于500小时的概率；

(2) 6个这种电子管中至少有4个的使用寿命不少于500小时的概率.

16. 设随机变量 X 服从区间 $[0,5]$ 上的均匀分布，求方程 $x^2+2Xx+4X-3=0$ 有实根的概率.

17. 设 $X\sim N(3,2^2)$

(1) 求 $P\{2<X\leqslant 5\}$，$P\{-4<X\leqslant 10\}$，$P\{|X|>2\}$，$P\{X>3\}$；

(2) 确定 c 使得 $P\{X>c\}=P\{X\leqslant c\}$；

(3) 设 d 满足 $P\{X>d\}\geqslant 0.9$，问 d 至多为多少？

18. 某地区农民年收入服从正态分布 $N(500,20^2)$. 求：

(1) 该地区农民年均收入在500元至520元间人数的百分比；

(2) 如果要使农民的年均收入在 $(\mu-a,\mu+a)$ 内的概率不小于0.95，则 a 至少为多大？

(3) 3个农民中至少有一个年收入在500元至520元间的概率.

19. 生产工艺工程中产品的尺寸的偏差 $X\sim N(0.2,5)$，如果产品的尺寸与规定的尺寸的差的绝对值不超过3mm为合格品. 求：

(1) X 的概率密度；

(2) 生产的5件产品的合格率不小于80%的概率.

20. 已知 X 的分布律如下表示：

X	0	1	2	3	4	5
P	1/12	1/6	1/3	1/12	2/9	1/9

求随机变量 $Y=(X-2)^2$ 的分布律.

21. 设随机变量 X 在 $(0,1)$ 服从均匀分布.

(1) 求 $Y=\mathrm{e}^X$ 的概率密度；

(2) 求 $Y=-2\ln X$ 的概率密度.

22. 设 $X\sim N(0,1)$.

(1) 求 $Y=\mathrm{e}^X$ 的概率密度；

(2) 求 $Y=2X^2+1$ 的概率密度；

(3) 求 $Y=|X|$ 的概率密度.

第3章 多维随机变量及其分布

一维随机变量本质上是样本空间中的每个样本点与一个实数之间的一一对应关系. 如果每个样本点与一对有序实数之间有某种一一对应关系，那么就是二维随机变量. 前面我们研究的是一个随机变量的情形，但在实际问题中，有许多随机事件仅用一个随机变量来描述是不够的，而需要同时用多个随机变量来描述. 如打靶时炮弹弹着点的位置，必须用两个随机变量(一个为横坐标，另一个为纵坐标)来描述. 一般地，如果需要用 n 个随机变量来描述，那么就是 n 维随机变量. 本章主要讨论二维随机变量取值的统计规律性，有关内容可以类推到 $n(n\geqslant 3)$ 维.

3.1 二维随机变量

设 E 是一个随机试验，它的样本空间 $S=\{e\}$，$X(e),Y(e)$ 是定义在 S 上的两个随机变量，由这两者构成的向量 (X,Y) 称之为定义在 S 上的二维随机向量或二维随机变量.

二维随机变量 (X,Y) 的性质不仅与 X,Y 的个别性质有关，还依赖于两个随机变量的相互关系，因而我们要将 (X,Y) 作为一个整体来研究. 首先，我们给出二维随机变量的分布函数.

定义 3.1 设 (X,Y) 是二维随机变量，对任意实数 x,y，称二元实值函数

$$F(x,y)=P\{X\leqslant x,Y\leqslant y\} \tag{3.1}$$

为 (X,Y) 的**联合分布函数**.

在几何上，我们把二维随机变量 (X,Y) 看作平面上随机点的坐标，则联合分布函数 $F(x,y)$ 在 (x,y) 处的函数值就是随机点 (X,Y) 落在以点 (x,y) 为顶点的左下方无穷矩形域(如图 3-1 斜线部分)内的概率.

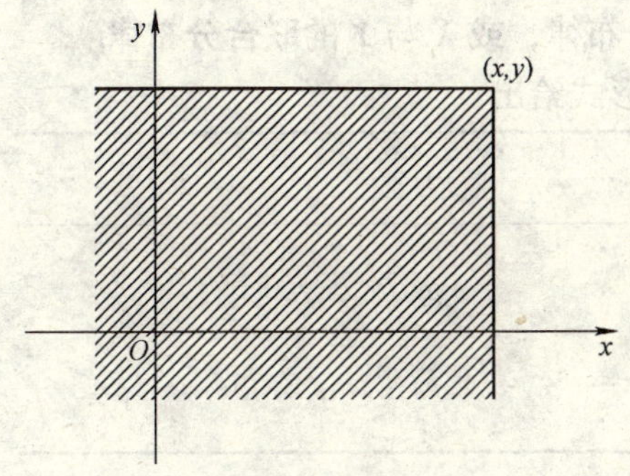

图 3-1

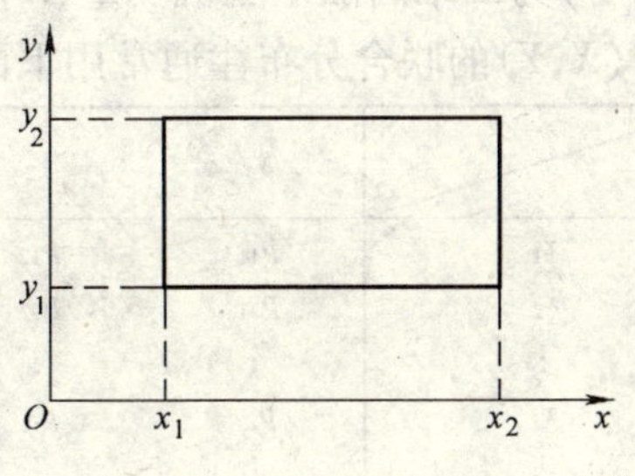

图 3-2

由此，借助图 3-2，容易算出随机点(X,Y)落在矩形域$\{x_1<X\leqslant x_2, y_1<Y\leqslant y_2\}$的概率为

$$P\{x_1<X\leqslant x_2,y_1<Y\leqslant y_2\}=F(x_2,y_2)-F(x_1,y_2)-F(x_2,y_1)+F(x_1,y_1).$$

定理 3.1 二维随机变量(X,Y)的联合分布函数$F(x,y)$具有以下性质：

(1) $F(x,y)$关于x、关于y都是非减函数；

(2) $F(-\infty,-\infty)=\lim\limits_{\substack{x\to-\infty\\ y\to-\infty}}F(x,y)=0, F(-\infty,y)=\lim\limits_{x\to-\infty}F(x,y)=0,$

$$F(x,-\infty)=\lim_{y\to-\infty}F(x,y)=0, F(+\infty,+\infty)=\lim_{\substack{x\to+\infty\\ y\to+\infty}}F(x,y)=1;$$

(3) $F(x,y)$关于变量x、变量y都是右连续的；

(4) 对任意$x_1<x_2,y_1<y_2$，有

$$F(x_2,y_2)-F(x_1,y_2)-F(x_2,y_1)+F(x_1,y_1)\geqslant 0.$$

若给定二维随机变量(X,Y)的联合分布函数$F(x,y)$，则一维随机变量X，Y的分布函数$F_X(x),F_Y(y)$也就随之确定．因为

$$\begin{aligned}F_X(x)&=P\{X\leqslant x\}=P\{X\leqslant x,Y<+\infty\}\\&=\lim_{y\to+\infty}P\{X\leqslant x,Y\leqslant y\}=\lim_{y\to+\infty}F(x,y)\\&=F(x,+\infty),\end{aligned}$$

即

$$F_X(x)=F(x,+\infty); \tag{3.2}$$

同理，有

$$F_Y(y)=F(+\infty,y). \tag{3.3}$$

分别称$F_X(x),F_Y(y)$为二维随机变量(X,Y)关于X、关于Y的**边缘分布函数**.

一、二维离散型随机变量

定义 3.2 如果二维随机变量(X,Y)的所有可能取值只有有限对或可列无限多对，则称(X,Y)为**二维离散型随机变量**，并称$P\{X=x_i,Y=y_j\}=p_{ij}(i,j=$

$1,2,\cdots$)为二维离散型随机变量(X,Y)的分布律，或 X 与 Y 的**联合分布律**.

(X,Y)的联合分布律通常用下面表格形式给出：

X \ Y	y_1	y_2	$\cdots$	y_j	$\cdots$
x_1	p_{11}	p_{12}	$\cdots$	p_{1j}	$\cdots$
x_2	p_{21}	p_{22}	$\cdots$	p_{2j}	$\cdots$
$\vdots$	$\vdots$	$\vdots$		$\vdots$	
x_i	p_{i1}	p_{i2}	$\cdots$	p_{ij}	$\cdots$
$\vdots$	$\vdots$	$\vdots$	$\vdots$	$\vdots$	$\vdots$

联合分布律的基本性质：

(1) $p_{ij} \geqslant 0$，$i,j=1,2,\cdots$；

(2) $\sum_i \sum_j p_{ij} = 1$.

(X,Y)的联合分布函数 $F(x,y)$ 可通过上述分布律求出

$$F(x,y) = \sum_{x_i \leqslant x} \sum_{y_j \leqslant y} P\{X = x_i, Y = y_j\} = \sum_{x_i \leqslant x} \sum_{y_j \leqslant y} p_{ij}.$$

其中 $\sum_{x_i \leqslant x} \sum_{y_j \leqslant y}$ 是对一切满足 $x_i \leqslant x, y_j \leqslant y$ 的脚标 i,j 的 p_{ij} 求和.

例 1 一个口袋中装有 5 只球，其中 4 只是红球，1 只是白球，采用无放回抽样，连续取球两次. 设

$$X = \begin{cases} 1，第一次摸到红球 \\ 0，第一次摸到白球 \end{cases}, \quad Y = \begin{cases} 1，第二次摸到红球 \\ 0，第二次摸到白球 \end{cases}.$$

试求:(1) X 与 Y 的联合分布律；(2) $P\{X \geqslant Y\}$.

解 (1) $P\{X=0,Y=0\} = P\{X=0\}P\{Y=0 \mid X=0\} = \frac{1}{5} \times 0 = 0$,

$$P\{X=0,Y=1\} = P\{X=0\}P\{Y=1 \mid X=0\} = \frac{1}{5} \times 1 = \frac{1}{5},$$

$$P\{X=1,Y=0\} = P\{X=1\}P\{Y=0 \mid X=1\} = \frac{4}{5} \times \frac{1}{4} = \frac{1}{5},$$

$$P\{X=1,Y=1\} = P\{X=1\}P\{Y=1 \mid X=1\} = \frac{4}{5} \times \frac{3}{4} = \frac{3}{5},$$

因此，X 与 Y 的联合分布律为

X \ Y	0	1
0	0	0.2
1	0.2	0.6

(2) $P\{X\geqslant Y\}=P\{X=0,Y=0\}+P\{X=1,Y=0\}+P\{X=1,Y=1\}=\frac{4}{5}$.

由(X,Y)的联合分布律还可以求出随机变量X与Y的分布律

$$\begin{aligned}P\{X=x_i\}&=P\{X=x_i,Y<+\infty\}\\&=P\{X=x_i,Y=y_1\}+P\{X=x_i,Y=y_2\}+\cdots+\\&\quad P\{X=x_i,Y=y_j\}+\cdots\\&=\sum_j p_{ij},\qquad i=1,2,\cdots;\\P\{Y=y_j\}&=P\{X<+\infty,Y=y_j\}\\&=\sum_i p_{ij},\qquad j=1,2,\cdots.\end{aligned}$$

记

$$P\{X=x_i\}=\sum_j p_{ij}=p_{i\cdot},\ i=1,2,\cdots,\tag{3.4}$$

$$P\{Y=y_j\}=\sum_i p_{ij}=p_{\cdot j},\ j=1,2,\cdots,\tag{3.5}$$

分别称$p_{i\cdot}(i=1,2,\cdots)$和$p_{\cdot j}(j=1,2,\cdots)$为$(X,Y)$关于$X$、关于$Y$的边缘分布律.

例2 设(X,Y)的联合分布律如下表，试求(X,Y)关于X及Y的边缘分布律.

X \ Y	0	1	4	$P\{X=x_i\}=p_{i\cdot}$
1	1/12	0	1/12	
2	1/6	1/12	0	
3	0	1/12	1/6	
5	1/12	1/6	1/12	
$P\{Y=y_j\}=p_{\cdot j}$				$\sum=1$

解 显然表中i行各数之和为$P\{X=x_i\}=p_{i\cdot}$，j列各数之和为$p\{Y=y_j\}=p_{\cdot j}$，从而不难得到(X,Y)关于X及Y的边缘分布律，我们将结果分别写在表的右侧与下侧.

X \ Y	0	1	4	$P\{X=x_i\}=p_{i\cdot}$
1	1/12	0	1/12	1/6
2	1/6	1/12	0	1/4
3	0	1/12	1/6	1/4
5	1/12	1/6	1/12	1/3
$P\{Y=y_j\}=p_{\cdot j}$	1/3	1/3	1/3	$\sum=1$

二、二维连续型随机变量

定义 3.3 设 $F(x,y)$ 为二维随机变量 (X,Y) 的联合分布函数，若存在一个非负二元函数 $f(x,y)$，使对任意实数 x,y 都有

$$F(x,y)=\int_{-\infty}^{x}\int_{-\infty}^{y}f(u,v)\,\mathrm{d}v\mathrm{d}u \tag{3.6}$$

则称 (X,Y) 为**二维连续型随机变量**，并称 $f(x,y)$ 为它的**联合概率密度函数**.

联合概率密度函数 $f(x,y)$ 具有以下性质：

(1) $f(x,y)\geqslant 0$；

(2) $\int_{-\infty}^{+\infty}\int_{-\infty}^{+\infty}f(x,y)\,\mathrm{d}x\mathrm{d}y=1$；

(3) 若 $f(x,y)$ 在点 (x,y) 连续，则

$$\frac{\partial^2 F(x,y)}{\partial x\partial y}=f(x,y)；$$

(4) $P\{(X,\ Y)$ 落在区域 D 中$\}=\iint\limits_{D}f(x,y)\,\mathrm{d}x\mathrm{d}y$.

性质(4)表明，在几何上，(X,Y) 落在某区域 D 中的概率，在数值上就是以曲面 $z=f(x,y)$ 为顶，以平面区域 D 为底的曲顶柱体的体积.

由 (X,Y) 的联合概率密度函数 $f(x,y)$，我们不难求得一维随机变量 X 和 Y 的概率密度函数 $f_X(x)$ 和 $f_Y(y)$. 因为

$$F_X(x)=F(x,+\infty)=\int_{-\infty}^{x}\left[\int_{-\infty}^{+\infty}f(u,v)\,\mathrm{d}v\right]\mathrm{d}u,$$

所以

$$f_X(x)=\int_{-\infty}^{+\infty}f(x,y)\,\mathrm{d}y. \tag{3.7}$$

同理有

$$f_Y(y)=\int_{-\infty}^{+\infty}f(x,y)\,\mathrm{d}x. \tag{3.8}$$

分别称 $f_X(x),f_Y(y)$ 为 (X,Y) 关于 X、关于 Y 的**边缘概率密度函数**.

例 3 设二维随机变量 (X,Y) 的联合概率密度函数为

$$f(x,y)=\begin{cases}kxy, & 0<x<1,0<y<1\\ 0, & 其他\end{cases}.$$

求：(1) 常数 k；

(2) $P\left\{0<X<\frac{1}{2},\frac{1}{4}<Y<1\right\}$ 及 $P\{X<Y\}$；

(3) (X,Y) 的边缘概率密度函数.

解 (1) 由 $\int_{-\infty}^{+\infty}\int_{-\infty}^{+\infty}f(x,y)\,\mathrm{d}x\mathrm{d}y=1$，得

$$\int_0^1\int_0^1 kxy\mathrm{d}x\mathrm{d}y = k\int_0^1 x\mathrm{d}x\int_0^1 y\mathrm{d}y = \frac{k}{4} = 1，解得 k = 4.$$

(2) 将(X,Y)看作是平面上随机点的坐标，即有

$$\left\{0<X<\frac{1}{2},\frac{1}{4}<Y<1\right\}=\{(X,Y)\in G_1\},\{X<Y\}=\{(X,Y)\in G_2\},$$

其中 G_1,G_2 为图 3-3，图 3-4 所示.

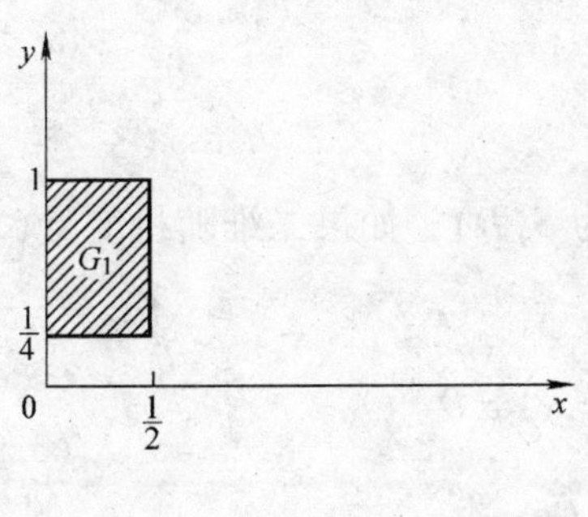

图 3-3

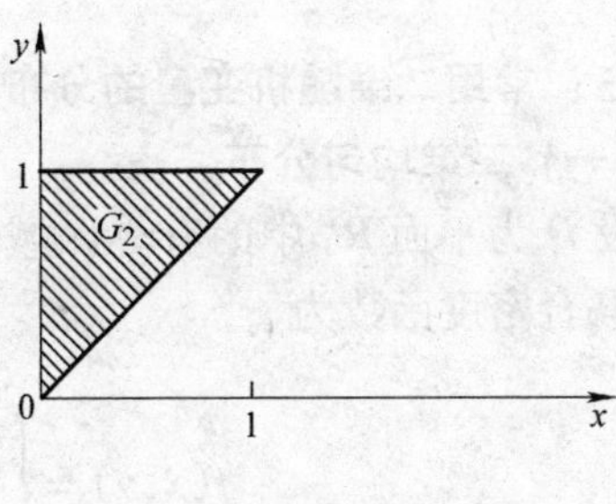

图 3-4

于是得

$$P\left\{0<X<\frac{1}{2},\ \frac{1}{4}<Y<1\right\} = P\{(X,\ Y)\in G_1\} = \iint_{G_1} f(x,y)\mathrm{d}x\mathrm{d}y$$

$$= \int_0^{\frac{1}{2}}\int_{\frac{1}{4}}^1 4xy\mathrm{d}y\mathrm{d}x = \int_0^{\frac{1}{2}}\frac{15}{8}x\mathrm{d}x = \frac{15}{64},$$

$$P\{X<Y\} = P\{(X,\ Y)\in G_2\} = \iint_{G_2} f(x,y)\mathrm{d}x\mathrm{d}y = \int_0^1\mathrm{d}x\int_x^1 4xy\mathrm{d}y$$

$$= \int_0^1 (2x-2x^3)\mathrm{d}x = \frac{1}{2}.$$

(3) 关于 X 的边缘概率密度函数为

$$f_X(x) = \int_{-\infty}^{+\infty} f(x,y)\mathrm{d}y.$$

当 $x\leqslant 0$ 或 $x\geqslant 1$ 时，$f_X(x)=0$，

当 $0<x<1$ 时，$f_X(x) = \int_0^1 4xy\mathrm{d}y = 2x$，

故

$$f_X(x) = \begin{cases}2x, 0<x<1\\ 0, 其他\end{cases}.$$

关于 Y 的边缘概率密度函数为

$$f_Y(y) = \int_{-\infty}^{+\infty} f(x,y)\,\mathrm{d}x$$

当 $y \leqslant 0$ 或 $y \geqslant 1$ 时，$f_Y(y) = 0$，

当 $0 < y < 1$ 时，$f_Y(y) = \int_0^1 4xy\,\mathrm{d}x = 2y$，

故

$$f_Y(y) = \begin{cases} 2y, 0 < y < 1 \\ 0，其他 \end{cases}.$$

三、常用二维随机变量的分布

（一）二维均匀分布

设 D 为平面 $\mathbf{R}^2$ 中的有界区域，其面积为 $S(D)$，如果二维随机变量 (X, Y) 的联合密度函数为

$$f(x,y) = \begin{cases} \dfrac{1}{S(D)}, & (x,y) \in D \\ 0, & 其他 \end{cases}, \tag{3.9}$$

则称 (X,Y) 服从 D 上的**均匀分布**，记作 $(X,Y) \sim U(D)$.

例 4 设 D 为平面上以原点为圆心，以 r 为半径的圆，(X,Y) 服从 D 上的二维均匀分布，其概率密度为

$$f(x,y) = \begin{cases} \dfrac{1}{\pi r^2}, & x^2+y^2 \leqslant r^2 \\ 0, & x^2+y^2 > r^2 \end{cases}.$$

（二）二维正态分布

如果二维随机变量 (X,Y) 的联合密度函数为

$$f(x,y) = \frac{1}{2\pi\sigma_1\sigma_2\sqrt{1-\rho^2}}\exp\left\{-\frac{1}{2(1-\rho^2)}\left[\frac{(x-\mu_1)^2}{\sigma_1^2} - \frac{2\rho(x-\mu_1)(y-\mu_2)}{\sigma_1\sigma_2} + \frac{(y-\mu_2)^2}{\sigma_2^2}\right]\right\}, \quad -\infty < x,y < +\infty, \tag{3.10}$$

则称 (X,Y) 服从**二维正态分布**，记作 $(X,Y) \sim N(\mu_1,\mu_2,\sigma_1^2,\sigma_2^2,\rho)$. 其中五个参数的取值范围分别是：

$$-\infty < \mu_1, \mu_2 < +\infty, \quad \sigma_1, \sigma_2 > 0, \quad -1 < \rho < 1.$$

二维正态密度函数的图形（图 3-5）很像一顶四周无限延伸的草帽，其中心点在 (μ_1,μ_2) 处，其等高线是椭圆.

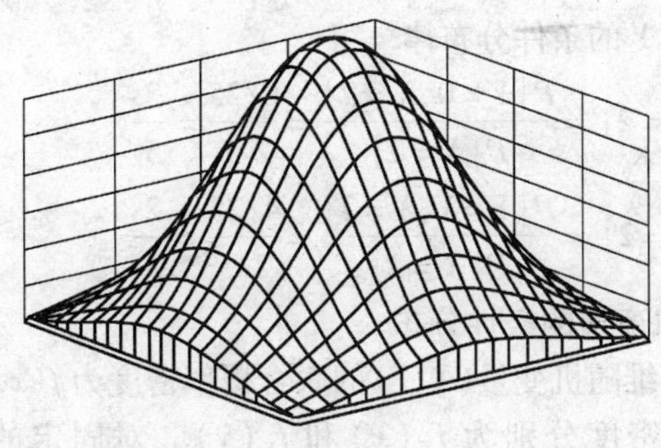

图 3-5

3.2 条件分布

由于在许多问题中，二维随机变量 X 与 Y 的取值往往是彼此有影响的，这就使得条件分布成为研究变量之间的相依关系的一个有力工具. 例如，记 X 为人的体重，Y 为人的身高，则 X 与 Y 之间一般有相依关系. 现在如果限定 $Y=1.70$ m，在这个条件下体重 X 的分布显然与 X 的无条件分布有很大不同. 本节将分别讨论离散型与连续型随机变量的条件分布.

一、离散型随机变量的条件分布

设二维随机变量 (X,Y) 的联合分布律为

$$P\{X=x_i,Y=y_j\}=p_{ij},\qquad i,j=1,2,\cdots.$$

(X,Y) 关于 X 与 Y 的边缘分布律分别为 $P\{X=x_i\}=p_{i\cdot}$ 和 $P\{Y=y_j\}=p_{\cdot j}$.

定义 3.4 对固定的 j，若 $P\{Y=y_j\}=p_{\cdot j}>0$，则称

$$P\{X=x_i\mid Y=y_j\}=\frac{P\{X=x_i,Y=y_j\}}{P\{Y=y_j\}}=\frac{p_{ij}}{p_{\cdot j}},\qquad i=1,2,\cdots \tag{3.11}$$

为给定 $Y=y_j$ 条件下 X 的**条件分布律**.

对固定的 i，若 $P\{X=x_i\}=p_{i\cdot}>0$，则称

$$P\{Y=y_j\mid X=x_i\}=\frac{P\{Y=y_j,X=x_i\}}{P\{X=x_i\}}=\frac{p_{ij}}{p_{i\cdot}},\qquad j=1,2,\cdots \tag{3.12}$$

为给定 $X=x_i$ 条件下 Y 的**条件分布律**.

例 1 设二维离散型随机变量 (X,Y) 的联合分布律为

X \ Y	0	1	$P\{X=x_i\}=p_{i\cdot}$
1	9/25	6/25	3/5
2	6/25	4/25	2/5
$P\{Y=y_j\}=p_{\cdot j}$	3/5	2/5	1

试求在 $X=2$ 时 Y 的条件分布律.

解 $P\{Y=0|X=2\}=\dfrac{P\{Y=0,X=2\}}{P\{X=2\}}=\dfrac{6/25}{2/5}=\dfrac{3}{5}$,

$P\{Y=1|X=2\}=\dfrac{P\{Y=1,X=2\}}{P\{X=2\}}=\dfrac{4/25}{2/5}=\dfrac{2}{5}$.

二、连续型随机变量的条件分布

定义 3.5 设二维随机变量(X,Y)的联合概率密度为$f(x,y)$，(X,Y)关于 X 与 Y 的边缘概率密度分别为 $f_X(x)$ 和 $f_Y(y)$. 对固定的 y，$f_Y(y)>0$，则称$f_{X|Y}(x|y)=\dfrac{f(x,y)}{f_Y(y)}$为在 $Y=y$ 的条件下 X 的**条件概率密度**.

条件概率密度函数满足条件:对固定的 y

$$f_{X|Y}(x|y)=\frac{f(x,y)}{f_Y(y)}\geqslant 0,$$

$$\int_{-\infty}^{+\infty} f_{X|Y}(x|y)\,\mathrm{d}x=\frac{1}{f_Y(y)}\int_{-\infty}^{+\infty} f(x,y)\,\mathrm{d}x=1.$$

定义 3.6 对固定的 y，称$\int_{-\infty}^{X} f_{X|Y}(x|y)\,\mathrm{d}x=\dfrac{1}{f_Y(y)}\int_{-\infty}^{X} f(x,y)\,\mathrm{d}x$ 为在$Y=y$ 的条件下 X 的**条件分布函数**，记作 $P\{X\leqslant x|Y=y\}$ 或 $F_{X|Y}(x|y)$，即

$$F_{X|Y}(x|y)=P\{X\leqslant x|Y=y\}=\int_{-\infty}^{X} f_{X|Y}(x|y)\,\mathrm{d}x.$$

类似地，可以定义$f_{Y|X}(y|x)=\dfrac{f(x,y)}{f_X(x)}$和 $F_{Y|X}(y|x)$.

例 2 设二维随机变量(X,Y)在圆域 $x^2+y^2\leqslant 1$ 上服从均匀分布，求随机变量 X 的条件概率密度$f_{X|Y}(x|y)$.

解 随机变量(X,Y)具有概率密度

$$f(x,y)=\begin{cases}\dfrac{1}{\pi}, & x^2+y^2\leqslant 1\\ 0, & x^2+y^2>1\end{cases},$$

且有边缘密度

$$f_Y(y)=\int_{-\infty}^{+\infty} f(x,y)\,\mathrm{d}x=\begin{cases}\dfrac{1}{\pi}\displaystyle\int_{-\sqrt{1-y^2}}^{\sqrt{1-y^2}}\mathrm{d}x=\dfrac{2}{\pi}\sqrt{1-y^2}, & -1\leqslant y\leqslant 1\\ 0, & 其他\end{cases}.$$

于是当 $-1<y<1$ 时有

$$f_{X|Y}(x|y)=\begin{cases}\dfrac{1/\pi}{(2/\pi)\sqrt{1-y^2}}=\dfrac{1}{2\sqrt{1-y^2}}, & -\sqrt{1-y^2}\leqslant x\leqslant\sqrt{1-y^2}\\0, & \text{其他}\end{cases};$$

当 $y=\dfrac{1}{2}$ 时，X 的条件密度为

$$f_{X|Y}\left(x\,\middle|\,\frac{1}{2}\right)=\begin{cases}\dfrac{1}{\sqrt{3}}, & -\dfrac{\sqrt{3}}{2}\leqslant x\leqslant\dfrac{\sqrt{3}}{2}.\\0, & \text{其他}\end{cases}$$

可见，随机变量 X 在 $y=\dfrac{1}{2}$ 的条件下，在区间 $\left(-\dfrac{\sqrt{3}}{2},\dfrac{\sqrt{3}}{2}\right)$ 上服从均匀分布.

然而，X 的边缘密度

$$\begin{aligned}f_X(x)&=\int_{-\infty}^{+\infty}f(x,y)\,\mathrm{d}y\\&=\begin{cases}\dfrac{1}{\pi}\displaystyle\int_{-\sqrt{1-x^2}}^{\sqrt{1-x^2}}\mathrm{d}y=\dfrac{2}{\pi}\sqrt{1-x^2}, & -1\leqslant x\leqslant 1\\0, & \text{其他}\end{cases}.\end{aligned}$$

是 X 的无条件的概率密度却不是均匀密度，即 X 不服从均匀分布.

3.3 相互独立的随机变量

二维随机变量 (X,Y) 不是两个随机变量 X 与 Y 的简单组合，而应该看作它们的一个整体，其中联合分布函数不仅说明了作为一维随机变量 X、Y 的取值的统计规律性(即边缘分布)，而且还蕴含着 X 与 Y 之间在统计规律性方面的联系. 它们的取值有时会相互影响，但有时会毫无影响. 例如一个人的身高 X 与体重 Y 就会相互影响，但与收入一般无影响. 当两个随机变量取值的规律互不影响时，就称它们是相互独立的.

一、二维随机变量的独立性

定义 3.7 设 (X,Y) 是二维随机变量，若对任意实数 x,y，有

$$P\{X\leqslant x,Y\leqslant y\}=P\{X\leqslant x\}P\{Y\leqslant y\},$$

即

$$F(x,y)=F_X(x)F_Y(y),\tag{3.13}$$

则称随机变量 X 与 Y **相互独立**.

定理 3.2 离散型随机变量 (X,Y) 的分布律为 $P\{X=x_i,Y=y_j\}$，则

$$X\text{ 与 }Y\text{ 相互独立}\Leftrightarrow P\{X=x_i,Y=y_j\}=P\{X=x_i\}\cdot P\{Y=y_j\};\tag{3.14}$$

连续型随机变量 (X,Y) 的密度函数为 $f(x,y)$，则

$$X\text{与}Y\text{相互独立}\Leftrightarrow f(x,y)=f_X(x)\cdot f_Y(y).\text{在}f(x,y),f_X(x),\ f_Y(y)\text{的一切公共连续点上都成立}. \tag{3.15}$$

例 1 设(X,Y)的联合分布律如同 3.2 节例 1，容易看出，X 与 Y 相互独立.

例 2 设二维随机变量(X,Y)的联合概率密度函数为

$$f(x,\ y)=\begin{cases}x^2+\dfrac{xy}{3}, & 0\leqslant x\leqslant 1,\ 0\leqslant y\leqslant 2\\ 0, & \text{其他}\end{cases},$$

问 X 与 Y 是否独立?

解 求得 X, Y 的边缘概率密度函数分别为

$$f_X(x)=\begin{cases}2x^2+\dfrac{2}{3}x, & 0\leqslant x\leqslant 1\\ 0, & \text{其他}\end{cases},\ f_Y(y)=\begin{cases}\dfrac{1}{3}+\dfrac{y}{6}, & 0\leqslant y\leqslant 2\\ 0, & \text{其他}\end{cases}.$$

显然，$f(x,y)\neq f_X(x)f_Y(y)$，故 X 与 Y 不独立.

应当注意，在实际应用中，两个随机变量是否独立，一般并不是由数学式子去判断，而是由实际问题本身判断. 如果两个随机变量之间没有影响或者影响很弱时，就可以认为它们是相互独立的.

二、二维正态随机变量(X,Y)独立性

(X,Y)联合密度函数为

$$f(x,y)=\frac{1}{2\pi\sigma_1\sigma_2\sqrt{1-\rho^2}}\exp\left\{-\frac{1}{2(1-\rho^2)}\left[\frac{(x-\mu_1)^2}{\sigma_1^2}-\frac{2\rho(x-\mu_1)(y-\mu_2)}{\sigma_1\sigma_2}+\frac{(y-\mu_2)^2}{\sigma_2^2}\right]\right\},\qquad -\infty<x,y<+\infty.$$

其边缘密度分别为

$$f_X(x)=\frac{1}{\sqrt{2\pi}\sigma_1}e^{-\frac{(x-\mu_1)^2}{2\sigma_1^2}},\qquad -\infty<x<+\infty;$$

$$f_Y(y)=\frac{1}{\sqrt{2\pi}\sigma_2}e^{-\frac{(y-\mu_2)^2}{2\sigma_2^2}},\qquad -\infty<y<+\infty.$$

结论 1 二维正态分布的两个边缘分布都是一维正态分布，且都不依赖于参数 ρ.

结论 2 当且仅当 $\rho=0$ 时，$f(x,y)=f_X(x)f_Y(y)$，即 X 与 Y 独立.

于是，我们注意到了，不同的 ρ 值对应不同的二维正态分布，但它们的边缘分布却都是相同的. 这一事实表明，仅有关于 X 和关于 Y 的边缘分布，一般来说是不能确定随机变量 X 和 Y 的联合分布的.

两个随机变量独立的概念不难推广到 n 个随机变量的情形. n 维随机变量 $(X_1,X_2,\cdots,X_n)$ 的**联合分布函数**定义为

$$F(x_1,x_2,\cdots,x_n)=P\{X_1\leqslant x_1,X_2\leqslant x_2,\cdots,X_n\leqslant x_n\}.$$

如果对任意实数 $x_1,x_2,\cdots,x_n$，都有

$$F(x_1,x_2,\cdots,x_n)=F_{X_1}(x_1)F_{X_2}(x_2)\cdots F_{X_n}(x_n),$$

则称随机变量 $X_1,X_2,\cdots,X_n$ 是相互独立的.

对于 n 维连续型随机变量及 n 维离散型随机变量，也相应有类似于定理3.2的结论，这里不一一列出了.

关于随机变量的函数的相互独立性，还可以有以下常用结论.

定理3.3 设 $X_1,X_2,\cdots,X_n$ 是相互独立的随机变量，又 $f_i(x)(i=1,2,\cdots,n)$ 为连续函数则随机变量函数 $f_1(X_1),f_2(X_2),\cdots,f_n(X_n)$ 也是相互独立的.

3.4 两个随机变量的函数的分布

在第2章中，讨论了一个随机变量的函数的概率分布问题，即已知 X 的概率分布，求 X 的函数 $Y=g(X)$ 的概率分布. 在此，我们将把上述讨论推广到二维随机变量上去，讨论两个随机变量的函数的概率分布，即已知 (X,Y) 的联合分布，求 (X,Y) 的函数 $Z=g(X,Y)$ 的概率分布.

一般地，二维随机变量的函数 $Z=g(X,Y)$ 的分布和密度：

分布函数 $F_Z(z)=P\{g(X,Y)\leqslant z\}=\iint\limits_{g(x,y)\leqslant z}f(x,y)\mathrm{d}x\mathrm{d}y$，$-\infty<z<+\infty$；

密度函数 $f_Z(z)=\dfrac{\mathrm{d}F_Z(z)}{\mathrm{d}z}$，$-\infty<z<+\infty$.

下面将通过例子，讨论几个具体的函数形式.

一、$Z=X+Y$ 的分布

(一) 离散型 (X,Y)

例1 设 (X,Y) 的联合分布律如下表：

X \ Y	−1	0	1
0	1/16	2/16	3/16
1	5/16	3/16	2/16

求 $X+Y$ 的分布律.

解 由 (X,Y) 的联合分布律容易算得

概率	1/16	2/16	3/16	5/16	3/16	2/16
(X,Y)	(0,−1)	(0,0)	(0,1)	(1,−1)	(1,0)	(1,1)
$X+Y$	−1	0	1	0	1	2

从而得 $X+Y$ 的分布律为

$X+Y$	-1	0	1	2
P	1/16	7/16	6/16	2/16

（二）连续型 (X,Y)

定理 3.4 设 X 与 Y 是两个相互独立的连续型随机变量，其密度函数分别为 $f_X(x)$ 和 $f_Y(y)$，则其和 $Z=X+Y$ 的概率密度函数为

$$f_Z(z)=\int_{-\infty}^{+\infty}f_X(x)f_Y(z-x)\,\mathrm{d}x=\int_{-\infty}^{+\infty}f_X(z-y)f_Y(y)\,\mathrm{d}y. \tag{3.16}$$

证明 设 $Z=X+Y$ 的分布函数为 $F_Z(z)$，则

$$\begin{aligned}F_Z(z)&=P\{X+Y\leqslant z\}\\&=P\{(X,Y)\in D\},\end{aligned}$$

其中 $D=\{(x,y)\mid x+y\leqslant z\}$.

$\{X+Y\leqslant z\}$ 这一事件表示 (X,Y) 作为平面上的随机点，它的两个坐标之和不超过 z，所以相当于"(X,Y) 落在区域 D 内"这一事件. 因此，由图 3-6 有

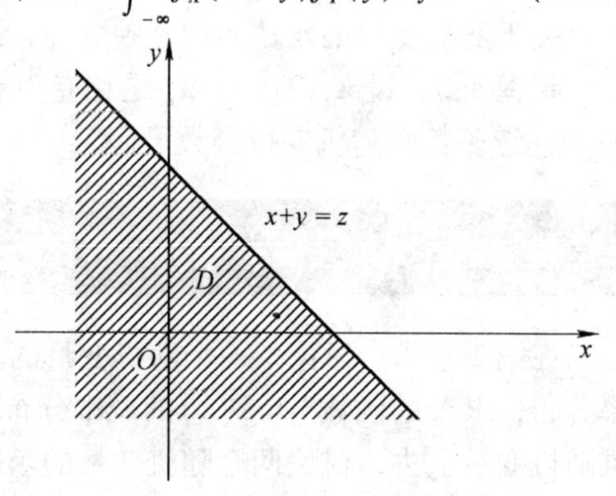

图 3-6

$$\begin{aligned}P\{X+Y\leqslant z\}&=\iint_D f(x,y)\,\mathrm{d}x\mathrm{d}y\\&=\iint_D f_X(x)f_y(y)\,\mathrm{d}x\mathrm{d}y\\&=\int_{-\infty}^{+\infty}f_X(x)\left[\int_{-\infty}^{z-x}f_Y(y)\,\mathrm{d}y\right]\mathrm{d}x\\&=\int_{-\infty}^{+\infty}F_Y(z-x)f_X(x)\,\mathrm{d}x,\end{aligned}$$

两边对 z 求导，得

$$f_Z(z)=\int_{-\infty}^{+\infty}f_X(x)f_Y(z-x)\,\mathrm{d}x.$$

由 X 与 Y 在 Z 中的独立性，$f_Z(z)$ 也可以表示为

$$f_Z(z)=\int_{-\infty}^{+\infty}f_X(z-y)f_Y(y)\,\mathrm{d}y.$$

此式右端的积分是函数 $f_X(x)$ 和 $f_Y(y)$ 的卷积，所以以上两个式子被称作**卷积公式**.

下面对正态分布使用上述卷积公式.

例2 设 X 与 Y 是两个相互独立的随机变量，它们都服从 $N(0,1)$ 分布，其概率密度为

$$f_X(x)=\frac{1}{\sqrt{2\pi}}e^{-\frac{x^2}{2}},\qquad -\infty<x<+\infty;$$

$$f_Y(y)=\frac{1}{\sqrt{2\pi}}e^{-\frac{y^2}{2}},\qquad -\infty<y<+\infty.$$

求 $Z=X+Y$ 的概率密度.

解 $f_Z(z)=\int_{-\infty}^{+\infty}f_X(x)f_Y(z-x)\mathrm{d}x=\frac{1}{2\pi}\int_{-\infty}^{+\infty}e^{-\frac{x^2}{2}}e^{-\frac{(z-x)^2}{2}}\mathrm{d}x$

$$=\frac{1}{2\pi}e^{-\frac{z^2}{4}}\int_{-\infty}^{+\infty}e^{-\left(x-\frac{z}{2}\right)^2}\mathrm{d}x,$$

令 $t=x-\frac{z}{2}$，得

$$f_Z(z)=\frac{1}{2\pi}e^{-\frac{z^2}{4}}\int_{-\infty}^{+\infty}e^{-t^2}\mathrm{d}t=\frac{1}{2\pi}e^{-\frac{z^2}{4}}\sqrt{\pi}=\frac{1}{2\sqrt{\pi}}e^{-\frac{z^2}{4}}.$$

于是 $Z\sim N(0,2)$.

我们也可得到一般的结论，若 X_1 与 X_2 独立，且 $X_1\sim N(\mu_1,\sigma_1^2),X_2\sim N(\mu_2,\sigma_2^2)$，经计算 X_1+X_2 仍服从正态分布，且

$$X_1+X_2\sim N(\mu_1+\mu_2,\sigma_1^2+\sigma_2^2);$$

若 a_1,a_2 为不全为0的常数，则

$$a_1X_1+a_2X_2\sim N(a_1\mu_1+a_2\mu_2,a_1^2\sigma_1^2+a_2^2\sigma_2^2).$$

即相互独立的正态随机变量的线性组合仍是正态随机变量.

例3 已知相互独立的随机变量 X,Y 的概率密度函数分别为

$$f_X(x)=\begin{cases}2x, & 0\leqslant x\leqslant 1\\ 0, & 其他\end{cases},\quad f_Y(y)=\begin{cases}e^{-y}, & y>0\\ 0, & 其他\end{cases}.$$

求 $Z=X+Y$ 的概率密度函数.

解 由卷积公式，Z 的概率密度函数为

$$f_Z(z)=\int_{-\infty}^{+\infty}f_X(x)f_Y(z-x)\mathrm{d}x.$$

因为

$$f_Y(z-x)=\begin{cases}e^{-(z-x)}, & z-x>0\\ 0, & 其他\end{cases},$$

即 $$f_Y(z-x)=\begin{cases}e^{-(z-x)}, & x<z\\ 0, & 其他\end{cases}.$$

易知，仅当$\begin{cases}0\leqslant x\leqslant 1\\ x<z\end{cases}$时，上述积分的被积函数不等于零，参考图 3-7，即得

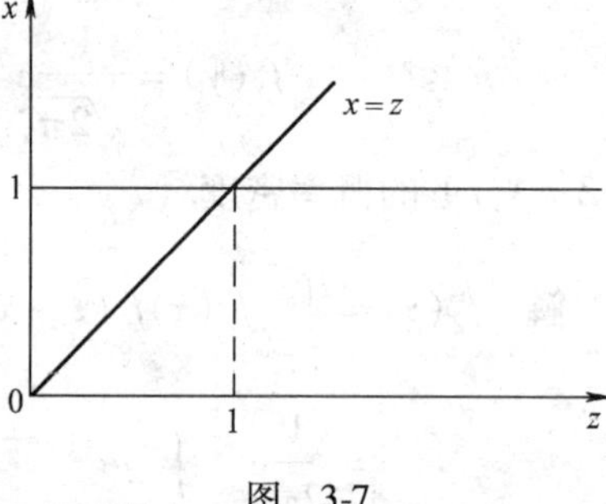

图 3-7

当 $z\leqslant 0$ 时，
$$f_Z(z)=0;$$
当 $0<z\leqslant 1$ 时，
$$f_Z(z)=\int_0^z 2x\mathrm{e}^{-(z-x)}\mathrm{d}x=2(\mathrm{e}^{-z}+z-1);$$
当 $z>1$ 时，

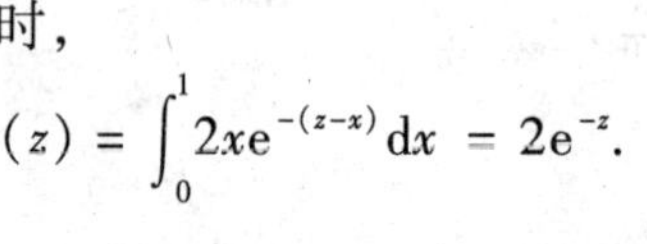

$$f_Z(z)=\int_0^1 2x\mathrm{e}^{-(z-x)}\mathrm{d}x=2\mathrm{e}^{-z}.$$

故
$$f_Z(z)=\begin{cases}0, & z\leqslant 0\\ 2(\mathrm{e}^{-z}+z-1), & 0<z\leqslant 1.\\ 2\mathrm{e}^{-z}, & z>1\end{cases}$$

二、$M=\max(X,Y)$，$N=\min(X,Y)$ 的分布

设随机变量 X 与 Y 相互独立，它们的分布函数分别为 $F_X(x)$ 和 $F_Y(y)$. 现在来求 $M=\max(X,Y)$ 和 $N=\min(X,Y)$ 的分布函数 $F_{\max}(z)$ 和 $F_{\min}(z)$.

（一）$M=\max(X,Y)$ 的分布

由于事件 $\{\max(X,Y)\leqslant z\}$ 等价于 $\{X\leqslant z\}$ 与 $\{Y\leqslant z\}$ 同时发生，并注意 X 与 Y 相互独立，所以
$$\begin{aligned}F_{\max}(z)&=P\{M\leqslant z\}=P\{X\leqslant z,Y\leqslant z\}\\&=P\{X\leqslant z\}P\{Y\leqslant z\}=F_X(z)F_Y(z).\end{aligned}\tag{3.17}$$

（二）$N=\min(X,Y)$ 的分布

由于事件 $\{\min(X,Y)>z\}$ 等价于 $\{X>z\}$ 与 $\{Y>z\}$ 同时发生，并注意 X 与 Y 相互独立，所以
$$\begin{aligned}F_{\min}(z)&=P\{N\leqslant z\}=1-P\{N>z\}\\&=1-P\{X>z,Y>z\}\\&=1-P\{X>z\}P\{Y>z\}\\&=1-(1-P\{X\leqslant z\})(1-P\{Y\leqslant z\})\\&=1-[1-F_X(z)][1-F_Y(z)].\end{aligned}\tag{3.18}$$

此结果可以推广到 $n(n>2)$ 个相互独立的随机变量的情况.

设 $X_1,X_2,\cdots,X_n$ 相互独立，分别具有分布函数 $F_{X_1}(x_1),F_{X_2}(x_2),\cdots,$

$F_{X_n}(x_n)$，则 $M=\max(X_1,X_2,\cdots,X_n)$ 和 $N=\min(X_1,X_2,\cdots,X_n)$ 的分布函数为

$$F_{\max}(z)=\prod_{i=1}^{n}F_{X_i}(z),\ -\infty<z<+\infty;$$

$$F_{\min}(z)=1-[1-F_{X_1}(z)]\cdots[1-F_{X_n}(z)],\ -\infty<z<+\infty.$$

特别，当 $X_1,X_2,\cdots,X_n$ 相互独立且具有相同的分布函数 $F(x)$ 时，有

$$F_{\max}(z)=[F(z)]^n,\ -\infty<z<+\infty;$$

$$F_{\min}(z)=1-[1-F(z)]^n,\ -\infty<z<+\infty.$$

概率密度分别为

$$f_{\max}(z)=n[F(z)]^{n-1}\cdot f(z),$$

$$f_{\min}(z)=n[1-F(z)]^{n-1}\cdot f(z).$$

例4 设 $X_1,X_2,\cdots,X_n$ 相互独立，且均在区间 $(0,\theta)$ 上服从均匀分布，设 $Y=\max(X_1,X_2,\cdots,X_n)$，$Z=\min(X_1,X_2,\cdots,X_n)$，求 Y,Z 的概率密度 $f_Y(y)$ 及 $f_Z(z)$.

解 $X_1,X_2,\cdots,X_n$ 具有相同的概率密度 $f(x)$ 及相同的分布函数 $F(x)$：

$$f(x)=\begin{cases}\dfrac{1}{\theta}, & 0<x<\theta\\ 0, & \text{其他}\end{cases},$$

$$F(x)=\begin{cases}0, & x\leqslant 0\\ \dfrac{x}{\theta}, & 0<x<\theta.\\ 1, & x\geqslant\theta\end{cases}$$

于是，$f_Y(y)=f_{\max}(y)=n[F(y)]^{n-1}\cdot f(y)=\begin{cases}\dfrac{ny^{n-1}}{\theta^n}, & 0<y<\theta\\ 0, & \text{其他}\end{cases},$

$$f_Z(z)=f_{\min}(z)=n[1-F(z)]^{n-1}\cdot f(z)=\begin{cases}\dfrac{n(\theta-z)^{n-1}}{\theta^n}, & 0<z<\theta\\ 0, & \text{其他}\end{cases}.$$

习 题 三

1. 8件产品中有5件一等品，2件二等品，1件三等品. 从中任取4件，若 X 为4件产品中的一等品件数，Y 为4件产品中的二等品的件数. 求二维随机变量 (X,Y) 的联合分布律.

2. 设二维随机变量 (X,Y) 的概率分布如下：

X \ Y	−1	0	2
0	0.1	0.2	0
1	0.3	0.05	0.1
2	0.15	0	0.1

求：(1) $P\{X\neq0,Y=0\}$　(2) $P\{X\leqslant0,Y\leqslant0\}$　(3) $P\{XY=0\}$

(4) $P\{X=Y\}$　(5) $P\{|X|=|Y|\}$

3. 设随机变量(X,Y)的联合密度函数为

$$f(x,\ y)=\begin{cases}k(6-x-y), & 0<x<2,\ 2<y<4\\ 0, & \text{其他}\end{cases}.$$

试求：(1) 常数k；　(2) $P\{X<1,Y<3\}$；

(3) $P\{X<1.5\}$；　(4) $P\{X+Y<4\}$.

4. 设二维随机变量(X,Y)的联合密度函数为

$$f(x,\ y)=\begin{cases}6, & 0<x^2<y<x<1\\ 0, & \text{其他}\end{cases}.$$

试求边缘密度$f_X(x)$和$f_Y(y)$.

5. 设二维随机变量(X,Y)的联合密度函数为

$$f(x,\ y)=\begin{cases}\mathrm{e}^{-y}, & 0<x<y\\ 0, & \text{其他}\end{cases}.$$

求：(1) 关于X的边缘概率密度函数；

(2) 概率$P\{X+Y\leqslant1\}$.

6. 设二维随机变量(X,Y)的联合密度函数为

$$f(x,\ y)=\begin{cases}cx^2y, & x^2<y\leqslant1\\ 0, & \text{其他}\end{cases}.$$

(1) 试确定常数c；(2) 求边缘密度.

7. 设二维随机变量(X,Y)的可能值为

$$(0,\ 0),\ (-1,\ 1),\ (-1,\ 2),\ (1,\ 0)$$

且取这些值的概率依次为1/6，1/3，1/12，5/12，试求X和Y的边缘分布律.

8. 设二维离散型随机变量(X,Y)的概率分布为

X \ Y	−1	0	2
0	0.1	0.2	0
1	0.3	0.05	0.1
2	0.15	0	0.1

求$Y=0$时，X的条件概率分布及$X=0$时，Y的条件概率分布.

9. 设二维随机变量(X,Y)的联合密度函数为

$$f(x,\ y)=\begin{cases}k\mathrm{e}^{-3x-4y}, & x>0,\ y>0\\ 0, & \text{其他}\end{cases}.$$

求:(1) 常数k; (2) 条件密度函数$f_{Y|X}(y|x)$和$f_{X|Y}(x|y)$.

10. 设区域D是由直线$y=x-1$, $y=x+1$, $x=2$及坐标轴围成的区域,$(X,\ Y)$服从D上的均匀分布. 求条件密度函数$f_{Y|X}(y|x)$和$f_{X|Y}(x|y)$.

11. 已知(X,Y)的分布及边缘分布如下:

X \ Y	-1	0	1	$p_{i\cdot}$
0	p_{11}	p_{12}	p_{13}	$\frac{1}{2}$
1	0	p_{22}	0	$\frac{1}{2}$
$p_{\cdot j}$	$\frac{1}{4}$	$\frac{1}{2}$	$\frac{1}{4}$	

(1) 求$(X,\ Y)$的联合分布表中p_{11}, p_{12}, p_{13}, p_{22}的值;

(2) 判断X与Y是否独立.

12. 设二维随机变量(X,Y)的联合密度函数为

$$f(x,\ y)=\begin{cases}4xy, & 0\leqslant x\leqslant 1,\ 0\leqslant y\leqslant 1\\ 0, & \text{其他}\end{cases}.$$

判断X与Y是否独立.

13. 已知X和Y是两个相互独立的随机变量,X在$(0,\ 1)$上服从均匀分布,Y的概率密度为

$$f_Y(y)=\begin{cases}\frac{1}{2}\mathrm{e}^{-\frac{y}{2}}, & y\geqslant 0\\ 0, & y<0\end{cases}.$$

(1) 求X和Y的联合概率密度;

(2) 设含有a的二次方程为$a^2+2Xa+Y=0$,试求a有实根的概率.

14. 某娱乐场有打靶项目,设弹着点$A(X,Y)$的坐标X和Y相互独立,且都服从$N(0,1)$分布,规定点A落在区域$D_1=\{(X,Y)\mid x^2+y^2\leqslant 1\}$得2分;点$A$落在区域$D_2=\{(X,Y)\mid 1\leqslant x^2+y^2\leqslant 4\}$得1分;点$A$落在区域$D_3=\{(X,Y)\mid x^2+y^2>4\}$得0分. 以$Z$记打靶的得分,写出$X$, Y的联合概率密度,并求Z的分布律.

15. 设随机变量X服从$[0,\ 1]$上的均匀分布,Y服从$[1,\ 2]$上的均匀分布,且X和Y相互独立,求$Z=X+Y$的概率密度.

16. 设X和Y是两个相互独立的随机变量,其概率密度分别为

$$f_X(x)=\begin{cases}1, & 0\leqslant x\leqslant 1\\ 0, & \text{其他}\end{cases},\ f_Y(y)=\begin{cases}e^{-y}, & y\geqslant 0\\ 0, & y<0\end{cases}.$$

求随机变量 $Z=X+Y$ 的概率密度.

17. 设 X 和 Y 相互独立且服从相同的分布 $N(0,1)$，求 $Z=\sqrt{X^2+Y^2}$ 的概率密度函数 $f_Z(z)$.

18. 设到火车站购票所需要时间(以小时计) X 是随机变量，具有概率密度

$$f(x)=\begin{cases}xe^{-x}, & x\geqslant 0\\ 0, & x<0\end{cases}.$$

某人将去购票 5 次，设每次购票所需时间相互独立，记 X_i 为第 $i(i=1,2,3,4,5)$ 次购票所需的时间，设 $Y=\max(X_1,X_2,X_3,X_4,X_5)$，$Z=\min(X_1,X_2,X_3,X_4,X_5)$.

(1) 求 Y 的概率密度；

(2) 求 Z 的概率密度.

19. 设某电子型号的电子元件的寿命(以小时计)近似地服从 $N(160,20^2)$ 分布. 随机地选取 4 只，求其中没有一只寿命小于 180 的概率.

第4章　随机变量的数字特征

由前面的讨论知道，分布函数完整地描述了随机变量的统计规律，然而在一些实际问题中要确定一个随机变量的分布函数却是非常困难的，而且有一些实际问题，并不要求全面考察随机变量的统计规律，而只需知道它的某些特征，因而并不需求出它的分布函数. 例如考察日光灯管的质量，常常关心的是日光灯管的平均寿命，即其平均寿命是一个重要指标. 这就是说，随机变量的平均值，常常是一个重要的数量特征. 在考察日光灯管的质量时不能单就平均寿命来决定其质量，还必须要考察日光灯管的寿命与平均寿命的偏离程度，只有平均寿命较长同时偏离程度又较小的日光灯管才是质量较好的. 随机变量与其平均值偏离的程度也是一个重要的数字特征. 这些与随机变量有关的数量，虽然不能完整地描述随机变量，但能描述随机变量在某些方面的重要特征. 这些数字特征在理论和实践上都具有重要的意义. 本章将介绍随机变量的常用数字特征:数学期望、方差、相关系数和矩.

4.1　数学期望

一、离散型随机变量的数学期望

设随机变量 X 的分布律为

$$P\{X=x_i\}=p_i, i=1,2,\cdots.$$

我们希望能找到这样一个数值，它体现 X 取值的“平均”大小，这类似于通常意义下若干数字的平均数.

对 n 个数 $x_1,x_2,\cdots,x_n$，它们的平均数为$\frac{1}{n}(x_1+x_2+\cdots+x_n)$. 可是，对于

一个随机变量 X，若它的可能取值为 $x_1,x_2,\cdots,x_n$，$\frac{1}{n}(x_1+x_2+\cdots+x_n)$ 这种方式的“平均”，并不能真正起到平均的作用. 因为随机变量 X 取到 $x_1,x_2,\cdots,x_n$ 的可能性不一定相同，因而不能用简单的求平均的方式求 X 的平均值.

例如，某车间生产某种产品，检验员每天随机地抽取 n 件产品作检验. 查出的废品数 X 是一个随机变量，它的可能取值为 $0,1,2,\cdots,n$. 设检验员共查 N 天，出现废品为 $0,1,2,\cdots,n$ 的天数分别为 $m_0,m_1,\cdots,m_n$，即 $\sum\limits_{k=0}^{n} m_k = N$. 显然，$N$ 天出现废品的平均数应为

$$\frac{N\text{天出现的废品数}}{N}=\frac{\sum\limits_{k=0}^{n} k\cdot m_k}{N}=\sum_{k=0}^{n} k\cdot\frac{m_k}{N}.$$

在上面和式中，每一项都是两个数的乘积，其中数 k 是废品数，而另一个数 $\frac{m_k}{N}$ 是 X 取到 k 的频率. 当 N 很大时，$\frac{m_k}{N}\approx p_k$，p_k 为出现 k 的概率. 因而

$$\sum_{k=0}^{n} k\cdot\frac{m_k}{N}\approx\sum_{k=0}^{n} k\cdot p_k.$$

由此，我们给出下列定义.

定义 4.1 设离散型随机变量的分布律为

$$P\{X=x_k\}=p_k,k=1,2,\cdots.$$

若级数 $\sum\limits_{k} x_k\cdot p_k$ 绝对收敛，则称

$$\sum_{k} x_k\cdot p_k \tag{4.1}$$

为 X 的**数学期望**，简称**期望**或**均值**，记作 $E(X)$.

例 1 甲乙两人进行打靶，命中环数分别记为 X 和 Y，X 和 Y 的分布律分别如表 4-1 和表 4-2 所示. 试评定他们技术的优劣.

表 4-1

X	0	5	6	7	8	9	10
p_k	0.05	0.05	0.05	0.05	0.1	0.2	0.5

表 4-2

Y	0	5	6	7	8	9	10
q_k	0.25	0.2	0.2	0.1	0.1	0.1	0.05

解 为了评价甲乙技术的优劣，我们先来求随机变量 X 和 Y 的平均值，即数学期望. 由式(4.1)，有

$$\begin{aligned}E(X)&=0\times0.05+5\times0.05+6\times0.05+7\times0.05+8\times0.1+9\times0.2+10\times0.5\\&=8.5,\\E(Y)&=0\times0.25+5\times0.2+6\times0.2+7\times0.1+8\times0.1+9\times0.1+10\times0.05\\&=5.1.\end{aligned}$$

从平均命中环数看，甲的射击水平比乙的高.

例2 设袋中有编号为 k 的球 k 只，$k=1,2,\cdots,n$. 从中任意摸出一球，记摸出球的号码为 X，求 X 的数学期望.

解 因为袋中球的总数为 $1+2+3+\cdots+n=\dfrac{n(n+1)}{2}$，故

$$P\{X=k\}=\frac{2k}{n(n+1)},k=1,2,\cdots,n.$$

于是
$$E(X)=\sum_{k=1}^{n}k\cdot\frac{2k}{n(n+1)}=\frac{2}{n(n+1)}\sum_{k=1}^{n}k^2=\frac{2n+1}{3}.$$

下面介绍几种常用的离散型随机变量的数学期望.

(一)(0—1)分布

设 X 服从(0—1)分布，其分布律为

$$P\{X=0\}=q,P\{X=1\}=p,p+q=1.$$

由式(4.1)，有

$$E(X)=1\cdot p+0\cdot q=p.$$

故
$$E(X)=p.$$

(二)二项分布

设随机变量 X 服从二项分布 $B(n,p)$，即

$$P\{X=k\}=\mathrm{C}_n^kp^kq^{n-k},k=0,1,2,\cdots,n.$$

其中 $q=1-p$. 由式(4.1)，有

$$\begin{aligned}E(X)&=\sum_{k=0}^{n}k\mathrm{C}_n^kp^kq^{n-k}=\sum_{k=1}^{n}\frac{k\cdot n!}{k!(n-k)!}p^kq^{n-k}\\&=np\cdot\sum_{k=1}^{n}\frac{(n-1)!}{(k-1)![(n-1)-(k-1)]!}p^{k-1}q^{(n-1)-(k-1)},\end{aligned}$$

令 $t=k-1$，则

$$E(X)=np\cdot\sum_{t=0}^{n-1}\frac{(n-1)!}{t![(n-1)-t]!}p^tq^{(n-1)-t}=np(p+q)^{n-1}=np.$$

故 $E(X)=np$.

(三) 泊松分布

设随机变量 X 服从泊松分布 $\pi(\lambda)$,即

$$P\{X=k\}=\frac{e^{-\lambda}\lambda^k}{k!},\ k=0,1,2,\cdots,\lambda>0.$$

由式(4.1),有

$$E(X)=\sum_{k=0}^{\infty}k\frac{e^{-\lambda}\lambda^k}{k!}=\lambda e^{-\lambda}\sum_{k=1}^{\infty}\frac{\lambda^{k-1}}{(k-1)!},$$

令 $t=k-1$,则

$$E(X)=\lambda e^{-\lambda}\sum_{t=0}^{\infty}\frac{\lambda^t}{t!}=\lambda e^{-\lambda}\cdot e^{\lambda}=\lambda.$$

故

$$E(X)=\lambda.$$

二、连续型随机变量的数学期望

若 X 为连续型随机变量,其密度函数为 $f(x)$. 当 Δx 很小时,有

$$P\{x\leqslant X<x+\Delta x\}\approx f(x)\Delta x,$$

故 $f(x)\Delta x$ 的作用与离散型随机变量的 p_k 类似,下面给出定义.

定义 4.2 设连续型随机变量 X 的概率密度函数为 $f(x)$,若积分 $\int_{-\infty}^{+\infty}xf(x)\mathrm{d}x$ 绝对收敛,则称

$$\int_{-\infty}^{+\infty}xf(x)\mathrm{d}x \tag{4.2}$$

为 X 的数学期望,简称期望或均值,记作 $E(X)$.

例 3 设随机变量 X 的概率密度函数为

$$f(x)=\frac{1}{2}e^{-|x|},\ -\infty<x<+\infty,$$

求 $E(X)$.

解 $E(X)=\int_{-\infty}^{+\infty}\frac{1}{2}xe^{-|x|}\mathrm{d}x=0.$

下面列举出几个常用的连续型随机变量的数学期望.

(一) 均匀分布

设随机变量 X 服从区间(a,b)上的均匀分布,其概率密度为

$$f(x)=\begin{cases}\frac{1}{b-a}, & a<x<b\\ 0, & \text{其他}\end{cases}.$$

由式(4.2),有

$$E(X)=\int_a^b x\frac{1}{b-a}\mathrm{d}x=\frac{1}{2}(a+b).$$

故
$$E(X)=\frac{1}{2}(a+b).$$

它恰是区间$[a,b]$的中心,这与$E(X)$的意义相符.

(二) 指数分布

设随机变量X服从参数为$\lambda>0$的指数分布,其概率密度为

$$f(x)=\begin{cases}\lambda\mathrm{e}^{-\lambda x}, & x\geqslant 0\\ 0, & x<0\end{cases}.$$

由式(4.2),有

$$E(X)=\int_0^{+\infty}x\lambda\mathrm{e}^{-\lambda x}\mathrm{d}x,$$

令$t=\lambda x$，则

$$E(X)=\frac{1}{\lambda}\int_0^{+\infty}t\mathrm{e}^{-t}\mathrm{d}t=\frac{1}{\lambda}(-t\mathrm{e}^{-t}-\mathrm{e}^{-t})\Big|_0^{+\infty}=\frac{1}{\lambda}.$$

故
$$E(X)=\frac{1}{\lambda}.$$

(三) 正态分布

设X服从正态分布$N(\mu,\sigma^2)$，其概率密度为

$$f(x)=\frac{1}{\sqrt{2\pi}\sigma}\mathrm{e}^{-\frac{(x-\mu)^2}{2\sigma^2}},\quad -\infty<x<+\infty,$$

由式(4.2),有

$$E(X)=\frac{1}{\sqrt{2\pi}\sigma}\int_{-\infty}^{+\infty}x\mathrm{e}^{-\frac{(x-\mu)^2}{2\sigma^2}}\mathrm{d}x,$$

令$t=\dfrac{x-\mu}{\sigma}$，则

$$\begin{aligned}E(X)&=\frac{1}{\sqrt{2\pi}\sigma}\int_{-\infty}^{+\infty}\sigma(\sigma t+\mu)\mathrm{e}^{-\frac{t^2}{2}}\mathrm{d}t\\&=\frac{1}{\sqrt{2\pi}}\int_{-\infty}^{+\infty}\sigma t\mathrm{e}^{-\frac{t^2}{2}}\mathrm{d}t+\mu\cdot\frac{1}{\sqrt{2\pi}}\int_{-\infty}^{+\infty}\mathrm{e}^{-\frac{t^2}{2}}\mathrm{d}t.\end{aligned}$$

上式右端第一项积分为零；而第二项中

$$\frac{1}{\sqrt{2\pi}}\int_{-\infty}^{+\infty}\mathrm{e}^{-\frac{t^2}{2}}\mathrm{d}t=1$$

所以
$$E(X)=\mu.$$

这说明，正态分布的参数μ恰是该分布的均值.

(四) Γ 分布

设 X 服从 Γ 分布 $\Gamma(\alpha,\beta)$，其概率密度为

$$f(x)=\begin{cases}\dfrac{\beta^{\alpha}}{\Gamma(\alpha)}x^{\alpha-1}\mathrm{e}^{-\beta x}, & x>0\\ 0, & x\leqslant 0\end{cases},\quad \alpha>0,\beta>0.$$

由式(4.2)，有

$$E(X)=\frac{\beta^{\alpha}}{\Gamma(\alpha)}\int_{0}^{+\infty}x\cdot x^{\alpha-1}\mathrm{e}^{-\beta x}\mathrm{d}x,$$

令 $t=\beta x$，则

$$E(X)=\frac{1}{\Gamma(\alpha)\beta}\int_{0}^{+\infty}t^{\alpha}\mathrm{e}^{-t}\mathrm{d}t=\frac{\Gamma(\alpha+1)}{\beta\Gamma(\alpha)}.$$

由 $\Gamma(\alpha+1)=\alpha\Gamma(\alpha)$，得到

$$E(X)=\frac{\alpha}{\beta}.$$

三、随机变量函数的数学期望

设 X 为一般随机变量，下面研究 X 的函数 $Y=\varphi(X)$ 的数学期望. 当然可以由 X 的分布计算出 $Y=\varphi(X)$ 的分布，然后按式(4.1)或式(4.2)来计算 $E(Y)$. 但实际上可由下述定理来计算 $E(Y)$.

定理 4.1 设 $\varphi(x)$ 是连续函数，$Y=\varphi(X)$ 是随机变量 X 的函数.

(1) 设 X 为离散型随机变量，其分布律为

$$P\{X=x_k\}=p_k,k=1,2,\cdots.$$

若 $\sum\limits_{k}\varphi(x_k)p_k$ 绝对收敛，则

$$E(Y)=E[\varphi(X)]=\sum_{k}\varphi(x_k)p_k. \tag{4.3}$$

(2) 设 X 为连续型随机变量，其密度函数为 $f(x)$，若积分 $\int_{-\infty}^{+\infty}\varphi(x)f(x)\mathrm{d}x$ 绝对收敛，则

$$E(Y)=E[\varphi(X)]=\int_{-\infty}^{+\infty}\varphi(x)f(x)\mathrm{d}x \qquad (4.3)'$$

定理的重要意义在于当我们求 $E(Y)$ 时，不必算出 Y 的分布律或概率密度，只需利用 X 的分布律或密度函数就可以了，定理的证明需要更深的数学基础，超出本教材的范围. 下面仅就特殊情况予以证明如下.

证明 设 X 为连续型随机变量. 考虑特殊情况:$\varphi(x)$ 可导，且恒有 $\varphi'(x)>0$(或 $\varphi'(x)<0$). 因为 $\varphi(x)$ 是严格增加的连续函数，可设其值域为 (A,B) $(-\infty\leqslant A<B\leqslant+\infty)$，反函数为 $g(y)$（它在 (A,B) 上有定义），且 $g'(y)$ 存

在，对任意的 $y\in(A,B)$，易知

$$\{\varphi(X)\leqslant y\}=\{X\leqslant g(y)\},$$

因而

$$F_Y(y)=P\{Y\leqslant y\}=P\{\varphi(X)\leqslant y\}=P\{X\leqslant g(y)\}=F_X[g(y)].$$

当 $y\leqslant A$ 时，$\{\varphi(X)\leqslant y\}$ 是不可能事件，因而

$$F_Y(y)=P\{\varphi(X)\leqslant y\}=0;$$

当 $y\geqslant B$ 时，$\{\varphi(X)\leqslant y\}$ 是必然事件，因而

$$F_Y(y)=P\{\varphi(X)\leqslant y\}=1.$$

所以 Y 的概率密度为

$$f_Y(y)=\begin{cases}f[g(y)]g'(y), & y\in(A,\ B)\\ 0, & \text{其他}\end{cases}.$$

于是

$$E(Y)=\int_{-\infty}^{+\infty}yf_Y(y)\,\mathrm{d}y=\int_A^B yf[g(y)]g'(y)\,\mathrm{d}y.$$

令 $x=g(y)$，$y=\varphi(x)$，得到

$$E(Y)=\int_{-\infty}^{+\infty}\varphi(x)f(x)\,\mathrm{d}x.$$

当恒有 $\varphi'(x)<0$ 时，可类似证明.

上述定理可以推广到两个或两个以上随机变量的函数的情况.

设$(X_1,X_2,\cdots,X_n)$的密度函数为$f(x_1,x_2,\cdots,x_n)$，$\varphi(x_1,x_2,\cdots,x_n)$是 n 元连续实函数，则

$$E[\varphi(X_1,X_2,\cdots,X_n)]=\int_{-\infty}^{+\infty}\cdots\int_{-\infty}^{+\infty}\varphi(x_1,x_2,\cdots,x_n)f(x_1,x_2,\cdots,x_n)\,\mathrm{d}x_1\mathrm{d}x_2\cdots\mathrm{d}x_n. \tag{4.4}$$

这里要求右边积分绝对收敛.

例 4 设随机变量 X 的分布律如下表所示，求 $E(X^2+X-1)$.

X	-1	0	1	2
p_k	0.1	0.2	0.3	0.4

解 由公式(4.3)，有

$$\begin{aligned}E(X^2+X-1)&=[(-1)^2+(-1)-1]\times0.1+[0^2+0-1]\times0.2+\\&\quad[1^2+1-1]\times0.3+[2^2+2-1]\times0.4\\&=2.0.\end{aligned}$$

例 5 已知 X 服从标准正态分布 $N(0,1)$，求 $E(X^2)$.

解 由公式(4.3)′，有

$$E(X^2)=\int_{-\infty}^{+\infty}x^2\frac{1}{\sqrt{2\pi}}\mathrm{e}^{-\frac{x^2}{2}}\mathrm{d}x=-\int_{-\infty}^{+\infty}x\mathrm{d}\left(\frac{1}{\sqrt{2\pi}}\mathrm{e}^{-\frac{x^2}{2}}\right)$$
$$=-x\frac{1}{\sqrt{2\pi}}\mathrm{e}^{-\frac{x^2}{2}}\Big|_{-\infty}^{+\infty}+\int_{-\infty}^{+\infty}\frac{1}{\sqrt{2\pi}}\mathrm{e}^{-\frac{x^2}{2}}\mathrm{d}x$$
$$=0+1=1.$$

利用公式(4.3)′计算比先求出 $Y=X^2$ 的密度函数，再求 $E(Y)$ 方便多了.

四、数学期望的性质

数学期望具有下述性质：

(1) 设 C 是常数，则有 $E(C)=C$；

(2) 设 X 是一个随机变量，C 是常数，则有 $E(CX)=CE(X)$；

(3) 设 X,Y 是两个随机变量，则有 $E(X+Y)=E(X)+E(Y)$；

(4) 设 X,Y 是相互独立的随机变量，则 $E(XY)=E(X)E(Y)$.

其中上面各式中所提及的随机变量的数学期望都存在.

证明 (1) 若离散型随机变量 X 等于常数 C，由于它只可能取到值 C，故 $P\{X=C\}=1$. 于是

$$E(C)=E(X)=C\cdot P\{X=C\}=C.$$

下面对连续型的情况证明(2)，(3)，(4). 关于离散型的情况读者可自行证明.

(2) 设 X 的概率密度为 $f(x)$. 由公式(4.3)′，有

$$E(CX)=\int_{-\infty}^{+\infty}Cxf(x)\mathrm{d}x=C\int_{-\infty}^{+\infty}xf(x)\mathrm{d}x=CE(X).$$

(3) 设 (X,Y) 的密度函数为 $f(x,y)$. 由公式(4.4)，有

$$E(X+Y)=\int_{-\infty}^{+\infty}\int_{-\infty}^{+\infty}(x+y)f(x,y)\mathrm{d}x\mathrm{d}y$$
$$=\int_{-\infty}^{+\infty}\int_{-\infty}^{+\infty}xf(x,y)\mathrm{d}x\mathrm{d}y+\int_{-\infty}^{+\infty}\int_{-\infty}^{+\infty}yf(x,y)\mathrm{d}x\mathrm{d}y.$$

又有

$$E(X)=\int_{-\infty}^{+\infty}xf_X(x)\mathrm{d}x=\int_{-\infty}^{+\infty}\int_{-\infty}^{+\infty}xf(x,y)\mathrm{d}x\mathrm{d}y,$$
$$E(Y)=\int_{-\infty}^{+\infty}yf_Y(y)\mathrm{d}y=\int_{-\infty}^{+\infty}\int_{-\infty}^{+\infty}yf(x,y)\mathrm{d}x\mathrm{d}y.$$

得证

$$E(X+Y)=E(X)+E(Y).$$

(4) 由于 X,Y 相互独立，所以

$$f(x,y)=f_X(x)\cdot f_Y(y),$$

其中 $f(x,y)$ 为 (X,Y) 的联合概率密度函数，$f_X(x)$，$f_Y(y)$ 分别为 X,Y 的概率密

度函数. 于是

$$E(XY)=\int_{-\infty}^{+\infty}\int_{-\infty}^{+\infty}xyf(x,y)\,\mathrm{d}x\mathrm{d}y=\int_{-\infty}^{+\infty}\int_{-\infty}^{+\infty}xyf_X(x)f_Y(y)\,\mathrm{d}x\mathrm{d}y$$

$$=\int_{-\infty}^{+\infty}xf_X(x)\,\mathrm{d}x\cdot\int_{-\infty}^{+\infty}yf_Y(y)\,\mathrm{d}y=E(X)\cdot E(Y).$$

性质(3)和(4)可以推广到任意有限个随机变量的情况：

$$E(X_1+X_2+\cdots+X_n)=E(X_1)+E(X_2)+\cdots+E(X_n);$$

若 $X_1,X_2,\cdots,X_n$ 相互独立，则

$$E(X_1X_2\cdots X_n)=E(X_1)E(X_2)\cdots E(X_n).$$

注意 对于“和”，不要求 $X_1,X_2,\cdots,X_n$ 相互独立；对于“积”，要求 $X_1,X_2,\cdots,X_n$ 相互独立.

例 6 一民航机场的送客汽车载有 20 位旅客，自机场开出，沿途有 10 个车站. 如到达一个车站没有旅客下车，就不停车. 以 X 表示停车次数，求 $E(X)$(设每个旅客在各个车站下车是等可能的，并设各旅客是否下车相互独立).

解 引入随机变量

$$X_i=\begin{cases}1, & \text{在第 } i \text{ 个车站有人下车}\\ 0, & \text{在第 } i \text{ 个车站没有人下车}\end{cases},$$

其中 $i=1,2,\cdots,10$, 则

$$X=X_1+X_2+\cdots+X_{10}.$$

为求 $E(X)$，我们先求 $E(X_i),i=1,2,\cdots,10$. 按题意，任一旅客在第 i 个车站不下车的概率为 $\frac{9}{10}$，又旅客是否下车是彼此独立的，因此，20 位旅客在第 i 个车站都不下车的概率为 $\left(\frac{9}{10}\right)^{20}$，在第 i 个车站有人下车的概率为 $1-\left(\frac{9}{10}\right)^{20}$.

于是，$P\{X_i=0\}=\left(\frac{9}{10}\right)^{20}$，$P\{X_i=1\}=1-\left(\frac{9}{10}\right)^{20}$，$i=1,2,\cdots,10$. 因而

$$E(X_i)=1-\left(\frac{9}{10}\right)^{20},\ i=1,2,\cdots,10.$$

由期望的性质(3)的推广有

$$E(X)=E(X_1+X_2+\cdots+X_{10})$$
$$=E(X_1)+E(X_2)+\cdots+E(X_{10})$$

$$=10\times\left[1-\left(\frac{9}{10}\right)^{20}\right]=8.784.$$

这就是说，送客汽车平均停车 8.784 次.

本例将随机变量 X 分解成若干个随机变量之和，通过求这若干个随机变量的期望而求得 X 的期望.

二项分布的数学期望也可以用这个方法计算.

设 X 服从二项分布 $B(n,p)$. 把 X 看做 n 次独立重复试验中事件 A 发生的次数，这里 A 发生的概率为 p. 令

$$X_i=\begin{cases}1, & \text{在第 } i \text{ 次试验中 } A \text{ 发生}\\ 0, & \text{在第 } i \text{ 次试验中 } A \text{ 不发生}\end{cases},\quad i=1,\ 2,\ \cdots,n.$$

则 $X_1,X_2,\cdots,X_n$ 相互独立且都服从参数为 p 的(0—1)分布. 于是

$$X=X_1+X_2+\cdots+X_n,$$

故

$$E(X)=E(X_1)+E(X_2)+\cdots+E(X_n)=np.$$

这个结果与直接按定义求得的结果是一致的.

4.2 方差

方差是随机变量的又一重要的数字特征，它刻画了随机变量取值在其中心位置附近的分散程度，也就是随机变量取值与平均值的偏离程度. 设随机变量 X 的期望为 $E(X)$，偏离量为 $X-E(X)$，其本身也是随机的. 为刻画偏离程度的大小，不能使用 $X-E(X)$ 的期望，因为其值为零，即正负偏离彼此抵消了. 为避免正负偏离彼此抵消，可以使用 $E\{|X-E(X)|\}$ 作为描述 X 取值分散程度的数字特征，称之为 X 的平均绝对差. 由于在数学上绝对值的处理很不方便，因此常用 $[X-E(X)]^2$ 的平均值度量 X 与 $E(X)$ 的偏离程度，这个平均值就是方差.

一、方差的定义

定义 4.3 设 X 是一随机变量. 若 $E\{[X-E(X)]^2\}$ 存在，则称它为 X 的**方差**，记作 $D(X)$. 即

$$D(X)=E\{[X-E(X)]^2\}. \tag{4.5}$$

称 $\sqrt{D(X)}$ 为 X 的**均方差**或**标准差**.

若 X 为离散型随机变量，其分布律为

$$P\{X=x_k\}=p_k,k=1,2,\cdots.$$

则

$$D(X)=\sum_{k}[x_k-E(X)]^2p_k. \tag{4.5}'$$

若 X 为连续型随机变量，其概率密度函数为 $f(x)$，则

$$D(X)=\int_{-\infty}^{+\infty}[x-E(X)]^2f(x)\mathrm{d}x. \tag{4.5}''$$

由定义可知，$D(X)\geqslant 0$.

由方差的定义及期望的性质可推导出方差的计算公式：

$$D(X)=E(X^2)-[E(X)]^2. \tag{4.6}$$

证明 $D(X)=E\{[X-E(X)]^2\}$

$$\begin{aligned}&=E\{X^2-2XE(X)+[E(X)]^2\}\\&=E(X^2)-E[2XE(X)]+E\{[E(X)]^2\}\\&=E(X^2)-2E(X)\cdot E(X)+[E(X)]^2\\&=E(X^2)-[E(X)]^2.\end{aligned}$$

为了方便起见，今后常将 $[E(X)]^2$ 记成 $E^2(X)$，于是公式(4.6)可以写成

$$D(X)=E(X^2)-E^2(X).$$

下面推导几个常用分布的方差.

（一）(0—1)分布

已知 $E(X)=p$，而

$$E(X^2)=1^2\cdot p+0^2\cdot q=p.$$

于是

$$D(X)=E(X^2)-E^2(X)=p-p^2=p(1-p)=pq.$$

得到

$$D(X)=pq.$$

其中 $q=1-p$.

（二）二项分布

设 $X\sim B(n,p)$. 不妨设 $n\geqslant 2$. 已知 $E(X)=np$，而

$$\begin{aligned}E(X^2)&=\sum_{k=0}^{n}k^2\mathrm{C}_n^kp^kq^{n-k}=\sum_{k=0}^{n}[k(k-1)+k]\mathrm{C}_n^kp^kq^{n-k}\\&=\sum_{k=0}^{n}k(k-1)\cdot\frac{n!}{k!(n-k)!}p^kq^{n-k}+\sum_{k=0}^{n}k\mathrm{C}_n^kp^kq^{n-k}\\&=\sum_{k=2}^{n}\frac{n!}{(k-2)!(n-k)!}p^kq^{n-k}+E(X),\end{aligned}$$

令 $t=k-2$，则

$$\begin{aligned}E(X^2)&=n(n-1)p^2\sum_{t=0}^{n-2}\frac{(n-2)!}{t!(n-2-t)!}p^tq^{(n-2)-t}+E(X)\\&=n(n-1)p^2+np.\end{aligned}$$

于是

$$D(X)=E(X^2)-E^2(X)=n(n-1)p^2+np-n^2p^2=npq.$$

得到

$$D(X)=npq.$$

其中$q=1-p$.

当$n=1$时，二项分布就是(0—1)分布，此式仍成立.

(三) 泊松分布

设$X\sim\pi(\lambda)$. 已知$E(X)=\lambda$,又

$$\begin{aligned}E(X^2)&=\sum_{k=0}^{\infty}k^2\frac{\lambda^k}{k!}\mathrm{e}^{-\lambda}=\sum_{k=1}^{\infty}(k-1+1)\frac{\lambda^k}{(k-1)!}\mathrm{e}^{-\lambda}\\&=\sum_{k=2}^{\infty}\frac{\lambda^{k-2}\cdot\lambda^2}{(k-2)!}\mathrm{e}^{-\lambda}+\sum_{k=1}^{\infty}\frac{\lambda^k}{(k-1)!}\mathrm{e}^{-\lambda}\\&=\lambda^2\sum_{k'=0}^{\infty}\frac{\lambda^{k'}}{k'!}\mathrm{e}^{-\lambda}+\lambda\sum_{k''=0}^{\infty}\frac{\lambda^{k''}}{k''!}\mathrm{e}^{-\lambda}\\&=\lambda^2+\lambda.\end{aligned}$$

其中$k'=k-2$，$k''=k-1$，于是

$$D(X)=E(X^2)-E^2(X)=\lambda^2+\lambda-\lambda^2=\lambda.$$

得到

$$D(X)=\lambda.$$

(四) 均匀分布

设$X\sim U(a,b)$. 已知$E(X)=\frac{1}{2}(a+b)$;

而

$$E(X^2)=\frac{1}{b-a}\int_a^b x^2\mathrm{d}x=\frac{b^3-a^3}{3(b-a)}=\frac{1}{3}(b^2+ab+a^2).$$

于是

$$\begin{aligned}D(X)&=E(X^2)-E^2(X)\\&=\frac{1}{3}(b^2+ab+a^2)-\frac{1}{4}(b^2+2ab+a^2)\\&=\frac{1}{12}(b-a)^2.\end{aligned}$$

得到

$$D(X)=\frac{1}{12}(b-a)^2.$$

(五) 指数分布

设X服从参数为$\lambda(\lambda>0)$的指数分布. 已知$E(X)=\frac{1}{\lambda}$，而

$$E(X^2)=\lambda\int_0^{+\infty}x^2e^{-\lambda x}dx,$$

令 $t=\lambda x$，则

$$E(X^2)=\frac{1}{\lambda^2}\int_0^{+\infty}t^2e^{-t}dt=\frac{2}{\lambda^2}.$$

于是

$$D(X)=E(X^2)-E^2(X)=\frac{2}{\lambda^2}-\frac{1}{\lambda^2}=\frac{1}{\lambda^2}.$$

得到 $$D(X)=\frac{1}{\lambda^2}.$$

（六）正态分布

设 $X\sim N(\mu,\sigma^2)$. 对于正态分布来说，按定义比按公式(4.6)求方差更方便些.

已知 $E(X)=\mu$，由式(4.5)″，有

$$D(X)=\frac{1}{\sqrt{2\pi}\sigma}\int_{-\infty}^{+\infty}(x-\mu)^2e^{-\frac{(x-\mu)^2}{2\sigma^2}}dx,$$

令 $t=\dfrac{x-\mu}{\sigma}$，则

$$D(X)=\frac{\sigma^2}{\sqrt{2\pi}}\int_{-\infty}^{+\infty}t^2e^{-\frac{t^2}{2}}dt=\frac{-\sigma^2}{\sqrt{2\pi}}te^{-\frac{t^2}{2}}\Big|_{-\infty}^{+\infty}+\frac{\sigma^2}{\sqrt{2\pi}}\int_{-\infty}^{+\infty}e^{-\frac{t^2}{2}}dt,$$

由于 $\dfrac{1}{\sqrt{2\pi}}\displaystyle\int_{-\infty}^{+\infty}e^{-\frac{t^2}{2}}dt=1$,故

$$D(X)=0+\sigma^2=\sigma^2.$$

至此，得到正态分布 $N(\mu,\sigma^2)$ 中两个参数的统计含义:μ 是期望值，σ^2 是方差. σ^2 越大，X 取值越分散；σ^2 越小，X 取值越集中.

（七）Γ 分布

设 $X\sim\Gamma(\alpha,\beta)$. 已知 $E(X)=\dfrac{\alpha}{\beta}$，而

$$E(X^2)=\int_0^{+\infty}x^2\frac{\beta^\alpha}{\Gamma(\alpha)}x^{\alpha-1}e^{-\beta x}dx,$$

令 $t=\beta x$，则

$$E(X^2)=\frac{1}{\Gamma(\alpha)\beta^2}\int_0^{+\infty}t^{\alpha+1}e^{-t}dt=\frac{\Gamma(\alpha+2)}{\Gamma(\alpha)\beta^2}=\frac{(\alpha+1)\alpha}{\beta^2}.$$

于是

$$D(X)=E(X^2)-E^2(X)=\frac{(\alpha+1)\alpha}{\beta^2}-\frac{\alpha^2}{\beta^2}=\frac{\alpha}{\beta^2}.$$

得到 $$D(X)=\frac{\alpha}{\beta^2}.$$

二、方差的性质

设 X,Y 是随机变量,C 为常数,并设以下提及的方差均存在. 方差有下述性质:

(1) $D(C)=0$;

(2) $D(CX)=C^2D(X)$;

(3) $D(X\pm Y)=D(X)+D(Y)\pm 2[E(XY)-E(X)\cdot E(Y)]$.

特别地,若 X,Y 相互独立,则有

$$D(X\pm Y)=D(X)+D(Y);$$

(4) $D(X)=0$ 的充分必要条件是 $P\{X=C\}=1$,即 $E(X)=C$.

证明 (1) 已知 $E(C)=C$,所以

$$D(C)=E\{[C-E(C)]^2\}=E(0^2)=0.$$

(2) $$\begin{aligned}D(CX)&=E[(CX)^2]-E^2(CX)=E(C^2X^2)-[CE(X)]^2\\&=C^2E(X^2)-C^2E^2(X)=C^2[E(X^2)-E^2(X)]\\&=C^2D(X).\end{aligned}$$

(3) $$\begin{aligned}D(X\pm Y)&=E[(X\pm Y)^2]-[E(X\pm Y)]^2\\&=E(X^2\pm 2XY+Y^2)-[E(X)\pm E(Y)]^2\\&=E(X^2)\pm 2E(XY)+E(Y^2)-E^2(X)\mp 2E(X)\cdot E(Y)-E^2(Y)\\&=E(X^2)-E^2(X)+E(Y^2)-E^2(Y)\pm 2[E(XY)\\&\quad -E(X)\cdot E(Y)]\\&=D(X)+D(Y)\pm 2[E(XY)-E(X)\cdot E(Y)].\end{aligned}$$

当 X 和 Y 相互独立时,有 $E(XY)=E(X)\cdot E(Y)$,从而得到

$$D(X\pm Y)=D(X)+D(Y).$$

性质(4)证明略.

可以将性质(3)推广到多个随机变量的情况:设 $X_1,X_2,\cdots,X_n$ 相互独立,则

$$D(X_1+X_2+\cdots+X_n)=D(X_1)+D(X_2)+\cdots+D(X_n).$$

利用这个性质,能较容易地计算出二项分布的方差.

设 $X\sim B(n,p)$. X 可表示成

$$X=X_1+X_2+\cdots+X_n,$$

其中 $X_1,X_2,\cdots,X_n$ 相互独立且都服从参数 p 的(0—1)分布. 于是

$$D(X)=D(X_1)+D(X_2)+\cdots+D(X_n)=npq,$$

其中 $q=1-p$.

4.3 协方差和相关系数

对于二维随机变量(X,Y)，除了研究X,Y各自的期望和方差之外，还需要研究表征它们相互联系的数字特征. 协方差和相关系数就是描述两个随机变量之间的联系的数字特征.

定义 4.4 设(X,Y)是二维随机变量，若

$$E\{[X-E(X)][Y-E(Y)]\}$$

存在，则把它称作X和Y的**协方差**，记作$\mathrm{Cov}(X,Y)$. 即

$$\mathrm{Cov}(X,Y)=E\{[X-E(X)][Y-E(Y)]\}. \tag{4.7}$$

若$D(X)\neq 0,D(Y)\neq 0$，则称

$$\rho_{XY}=\frac{\mathrm{Cov}(X,Y)}{\sqrt{D(X)\cdot D(Y)}} \tag{4.8}$$

为X和Y的**相关系数**.

由定义，$\mathrm{Cov}(X,X)=D(X)$，$\mathrm{Cov}(X,Y)$常常简记为σ_{XY}，对应的$D(X)$也常记成σ_{XX}.

X和Y的协方差$\mathrm{Cov}(X,Y)$与X，Y的方差$D(X),D(Y)$及期望$E(X)$，$E(Y)$有如下关系：

(1) $\mathrm{Cov}(X,Y)=E(XY)-E(X)\cdot E(Y)$. (4.9)

(2) $D(X\pm Y)=D(X)+D(Y)\pm 2\mathrm{Cov}(X,Y)$.

证明 (1) 由定义

$$\begin{aligned}\mathrm{Cov}(X,Y)&=E\{[X-E(X)][Y-E(Y)]\}\\&=E\{XY-XE(Y)-YE(X)+E(X)\cdot E(Y)\}\\&=E(XY)-E[XE(Y)]-E[YE(X)]+E[E(X)\cdot E(Y)]\\&=E(XY)-E(X)\cdot E(Y)-E(Y)\cdot E(X)+E(X)\cdot E(Y)\\&=E(XY)-E(X)\cdot E(Y).\end{aligned}$$

(2) 由式(4.9)和方差的性质(3)易得.

我们常常利用(4.9)这一式子计算协方差. 协方差有下述性质：

(1) $\mathrm{Cov}(X,Y)=\mathrm{Cov}(Y,X)$；

(2) $\mathrm{Cov}(a_1X+b_1,a_2Y+b_2)=a_1a_2\mathrm{Cov}(X,Y)$，其中$a_1,a_2,b_1,b_2$为常数；

(3) $\mathrm{Cov}(X_1+X_2,Y)=\mathrm{Cov}(X_1,Y)+\mathrm{Cov}(X_2,Y)$；

(4) $|\mathrm{Cov}(X,Y)|^2\leqslant D(X)\cdot D(Y)$；

(5) 若X，Y相互独立，$\mathrm{Cov}(X,Y)=0$.

证明由读者自己来完成.

相关系数具有下述性质：

(1) $|\rho_{XY}|\leqslant 1$;

(2) $|\rho_{XY}|=1$ 的充分必要条件是 X 和 Y 以概率为 1 线性相关，即

$$P\{Y=aX+b\}=1,$$

其中 a,b 是常数，且 $a\neq 0$.

证明 由协方差的性质(4)和相关系数的定义可知 $|\rho_{XY}|\leqslant 1$ 成立.

对于(2)，我们先证必要性. 设 $|\rho_{XY}|=1$，记 $D(X)=\sigma_1^2, D(Y)=\sigma_2^2$，$\sigma_1,\sigma_2>0$. 考虑

$$\begin{aligned}D\left(\frac{X}{\sigma_1}\pm\frac{Y}{\sigma_2}\right)&=D\left(\frac{X}{\sigma_1}\right)+D\left(\frac{Y}{\sigma_2}\right)\pm 2\mathrm{Cov}\left(\frac{X}{\sigma_1},\frac{Y}{\sigma_2}\right)\\&=\frac{1}{\sigma_1^2}D(X)+\frac{1}{\sigma_2^2}D(Y)\pm\frac{2}{\sigma_1\sigma_2}\mathrm{Cov}(X,Y)\\&=2\pm 2\rho_{XY}=2(1\pm\rho_{XY}).\end{aligned}$$

当 $\rho_{XY}=1$ 时，$D\left(\frac{X}{\sigma_1}-\frac{Y}{\sigma_2}\right)=0$. 由方差的性质(4)可知，存在常数 C，使得

$$P\left\{\frac{X}{\sigma_1}-\frac{Y}{\sigma_2}=C\right\}=1,$$

即

$$P\{Y=aX+b\}=1,$$

其中 $a=\frac{\sigma_2}{\sigma_1}$，$b=-\sigma_2 C$;

当 $\rho_{XY}=-1$ 时，$D\left(\frac{X}{\sigma_1}+\frac{Y}{\sigma_2}\right)=0$. 存在常数 d，使得

$$P\left\{\frac{X}{\sigma_1}+\frac{Y}{\sigma_2}=d\right\}=1,$$

即

$$P\{Y=aX+b\}=1,$$

其中

$$a=-\frac{\sigma_2}{\sigma_1},b=\sigma_2 d.$$

下面证明充分性. 设 $P\{Y=aX+b\}=1, a\neq 0$. 由方差的性质(4)，得

$$D(Y-aX)=0.$$

于是

$$D(Y)+D(aX)-2\mathrm{Cov}(Y,aX)=0,$$

$$D(Y)+a^2D(X)=2a\mathrm{Cov}(X,Y)=\pm 2a|\mathrm{Cov}(X,Y)|,$$

这里当 $a>0$ 时取“+”号，当 $a<0$ 时取“-”号.

$$(\sqrt{D(Y)} \mp a\sqrt{D(X)})^2 = \pm 2a[\,|\mathrm{Cov}(X,Y)| - \sqrt{D(X)D(Y)}\,],$$

由协方差的性质(4)，右端小于等于 0，而左端大于等于 0，从而两端必等于 0，得

$$|\mathrm{Cov}(X,Y)| = \sqrt{D(X)D(Y)},$$

所以

$$|\rho_{XY}| = 1.$$

该性质说明相关系数 ρ_{XY} 刻画了 X,Y 之间的线性相关关系. 当 $\rho_{XY}=0$ 时，我们称 X,Y 不相关(注意，我们这里指的是它们之间没有线性相关关系).

不相关与相互独立，在一般情况下是不等价的. 当 X 与 Y 相互独立时，X 与 Y 必不相关，但反过来不一定成立.

例 1 设 (X,Y) 服从 $D=\{(x,y)\mid x^2+y^2\leqslant 1\}$ 上的均匀分布，求 $\mathrm{Cov}(X,Y)$ 和 ρ_{XY}，并且讨论 X 与 Y 的独立性.

解 D 是以原点为圆心，1 为半径的圆，其面积等于 π，故 (X,Y) 的概率密度函数为

$$f(x,y)=\begin{cases}\dfrac{1}{\pi}, & x^2+y^2\leqslant 1\\ 0, & 其他\end{cases},$$

于是

$$\begin{aligned}E(X) &= \int_{-\infty}^{+\infty}\int_{-\infty}^{+\infty} xf(x,\ y)\,\mathrm{d}x\mathrm{d}y = \frac{1}{\pi}\iint_{x^2+y^2\leqslant 1} x\,\mathrm{d}x\mathrm{d}y\\ &= \frac{1}{\pi}\int_0^{2\pi}\int_0^1 r\cos\theta\cdot r\mathrm{d}r\mathrm{d}\theta = \frac{1}{\pi}\int_0^{2\pi}\cos\theta\mathrm{d}\theta\int_0^1 r^2\mathrm{d}r\\ &=0;\end{aligned}$$

同样地，$E(Y)=0$. 而

$$\begin{aligned}\mathrm{Cov}(X,Y) &= \int_{-\infty}^{+\infty}\int_{-\infty}^{+\infty}[x-E(X)]\cdot[y-E(Y)]f(x,y)\,\mathrm{d}x\mathrm{d}y\\ &= \frac{1}{\pi}\iint_{x^2+y^2\leqslant 1} xy\,\mathrm{d}x\mathrm{d}y = \frac{1}{\pi}\int_0^{2\pi}\int_0^1 r^2\sin\theta\cos\theta\cdot r\mathrm{d}r\mathrm{d}\theta\\ &= \frac{1}{\pi}\int_0^{2\pi}\sin\theta\cos\theta\mathrm{d}\theta\cdot\int_0^1 r^3\mathrm{d}r = 0,\end{aligned}$$

由此得 $\rho_{XY}=0$.

又当 $|x|\leqslant 1$ 时，

$$f_X(x) = \int_{-\sqrt{1-x^2}}^{\sqrt{1-x^2}}\frac{1}{\pi}\mathrm{d}y = \frac{2}{\pi}\sqrt{1-x^2}.$$

当$|y|\leqslant 1$时，

$$f_Y(y)=\int_{-\sqrt{1-y^2}}^{\sqrt{1-y^2}}\frac{1}{\pi}\mathrm{d}x=\frac{2}{\pi}\sqrt{1-y^2}.$$

显然

$$f_X(x)\cdot f_Y(y)\neq f(x,y),$$

故X和Y不是相互独立的. 这说明$\rho_{XY}=0$不是X，Y相互独立的充分条件.

例 2 设(X,Y)服从二维正态分布$N(\mu_1,\mu_2,\sigma_1^2,\sigma_2^2,\rho)$. 求$\mathrm{Cov}(X,Y)$和$\rho_{XY}$.

解 $X\sim N(\mu_1,\sigma_1^2),Y\sim N(\mu_2,\sigma_2^2)$，因而$E(X)=\mu_1,D(X)=\sigma_1^2$，$E(Y)=\mu_2,D(Y)=\sigma_2^2$. 令$u=\dfrac{x-\sigma_1}{\sigma_1},v=\dfrac{y-\mu_2}{\sigma_2}$,则

$$\begin{aligned}\mathrm{Cov}(X,Y)&=\int_{-\infty}^{+\infty}\int_{-\infty}^{+\infty}[x-E(X)][y-E(Y)]f(x,y)\mathrm{d}x\mathrm{d}y\\&=\frac{1}{2\pi\sigma_1\sigma_2\sqrt{1-\rho^2}}\int_{-\infty}^{+\infty}\int_{-\infty}^{+\infty}(x-\mu_1)(y-\mu_2)\times\\&\quad e^{-\frac{1}{2(1-\rho^2)}\left[\frac{(x-\mu_1)^2}{\sigma_1^2}-2\rho\frac{(x-\mu_1)(y-\mu_2)}{\sigma_1\sigma_2}+\frac{(y-\mu_2)^2}{\sigma_2^2}\right]}\mathrm{d}x\mathrm{d}y\\&=\frac{\sigma_1\sigma_2}{2\pi\sqrt{1-\rho^2}}\int_{-\infty}^{+\infty}\int_{-\infty}^{+\infty}uve^{-\frac{1}{2(1-\rho^2)}(\mu^2-2\rho\mu v+v^2)}\mathrm{d}u\mathrm{d}v\\&=\frac{\sigma_1\sigma_2}{2\pi\sqrt{1-\rho^2}}\int_{-\infty}^{+\infty}\left[\int_{-\infty}^{+\infty}uve^{-\frac{1}{2(1-\rho^2)}[(\mu-\rho v)^2+(1-\rho^2)v^2]}\mathrm{d}u\right]\mathrm{d}v\\&=\frac{\sigma_1\sigma_2}{\sqrt{2\pi}}\int_{-\infty}^{+\infty}\left[ve^{-\frac{1}{2}v^2}\cdot\frac{1}{\sqrt{2\pi}\sqrt{1-\rho^2}}\int_{-\infty}^{+\infty}ue^{-\frac{1}{2(1-\rho^2)}(u-\rho v)^2}\mathrm{d}u\right]\mathrm{d}v\\&=\frac{\sigma_1\sigma_2}{\sqrt{2\pi}}\int_{-\infty}^{+\infty}\rho v^2e^{-\frac{1}{2}v^2}\mathrm{d}v\\&=\sigma_1\sigma_2\rho.\end{aligned}$$

注意在上面计算过程中的最后两步，积分

$$\frac{1}{\sqrt{2\pi}\sqrt{1-\rho^2}}\int_{-\infty}^{+\infty}ue^{-\frac{1}{2(1-\rho^2)}(u-\rho v)^2}\mathrm{d}u$$

是正态分布$N(\rho v,1-\rho^2)$的数学期望，因而等于ρv.

又设$X_1\sim N(0,1)$，则积分

$$\frac{1}{\sqrt{2\pi}}\int_{-\infty}^{+\infty}v^2e^{-\frac{1}{2}v^2}dv=E(X_1^2)=D(X_1)+E^2(X_1)=1.$$

由定义

$$\rho_{XY}=\frac{\mathrm{Cov}(X,Y)}{\sqrt{D(X)\cdot D(Y)}}=\frac{\sigma_1\sigma_2\rho}{\sigma_1\sigma_2}=\rho.$$

由上式可知，二维正态分布中的第 5 个参数 ρ 正是 X 与 Y 的相关系数 ρ_{XY}.

已经知道，对于二维正态分布，$\rho=0$ 是 X，Y 相互独立的充分必要条件，而 $\rho=0$ 和 $\mathrm{Cov}(X,Y)=0$ 是等价的，所以 $\mathrm{Cov}(X,Y)=0$ 也是 X，Y 相互独立的充分必要条件，所以，对于二维正态随机变量 (X,Y) 来说，X 和 Y 不相关与 X 和 Y 相互独立是等价的.

一般地，若 X 和 Y 相互独立，则 $\mathrm{Cov}(X,Y)=0$；但是，反之不真，即当 $\mathrm{Cov}(X,Y)=0$ 时，X 和 Y 不一定相互独立.

4.4 矩和协方差矩阵

定义 4.5 设 X 和 Y 是随机变量，

（1）若

$$E(X^k),k=1,2,\cdots \tag{4.10}$$

存在，则称它为 X 的 k **阶原点矩**.

（2）若

$$E\{[X-E(X)]^k\},k=1,2,\cdots \tag{4.11}$$

存在，则称它为 X 的 k **阶中心矩**.

（3）若

$$E(X^k\cdot Y^l),k,l=1,2,\cdots \tag{4.12}$$

存在，则称它为 X 和 Y 的 $k+l$ **阶混合矩**.

（4）若

$$E\{[X-E(X)]^k\cdot[Y-E(Y)]^l\},k,l=1,2,\cdots \tag{4.13}$$

存在，则称它为 X 和 Y 的 $k+l$ **阶混合中心矩**.

显然，期望 $E(X),E(Y)$ 是一阶原点矩，方差 $D(X),D(Y)$ 是二阶中心矩. 协方差 $\mathrm{Cov}(X,Y)$ 是二阶混合中心矩.

定义 4.6 设 n 维随机变量 $(X_1,X_2,\cdots,X_n)$ 的二阶中心矩及二阶混合中心矩都存在，$\sigma_{ij}=\mathrm{Cov}(X_i,X_j),i,j=1,2,\cdots,n$，则称矩阵

$$\boldsymbol{\Sigma}=\begin{pmatrix}\sigma_{11} & \sigma_{12} & \cdots & \sigma_{1n}\\ \sigma_{21} & \sigma_{22} & \cdots & \sigma_{2n}\\ \vdots & \vdots & & \vdots\\ \sigma_{n1} & \sigma_{n2} & \cdots & \sigma_{nn}\end{pmatrix}$$

为 n 维随机变量 $(X_1,X_2,\cdots,X_n)$ 的**协方差矩阵**.

协方差矩阵有下列性质：

(1) $\boldsymbol{\Sigma}$ 是对称阵；

(2) $\sigma_{ii}=D(X_i)$，$i=1,2,\cdots,n$；

(3) $\sigma_{ij}^2\leqslant\sigma_{ii}\cdot\sigma_{jj}$，$i,j=1,2,\cdots,n$；

(4) $\boldsymbol{\Sigma}$ 是非负定的，即对任意的 n 维向量 $\boldsymbol{\alpha}=(\alpha_1,\alpha_2,\cdots,\alpha_n)^{\mathrm{T}}$，都有

$$\boldsymbol{\alpha}^{\mathrm{T}}\boldsymbol{\Sigma}\boldsymbol{\alpha}\geqslant 0.$$

证明 由定义和协方差性质，容易得到性质(1)～(3).

下面证明性质(4). 记 $E(X_i)=\mu_i,i=1,2,\cdots,n$. 于是

$$\begin{aligned}
\boldsymbol{\alpha}^{\mathrm{T}}\boldsymbol{\Sigma}\boldsymbol{\alpha} &= \sum_{i=1}^{n}\sum_{j=1}^{n}\sigma_{ij}\alpha_i\alpha_j = \sum_{i=1}^{n}\sum_{j=1}^{n}\alpha_i\alpha_jE[(X_i-\mu_i)(X_j-\mu_j)] \\
&= \sum_{i=1}^{n}\sum_{j=1}^{n}E[(\alpha_iX_i-\alpha_i\mu_i)(\alpha_jX_j-\alpha_j\mu_j)] \\
&= E\left[\sum_{i=1}^{n}\sum_{j=1}^{n}(\alpha_iX_i-\alpha_i\mu_i)(\alpha_jX_j-\alpha_j\mu_j)\right] \\
&= E\left[\sum_{i=1}^{n}(\alpha_iX_i-\alpha_i\mu_i)\cdot\sum_{j=1}^{n}(\alpha_jX_j-\alpha_j\mu_j)\right] \\
&= E\left\{\left[\sum_{i=1}^{n}(\alpha_iX_i-\alpha_i\mu_i)\right]^2\right\} = E\left\{\left[\sum_{i=1}^{n}\alpha_iX_i-E\left(\sum_{i=1}^{n}\alpha_iX_i\right)\right]^2\right\} \\
&= D\left(\sum_{i=1}^{n}\alpha_iX_i\right)\geqslant 0.
\end{aligned}$$

在所有的 n 维随机变量中，最重要的是 n 维正态随机变量. 我们引入矩阵表示. 记

$$\boldsymbol{x}=\begin{pmatrix}x_1\\x_2\\\vdots\\x_n\end{pmatrix},\boldsymbol{\mu}=\begin{pmatrix}\mu_1\\\mu_2\\\vdots\\\mu_n\end{pmatrix},\boldsymbol{\Sigma}=\begin{pmatrix}\sigma_{11}&\sigma_{12}&\cdots&\sigma_{1n}\\\sigma_{21}&\sigma_{22}&\cdots&\sigma_{2n}\\\vdots&\vdots&&\vdots\\\sigma_{n1}&\sigma_{n2}&\cdots&\sigma_{nn}\end{pmatrix}$$

其中 $\boldsymbol{\mu}$ 是 n 维常向量，$\boldsymbol{\Sigma}$ 是 n 维对称正定矩阵. 称以

$$f(x_1,x_2,\cdots,x_n)=\frac{1}{(2\pi)^{n/2}|\boldsymbol{\Sigma}|^{1/2}}\mathrm{e}^{-\frac{1}{2}(\boldsymbol{x}-\boldsymbol{\mu})^{\mathrm{T}}\boldsymbol{\Sigma}^{-1}(\boldsymbol{x}-\boldsymbol{\mu})}$$

为概率密度函数的 n 维随机变量为 n 维正态随机变量，记为

$$(X_1,X_2,\cdots,X_n)\sim N(\boldsymbol{\mu},\boldsymbol{\Sigma}).$$

习 题 四

1. 袋中有 5 个球,编号为 1,2,3,4,5,现从中任意抽取 3 个球,用 X 表示取出的 3 个球中的最大编号,求 $E(X)$.

2. 一批零件中有 9 件合格品与 3 件次品. 安装机器时从这批零件中任取一件,若取出的是次品不再放回,求在取到合格品以前已取出的次品数的数学期望.

3. 在射击比赛中,每人射击 4 次,每次一发子弹. 规定 4 弹全未中得 0 分,只中一弹得 15 分,中 2 弹得 30 分,中 3 弹得 55 分,中 4 弹得 100 分. 某人某次射击的命中率为 0.6,此人期望得多少分?

4. 某保险公司的车辆保险章程规定:如在一年内某车辆发生事故,保险公司一次性偿付现金 10000 元. 设每个车辆在一年内发生事故的概率为 p,为使保险公司的收益的期望值等于 1000 元,应要求被保险人交纳多少保险金?

5. 设从学校乘汽车到火车站的途中有 3 个交通岗,在各个交通岗遇到红灯是相互独立的,其概率均为 0.4. 求途中遇到红灯次数的期望.

6. 设随机变量 X 的概率分布为

$$P\left\{X=(-1)^{k+1}\frac{3^k}{k}\right\}=\frac{2}{3^k},\ k=1,2,\cdots.$$

说明 X 的期望不存在.

7. 设随机变量 X 的概率密度函数为

$$f(x)=\begin{cases}2(1-x), & 0<x<1\\ 0, & \text{其他}\end{cases}.$$

求 $E(X)$.

8. 设随机变量 X 的概率密度函数为

$$f(x)=\begin{cases}ax, & 0<x<2\\ cx+b, & 2\leqslant x\leqslant 4.\\ 0, & \text{其他}\end{cases}$$

已知 $E(X)=2,P\{1<x<3\}=\dfrac{3}{4}$,

(1) 求 a, b, c 的值;

(2) 求随机变量 $Y=\mathrm{e}^X$ 的数学期望与方差.

9. 设随机变量 X 的概率密度函数为

$$f(x)=\frac{1}{\pi(1+x^2)},-\infty<x<\infty.$$

说明 $E(X)$ 不存在.

10. 设随机变量 X 的分布律为

X	-2	0	1	2
p_k	0.3	0.2	0.4	0.1

试求:(1) $E(X)$; (2) $E(X^2)$; (3) $E(4X^2+6)$

11. 设连续型随机变量 X 的分布函数为

$$F(x)=\begin{cases}0, & x<-1\\ a+b\arcsin x, & -1\leqslant x\leqslant 1.\\ 1, & x\geqslant 1\end{cases}$$

试确定常数 a, b, 并求 $E(X)$, $D(X)$.

12. 设随机变量 X 的概率密度函数为

$$f(x)=\begin{cases}e^{-x}, & x\geqslant 0\\ 0, & x<0\end{cases}.$$

求 $E(2X)$, $E(e^{-2X})$.

13. 设 (X,Y) 的分布律为

Y \ X	1	2	3
-1	0.2	0.1	0.0
0	0.1	0.0	0.3
1	0.1	0.1	0.1

(1) 求 $E(X)$, $E(Y)$;

(2) 设 $Z=\dfrac{Y}{X}$, 求 $E(Z)$;

(3) 设 $Z=(X-Y)^2$, 求 $E(Z)$.

14. 设随机变量 (X,Y) 的联合密度函数为

$$f(x,y)=\begin{cases}\dfrac{1}{8}, & 1\leqslant x\leqslant 5,\ 1\leqslant y\leqslant x\\ 0, & 其他\end{cases}.$$

试求 $E(XY^2)$, $E(X)$, $E(Y)$.

15. 设随机变量 X,Y 的概率密度函数分别为

$$f_X(x)=\begin{cases}2e^{-2x}, & x\geqslant 0\\ 0, & x<0\end{cases},\quad f_Y(y)=\begin{cases}4e^{-4y}, & y\geqslant 0\\ 0, & y<0\end{cases}.$$

试求 $E(X+Y)$, $E(2X-3Y^2)$.

16. 设随机变量 X 的概率密度函数为

$$f(x)=\begin{cases}\frac{1}{4}xe^{-\frac{x}{2}}, & x>0\\ 0, & x\leqslant 0\end{cases}.$$

求 $E(X)$，$D(X)$.

17. 设随机变量 X 的概率密度函数为

$$f(x)=\begin{cases}\frac{1}{\pi\sqrt{1-x^2}}, & |x|<1\\ 0, & \text{其他}\end{cases}.$$

求 $E(X)$，$D(X)$.

18. 设随机变量 X 的概率密度函数为 $f(x)=\frac{1}{2}e^{-|x|}, -\infty<x<+\infty$.

求 $D(X)$.

19. 设随机变量 X 服从 Beta 分布，其概率密度函数为

$$f(x)=\begin{cases}\frac{\Gamma(\alpha+\beta)}{\Gamma(\alpha)\Gamma(\beta)}x^{\alpha-1}(1-x)^{\beta-1}, & 0<x<1\\ 0, & \text{其他}\end{cases},$$

其中 $\alpha>0,\beta>0$ 为常数，求 $E(X)$，$D(X)$.

20. 设 X 为随机变量，C 是常数，证明 $D(X)<E[(X-C)^2]$，对于 $C\neq E(X)$.（由于 $D(X)=E\{[X-E(X)]^2\}$，上式表明 $E[(X-C)^2]$ 当 $C=E(X)$ 时取到最小值.）

21. 设二维随机变量 (X,Y) 的联合密度函数为

$$f(x,y)=\begin{cases}12y^2, & 0\leqslant y\leqslant x\leqslant 1\\ 0, & \text{其他}\end{cases}.$$

试求 $E(X)$，$E(Y)$，$E(XY)$，$E(X^2+Y^2)$.

22. 设随机变量 X,Y 相互独立，概率密度函数分别为

$$f_X(x)=\begin{cases}2x, & 0\leqslant x\leqslant 1\\ 0, & \text{其他}\end{cases},\quad f_Y(y)=\begin{cases}e^{5-y}, & y>5\\ 0, & y\leqslant 5\end{cases}.$$

试求 $E(XY)$.

23. 设长方形的高（以米计）$X\sim U(0,2)$，且已知长方形的周长（以米计）为 20，求长方形面积 A 的数学期望和方差.

24. 游客乘电梯从电视塔底层到顶层观光，电梯于每个整点的第 5 min、25 min 和 55 min 从底层起运行. 设某一游客在早八点的第 X 分钟到达底层候梯处，且 $X\sim U(0,60)$，求该游客等候时间的期望.

25. m 个人在一楼进入电梯，楼上有 n 层. 若每个乘客在任何一层楼走出电梯的概率相同，试求直到电梯中的乘客全走空为止时，电梯需停次数的数学

期望.

26. (1) 设$X_1,X_2,\cdots,X_n$独立同分布，均值为μ，方差为σ^2. 设

$$Y=\frac{1}{n}(X_1+X_2+\cdots+X_n),$$

求$E(Y)$，$D(Y)$.

(2) 设随机变量X,Y相互独立，且$X\sim N(720,30^2)$，$Y\sim N(640,25^2)$，求$Z_1=2X+Y$，$Z_2=X-Y$的分布，并求概率$P\{X>Y\}$，$P\{X+Y>1400\}$.

27. 设二维随机向量(X,Y)的联合密度函数为

$$f(x,y)=\begin{cases}\dfrac{1}{\pi r^2}, & x^2+y^2\leqslant r^2\\ 0, & \text{其他}\end{cases}.$$

试验证X和Y是不相关的，但是X和Y不是相互独立的.

28. 设二维离散型随机变量(X,Y)的联合分布律为：

Y \ X	−1	0	1
−1	$\frac{1}{8}$	$\frac{1}{8}$	$\frac{1}{8}$
0	$\frac{1}{8}$	0	$\frac{1}{8}$
1	$\frac{1}{8}$	$\frac{1}{8}$	$\frac{1}{8}$

试验证X和Y是不相关的，但是X和Y不是相互独立的.

29. 设A和B是试验E的两个事件，且$P(A)>0$，$P(B)>0$，并定义随机变量X,Y如下：

$$X=\begin{cases}1, & \text{若}A\text{发生}\\ 0, & \text{若}A\text{不发生}\end{cases},\quad Y=\begin{cases}1, & \text{若}B\text{发生}\\ 0, & \text{若}B\text{不发生}\end{cases}.$$

证明若$\rho_{XY}=0$，则X和Y必定相互独立.

30. 设二维随机向量(X,Y)的联合密度函数为

$$f(x,y)=\begin{cases}\dfrac{1}{8}(x+y), & 0\leqslant x\leqslant 2,\ 0\leqslant y\leqslant 2\\ 0, & \text{其他}\end{cases}.$$

求ρ_{XY}.

31. 设二维随机向量(X,Y)的联合密度函数为

$$f(x,y)=\begin{cases}e^{-(x+y)}, & x>0,\ y>0\\ 0, & \text{其他}\end{cases}.$$

求$\mathrm{Cov}(X,Y)$和ρ_{XY}.

32. 设随机变量 X,Y 相互独立，且都服从正态分布 $N(0,\sigma^2)$，令 $U=aX+bY$，$V=aX-bY$(a,b 均为非零常数)，试求 U 与 V 的相关系数.

33. 设 $X\sim N(0,1)$分布，$Y=a+bX+cX^2$，试证明相关系数

$$\rho_{XY}=\frac{b}{\sqrt{b^2+2c^2}}.$$

34. 设 X、Y、Z 为三个随机变量，且 $E(X)=E(Y)=1$，$E(Z)=-1$，$D(X)=D(Y)=D(Z)=1$，$\rho_{XY}=0,\rho_{XZ}=\frac{1}{2},\rho_{YZ}=-\frac{1}{2}$，求 $E(X+Y+Z)$，$D(X+Y+Z)$.

35. 对于两个随机变量 X、Y，若 $E(X^2),E(Y^2)$存在，证明$[E(XY)]^2\leqslant E(X^2)E(Y^2)$.

这一不等式称为柯西—施瓦兹不等式.

提示:考虑实变量 t 的函数 $q(t)=E[(X+tY)^2]=E(X^2)+2tE(XY)+t^2E(Y^2)$.

第 5 章　大数定律与中心极限定理

这一章我们讨论大量随机现象和的平均结果的概率稳定性与它的概率分布.

大量随机现象的和常常用随机变量和的极限来表示. 概率论中用来阐明大量随机现象平均结果概率稳定性的一系列定理称为大数定律，大数定律揭示了随机现象的偶然性与必然性之间的联系.

中心极限定理是用来描述随机变量和的概率分布极限的一系列定理，它因这个问题长期处于概率论研究的中心地位而得名. 我们将看到，当随机变量的个数 $n\to\infty$ 时，独立随机变量的和的概率分布以正态分布为极限. 因此正态分布在概率论中占有特殊的重要地位.

5.1　大数定律

在引入大数定律之前，我们先来介绍一个重要的不等式——切比雪夫不等式.

一、切比雪夫不等式

设随机变量 X 的期望 $E(X)$ 与方差 $D(X)$ 存在,则对任意的 $\varepsilon>0$,有

$$P\{|X-E(X)|\geqslant\varepsilon\}\leqslant\frac{D(X)}{\varepsilon^2}.\tag{5.1}$$

证明　这里仅对 X 是连续型随机变量给出证明. 设 X 的概率密度函数为 $f(x)$.

$$P\{|X-E(X)|\geqslant\varepsilon\}=\int_{|X-E(X)|\geqslant\varepsilon}f(x)\mathrm{d}x$$

$$\leqslant \int\limits_{|X-E(X)|\geqslant\varepsilon} \frac{[X-E(X)]^2}{\varepsilon^2} f(x)\,\mathrm{d}x$$

$$= \frac{1}{\varepsilon^2} \int\limits_{|X-E(X)|\geqslant\varepsilon} [X-E(X)]^2 f(x)\,\mathrm{d}x$$

$$\leqslant \frac{1}{\varepsilon^2} \int_{-\infty}^{+\infty} [X-E(X)]^2 f(x)\,\mathrm{d}x$$

$$= \frac{D(X)}{\varepsilon^2}.$$

切比雪夫不等式还有另一种形式：

$$P\{|X-E(X)|<\varepsilon\} \geqslant 1-\frac{D(X)}{\varepsilon^2}. \tag{5.1$'$}$$

切比雪夫不等式给出了在 X 的分布未知的情况下，对概率 $P\{|X-E(X)|\geqslant\varepsilon\}$（或 $P\{|X-E(X)|<\varepsilon\}$）的一种估计，但是，这种估计往往是太粗略了．例如，对于 $X\sim N(\mu,\sigma^2)$，用切比雪夫不等式估计

$$P\{|X-\mu|<3\sigma\}\geqslant 1-\frac{\sigma^2}{9\sigma^2}=\frac{8}{9}\approx 0.8889,$$

而实际上，

$$P\{|X-\mu|<3\sigma\}=0.9973.$$

由此可知，切比雪夫不等式虽可用来估计概率，但精度不够．切比雪夫不等式的重要意义是在理论上的应用，在大数定律的证明中，用切比雪夫不等式可使证明非常简洁．

二、大数定律

定义 5.1 如果对随机变量序列 $\{X_n\}$，对 $\forall\varepsilon>0$，有

$$\lim_{n\to\infty} P\left\{\left|\frac{1}{n}\sum_{i=1}^{n} X_i - E\left(\frac{1}{n}\sum_{i=1}^{n} X_i\right)\right|<\varepsilon\right\}=1 \tag{5.2}$$

成立，则称 $\{X_n\}$ 服从大数定律．

定理 5.1（切比雪夫大数定律） 如果 $\{X_n\}$ 是两两不相关（相关系数为0）的随机变量序列，其中每个随机变量的方差存在，而且有公共上界，即存在常数 $C>0$，使 $D(X_i)\leqslant C(i=1,2,\cdots)$，则对任意给定的 $\varepsilon>0$，皆有

$$\lim_{n\to\infty} P\left\{\left|\frac{1}{n}\sum_{i=1}^{n} X_i - E\left(\frac{1}{n}\sum_{i=1}^{n} X_i\right)\right|<\varepsilon\right\}=1. \tag{5.3}$$

证明 由于随机变量序列 $\{X_n\}$ 是两两不相关，故它们中任意两个随机变量的相关系数 $\rho=0$，即 $E\{[X_i-E(X_i)][X_j-E(X_j)]\}=0, i\neq j$. 从而有

$$D\left(\frac{1}{n}\sum_{i=1}^{n} X_i\right)=\frac{1}{n^2}\sum_{i=1}^{n} D(X_i)\leqslant\frac{C}{n},$$

再由切比雪夫不等式可得

$$0 \leqslant P\left\{\left|\frac{1}{n}\sum_{i=1}^{n} X_i - E\left(\frac{1}{n}\sum_{i=1}^{n} X_i\right)\right| \geqslant \varepsilon\right\}$$

$$\leqslant \frac{D\left(\frac{1}{n}\sum_{i=1}^{n} X_i\right)}{\varepsilon^2} \leqslant \frac{C}{n\varepsilon^2} \to 0 (n \to \infty),$$

因此

$$\lim_{n\to\infty} P\left\{\left|\frac{1}{n}\sum_{i=1}^{n} X_i - E\left(\frac{1}{n}\sum_{i=1}^{n} X_i\right)\right| \geqslant \varepsilon\right\} = 0.$$

而上式等价于式（5.3），故$\{X_n\}$服从大数定律.

推论 （伯努利大数定律）

设μ_n表示n重伯努利试验中事件A出现的次数，$p(0<p<1)$表示事件A在每次试验中发生的概率，则对任意给定的$\varepsilon>0$，皆有

$$\lim_{n\to\infty} P\left\{\left|\frac{\mu_n}{n} - p\right| < \varepsilon\right\} = 1. \tag{5.4}$$

证明 令

$$X_i = \begin{cases} 0, 在第\,i\,次试验中\,A\,不出现 \\ 1, 在第\,i\,次试验中\,A\,出现 \end{cases},$$

显然$\mu_n = X_1 + X_2 + \cdots + X_n$. 由于$X_i$只依赖于第$i$次试验，而各次试验是独立的，于是$X_1$，$X_2$，…，$X_n$相互独立，且$X_i(1\leqslant i\leqslant n)$服从（0—1）分布，因此

$$E(X_i) = p, D(X_i) = pq\ (q = 1 - p)$$

$$\mu_n = \sum_{i=1}^{n} X_i, E\left(\frac{1}{n}\sum_{i=1}^{n} X_i\right) = p.$$

很显然这是定理5.1的特殊情形，所以式（5.4）成立，即满足大数定律.

定义5.2 设X_1，X_2，…，X_n，…是随机变量序列，如果对任何$n\geqslant 1$，X_1，X_2，…，X_n都是相互独立的，而且所有的$X_i(i=1, 2, \cdots)$有相同的分布，则称$\{X_n\}$是独立同分布的随机变量序列.

定理5.2（辛钦大数定律） 设$\{X_n\}$是独立同分布的随机变量序列，而且$E(X_i)=a$ $(i=1, 2, \cdots, n, \cdots)$，则对任意给定的$\varepsilon>0$，皆有

$$\lim_{n\to\infty} P\left\{\left|\frac{1}{n}\sum_{i=1}^{n} X_i - a\right| < \varepsilon\right\} = 1. \tag{5.5}$$

证明略.

在大数定律中，形如

$$\lim_{n\to\infty} P\left\{\left|\frac{1}{n}\sum_{i=1}^{n} X_i - a\right| < \varepsilon\right\} = 1$$

的关系式所表示的这种“极限”，可借用“收敛”这个术语，称 $\frac{1}{n}\sum_{i=1}^{n}X_i$ 依概率收敛于 a，并记为

$$\frac{1}{n}\sum_{i=1}^{n}X_i\xrightarrow{P}a,n\to\infty.$$

按这种说法，在推论中（伯努利大数定理）表明了频率 $\frac{\mu_n}{n}$ 依概率收敛于 p，即

$$\frac{\mu_n}{n}\xrightarrow{P}p,n\to\infty.$$

下面我们把依概率收敛的概念一般化.

定义 5.3 设 Y_1，Y_2，…，Y_n，…是随机变量序列，如果对任意给定的 $\varepsilon>0$，存在常数 a，使

$$\lim_{n\to\infty}P\{|Y_n-a|\geqslant\varepsilon\}=0$$

或

$$\lim_{n\to\infty}P\{|Y_n-a|<\varepsilon\}=1$$

成立，则称随机变量序列 $\{Y_n\}$ **依概率收敛**于 a，记为

$$Y_n\xrightarrow{P}a$$

依概率收敛的序列还有以下的性质：

设 $X_n\xrightarrow{P}a,Y_n\xrightarrow{P}b$，又设函数 $g(x,y)$ 在点 (a,b) 连续，则

$$g(X_n,Y_n)\xrightarrow{P}g(a,b).$$

5.2 中心极限定理

在实际工作中，有许多试验结果常常受多个随机因素的影响，而且有可能每个因素对该试验的结果所产生的影响又都是微小的. 如果我们只关心试验的结果，而不关心个别因素的作用，那么只需研究这些因素的总作用. 例如，对某物体的长度进行测量. 在测量时有许多随机因素影响测量的结果，如温度和湿度等因素对测量仪器的影响，使测量产生误差 X_1；测量者观察时视线产生的测量误差 X_2；测量者某种心理和生理上的变化产生的测量误差 X_3 等，显然这些误差是微小的、随机的，而且是互相没有影响的. 为了掌握测量的精度，我们关心的是测量的总误差 X，而不是某个个别因素产生的误差. 显然，总误差是上述各个因素产生的误差之和，即 $X=\sum_{i=1}^{n}X_i$. 为了掌握总的误差就需要研究 X 的分布，于是自然地提出研究随机变量之和的分布问题.

另外在上一节中，在满足大数定律条件下，对任一独立随机变量序列 $\{X_n\}$，有

$$\lim_{n\to\infty}P\left\{\left|\frac{1}{n}\sum_{i=1}^{n}X_i-\frac{1}{n}\sum_{i=1}^{n}E(X_i)\right|<\varepsilon\right\}=1,$$

但是对于固定的 ε 和 n，

$$P\left\{\sum_{i=1}^{n}E(X_i)-n\varepsilon<\sum_{i=1}^{n}X_i<\sum_{i=1}^{n}E(X_i)+n\varepsilon\right\}$$

究竟多大，大数定律并不能回答．它牵涉到，当 $n\to\infty$ 时，n 个随机变量的和 $\sum\limits_{i=1}^{n}X_i$ 服从什么分布的问题．

一般地，需构造一个随机变量和的序列

$$\sum_{i=1}^{n}X_i, n=1,2,\cdots$$

我们关心的是当 $n\to\infty$ 时，随机变量和 $\sum\limits_{i=1}^{n}X_i$ 的极限分布是什么？由于不便直接研究这个问题，故转化为研究标准化随机变量和的极限分布是什么？具体地说，对 $\sum\limits_{i=1}^{n}X_i$ 进行变换，使变换后的随机变量的数学期望为0，方差为1. 这样变换后的随机变量为

$$Y_n=\left[\sum_{i=1}^{n}X_i-\sum_{i=1}^{n}E(X_i)\right]\Big/\sqrt{\sum_{i=1}^{n}D(X_i)}.$$

它就是标准化随机变量和，我们要研究 Y_n 的极限分布是什么．

中心极限定理研究的就是在什么条件下，标准化随机变量和 Y_n 的极限分布是标准正态分布的问题．我们不加证明地引入其中几个应用较为普遍的定理．

定理 5.3（林德贝尔格—列维定理）

设 $\{X_n\}$ 是独立同分布的随机变量序列，且

$$E(X_i)=\mu, D(X_i)=\sigma^2\ (0<\sigma^2<\infty), i=1,2,\cdots.$$

则对任意实数 x，皆有

$$\lim_{n\to\infty}P\left\{\frac{\sum\limits_{i=1}^{n}X_i-n\mu}{\sigma\sqrt{n}}\leqslant x\right\}=\int_{-\infty}^{x}\frac{1}{\sqrt{2\pi}}e^{-\frac{t^2}{2}}dt=\Phi(x) \tag{5.6}$$

定理 5.3 指出，当 n 充分大时，n 个独立同分布随机变量之和 $\sum\limits_{i=1}^{n}X_i$ 近似服从正态分布 $N(n\mu,n\sigma^2)$．也就是说，对于满足定理 5.3 的条件的随机变量序

列，在不知它们分布的情况下，可以由式（5.6）知道它们之和 $\sum_{i=1}^{n} X_i$ 的近似分布，这将给我们在处理一些实际问题时带来很大的方便．

例1 一个加法器同时收到20个噪声电压 $V_i(i=1,2,\cdots,20)$，设它们是相互独立的随机变量，且都在区间 $(0,10)$ 上服从均匀分布．记 $V=\sum_{i=1}^{20} V_i$，求 $P\{V>105\}$ 的近似值．

解 易知 $E(V_i)=5, D(V_i)=100/12(i=1,2,\cdots,20)$．由定理5.3，随机变量

$$Z=\frac{\sum_{i=1}^{20} V_i-20\times 5}{\sqrt{100/12}\sqrt{20}}=\frac{V-20\times 5}{\sqrt{100/12}\sqrt{20}}$$

近似服从正态分布 $N(0,1)$，于是

$$\begin{aligned}P\{V>105\}&=P\left\{\frac{V-20\times 5}{(10/\sqrt{12})\sqrt{20}}>\frac{105-20\times 5}{(10/\sqrt{12})\sqrt{20}}\right\}\\&=P\left\{\frac{V-100}{(10/\sqrt{12})\sqrt{20}}>0.387\right\}\\&=1-P\left\{\frac{V-100}{(10/\sqrt{12})\sqrt{20}}\leqslant 0.387\right\}\\&\approx 1-\int_{-\infty}^{0.387}\frac{1}{\sqrt{2\pi}}e^{-t^2/2}dt=1-\Phi(0.387)\\&=0.348\end{aligned}$$

所以

$$P\{V>105\}\approx 0.348.$$

作为定理5.3的特殊情形，可得

推论（棣莫佛—拉普拉斯定理） 设在 n 重伯努利试验中，记 μ_n 为在 n 次试验中事件 A 出现的次数，$p(0<p<1)$ 为事件 A 在每次试验中出现的概率，则对任意实数 x，皆有

$$\lim_{n\to\infty}P\left\{\frac{\mu_n-np}{\sqrt{npq}}\leqslant x\right\}=\int_{-\infty}^{x}\frac{1}{\sqrt{2\pi}}e^{-\frac{t^2}{2}}dt\ (q=1-p) \tag{5.7}$$

证明 令

$$X_i=\begin{cases}0, 在第\,i\,次试验中\,A\,不出现\\1, 在第\,i\,次试验中\,A\,出现\end{cases}$$

显然，$\mu_n=X_1+X_2+\cdots+X_n$ 且 $X_1,X_2,\cdots,X_n,\cdots$ 独立同分布(同为(0—1)分布)，而且

$$E(X_i)=p, D(X_i)=pq>0, i=1,2,\cdots.$$

因此满足定理 5.3 的条件，故式(5.7)成立.

定理 5.3 告诉我们，当 n 很大时，可以认为

$$P\left\{\frac{\sum_{i=1}^{n} X_i - n\mu}{\sigma\sqrt{n}} \leqslant x\right\} \approx \int_{-\infty}^{x} \frac{1}{\sqrt{2\pi}} e^{-\frac{t^2}{2}} dt.$$

于是有

$$P\left\{\sum_{i=1}^{n} X_i \leqslant x\right\} \approx \int_{-\infty}^{\frac{x-n\mu}{\sigma\sqrt{n}}} \frac{1}{\sqrt{2\pi}} e^{-\frac{t^2}{2}} dt. \qquad (5.8)$$

在 5.1 节中讲到，当 n 很大时，事件 A 的频率 μ_n/n 以很大的可能性接近它的概率 p，但对任意给定的 $\varepsilon>0$ 和对任意给定的一个很大的 n，要问 μ_n/n 以多大的概率与 p 相差不超过 ε，即事件

$$\left\{\left|\frac{\mu_n}{n} - p\right| < \varepsilon\right\}$$

的概率有多大？大数定律本身对此不能作出回答，而由式(5.7)却能给出一个近似的回答. 因为当 n 很大时，有

$$P\left\{\left|\frac{\mu_n}{n} - p\right| < \varepsilon\right\} = P\left\{\left|\frac{\mu_n - np}{\sqrt{npq}}\right| < \varepsilon\sqrt{\frac{n}{pq}}\right\} \approx \int_{-\varepsilon\sqrt{\frac{n}{pq}}}^{\varepsilon\sqrt{\frac{n}{pq}}} \frac{1}{\sqrt{2\pi}} e^{-\frac{t^2}{2}} dt$$

$$= \Phi\left(\varepsilon\sqrt{\frac{n}{pq}}\right) - \Phi\left(-\varepsilon\sqrt{\frac{n}{pq}}\right) = 2\Phi\left(\varepsilon\sqrt{\frac{n}{pq}}\right) - 1.$$

由此可得到 $P\left\{\left|\frac{\mu_n}{n} - p\right| < \varepsilon\right\}$ 的近似值.

例如，若取 $p=q=\frac{1}{2}$，$n=10000$，$\varepsilon=0.01$，则查表(附表 2)可得

$$P\left\{\left|\frac{\mu_n}{n} - p\right| < 0.01\right\} \approx 2\Phi\left\{0.01\sqrt{\frac{10000}{1/2 \times 1/2}}\right\} - 1 = 2\Phi(2) - 1 = 0.9544.$$

这说明，通过作 10000 次试验，约有 95% 的把握使事件 A 的频率 μ_n/n 与它的概率相差不超过 0.01.

例 2 某运输公司有 500 辆汽车参加保险，在一年里汽车出现事故的概率为 0.006，参加保险的汽车每年交 800 元的保险费. 若出事故，保险公司最多赔偿 50000 元，试利用中心极限定理计算，保险公司一年赚钱不小于 200000 元的概率?

解 设 X 表示 500 辆汽车中出事故的车辆数，则 X 服从 $n=500, p=0.006$ 的二项分布，这时 $np=500\times0.006=3, npq=3\times0.994=2.982$. 由于保险公司

一年赚钱不小于200000元的事件为$\{500\times 800\geqslant 500\times 800-50000X\geqslant 200000\}$，即事件$\{0\leqslant X\leqslant 4\}$，从而有

$$P\{0\leqslant X\leqslant 4\}=P\left\{\frac{0-3}{\sqrt{2.982}}\leqslant\frac{X-3}{\sqrt{2.982}}\leqslant\frac{4-3}{\sqrt{2.982}}\right\}$$

$$\approx\Phi\left(\frac{1}{\sqrt{2.982}}\right)-\Phi\left(\frac{-3}{\sqrt{2.982}}\right)=\Phi(0.579)-\Phi(-1.737)$$

$$=0.7190+0.9591-1=0.6781.$$

可见，保险公司在一年里赚钱不小于200000元的概率为0.6781.

在上述的中心极限定理中，不仅要求随机变量序列相互独立，而且还要求它们同分布，但实际问题中常常不满足后面的条件．例如，在我们一开始提出的关于测量的问题中，由各个因素影响而产生的测量误差一般不满足同分布的条件，于是测量总误差的分布问题就不能利用上面的定理解决．下面的中心极限定理却解决了这个问题．

定理5.4（李雅普诺夫定理） 设$\{X_n\}$为相互独立的随机变量序列，又$E(X_i)=a_i,D(X_i)=\sigma_i^2<\infty,i=1,2,\cdots$. 记$B_n^2=\sum_{i=1}^{n}\sigma_i^2$，如果存在常数$\delta>0$，使当$n\to\infty$时有

$$\frac{1}{B_n^{2+\delta}}\sum_{i=1}^{n}E(|X_i-a_i|^{2+\delta})\to 0, \tag{5.9}$$

则对任意x，有

$$\lim_{n\to\infty}P\left\{\frac{1}{B_n}\sum_{i=1}^{n}(X_i-a_i)<x\right\}=\int_{-\infty}^{x}\frac{1}{\sqrt{2\pi}}e^{-\frac{t^2}{2}}dt. \tag{5.10}$$

证明略．

习题五

1. 据以往经验，某种电器元件的寿命服从均值为100 h的指数分布．现随机地取16只，设它们的寿命是相互独立的．求这16只元件寿命的总和大于1920 h的概率．

2. 计算器在进行加法运算时，将每个加数舍入最靠近它的整数．设所有舍入误差是独立的且在$(-0.5,0.5)$上服从均匀分布．

（1）若将1500个数相加，问误差总和的绝对值超过15的概率是多少？

（2）最多可有几个数相加使得误差总和的绝对值小于10的概率不小于0.90？

3. 军事演习中设对目标进行100次独立轰炸,每次命中目标的炮弹数为一个随机变量,期望为2,方差为1.69. 求在100次轰炸中有180到220颗炸弹命中目标的概率.

4. 假设生产线组装每件成品的时间服从指数分布,统计资料表明该生产线每件成品的组装时间平均为10 min,各件产品的组装时间相互独立.

(1) 试求组装100件成品需要15到20 h的概率;

(2) 以95%的概率在16 h之内最多可以组装多少件成品?

5. 一生产线生产的产品成箱包装,每箱的重量是随机的. 设每箱平均重50 kg,标准差为5 kg. 若用最大载重量为5t的汽车乘运. 试利用中心极限定理说明每辆车最多可以装多少箱,才能保障不超载的概率大于0.97.

6. 某电视机厂每月生产10000台电视机,但它的显像管车间的正品率为0.8,为了以0.997的概率保证出厂的电视机都装上正品的显像管,该车间每月生产多少只显像管?

7. 某单位设置一电话总机,共有200架电话分机. 设每部分机是否使用外线是相互独立的,并且每时刻每部分机使用外线通话的概率为0.05,问总机需要多少外线才能以不低于0.90的概率保证每个分机使用外线?

8. 某保险公司多年的统计资料表明:在索赔户中被盗索赔户占20%,以X表示在随意抽查的100个索赔户中因被盗向保险公司索赔的户数. 求被索赔户不少于14户,且不多于30户的概率的近似值.

9. 某灯泡厂生产的灯泡的平均寿命为2000 h,标准差为250 h,经过技术改革采用新工艺使平均寿命提高到2250 h,标准差不变. 为了确定这一改革的成果,任意挑选若干只灯泡来检查,若这些灯泡的平均寿命超过2200 h,就承认改革有效,批准采用新工艺. 如欲使检查通过的概率超过0.997,至少应检查多少只灯泡.

第 6 章　数理统计的基本概念

前面 5 章讨论了概率论的基本内容，从本章起讲述数理统计．数理统计是一门以概率论为理论基础，根据试验或观察获得的数据资料，对所研究对象的客观规律作出合理估计和判断的科学．

数理统计研究的内容十分丰富，且随着科学技术和生产的不断发展而逐步扩大．本书只介绍参数估计、假设检验、方差分析、回归分析等内容．

本章将介绍数理统计的一些基本概念，讨论几个常用统计量的抽样分布，为后面各章作准备．

6.1　总体与样本

我们所讨论的统计问题主要属于下面这种类型：从一个集合中选取一部分元素，对这部分元素的某些数量指标进行测量，根据测量获得的数据来推断这集合中全部元素的这些数量指标的分布情况．在统计学中，我们把研究对象的这些数量指标的全体称为**总体**或**母体**．而把组成总体的每个元素称为**个体**．

例如，我们要考察某铁路信号灯工厂某天生产的信号灯泡的使用寿命．那么，该天生产的全部灯泡的寿命的可能取值的全体就是一个总体，而其中每一个灯泡的寿命的可能取值就是一个个体．显然，不同生产日期的信号灯泡，其数量指标寿命是不同的，且寿命取值有一定的分布，因此，该天生产的全部灯泡的寿命的可能取值的全体即总体就是一个随机变量．

总体中的每一个个体是随机试验的一个观察值，因此它是某一随机变量 X 的值，一个总体对应一个随机变量 X. 我们对总体的研究就是对一个随机变量 X 的研究，X 的分布函数和数字特征称为总体的分布函数和数字特征．今后将不区分总体与相应的随机变量，统称为总体 X.

在实际中，总体的分布一般是未知的，或只知道它具有某种形式而其中包含着未知参数．在数理统计中，人们都是通过从总体中抽取一部分个体，根据获得的数据来推断总体分布．被抽取的部分个体叫做总体的一个**样本**．

所谓从总体抽取一个个体，就是对总体 X 进行一次观察并记录其结果，我们在相同的条件下对总体 X 进行 n 次重复的、独立的观察，将 n 次观察结果按试验的次序记为 X_1，X_2，…，X_n，由于 X_1，X_2，…，X_n 是对总体 X 观察的结果，且各次观察是在相同的条件下独立进行的，所以有理由认为 X_1，X_2，…，X_n 是相互独立的，且都是与 X 具有相同分布的随机变量，这样得到的 X_1，X_2，…，X_n 称为来自总体 X 的一个简单随机样本，n 称为这个样本的**容量**．以后如无另外说明，所提到的样本都是指简单随机样本．

当 n 次观察一经完成，我们就得到一组实数 x_1，x_2，…，x_n，它们依次是随机变量 X_1，X_2，…，X_n 的观察值，称为样本值．

如何得到简单随机样本呢？对无限总体，只要随机抽样即可；对有限总体，可采用有放回地重复随机抽样．但使用有放回地随机抽样很不方便，有时甚至无法放回，因此，当样本容量相对于总体容量很小时，也可采用无放回地随机抽样，这样得到的样本，可近似地看作简单随机样本．

综上所述，我们给出以下的定义．

定义 6.1 设 X 是具有分布函数 F 的随机变量，若 X_1，X_2，…，X_n 是具有同一分布函数 F 的、相互独立的随机变量，则称 X_1，X_2，…，X_n 为从分布函数 F（或总体 F、或总体 X）得到的**容量为 n 的简单随机样本**，简称**样本**，它们的观察值 x_1，x_2，…，x_n 称为**样本值**，又称为 X 的 n 个**独立的观察值**．

也可以将样本看成是一个随机向量，写成$(X_1, X_2, \cdots, X_n)$，此时样本值相应地写成$(x_1, x_2, \cdots, x_n)$．若$(x_1, x_2, \cdots, x_n)$与$(y_1, y_2, \cdots, y_n)$都是相应于样本$(X_1, X_2, \cdots, X_n)$的样本值，一般来说它们是不相同的．

由定义得：若 X_1，X_2，…，X_n 为 F 的一个样本，则 X_1，X_2，…，X_n 相互独立，且它们的分布函数都是 F，所以$(X_1, X_2, \cdots, X_n)$的分布函数为

$$F^*(x_1,x_2,\cdots,x_n) = \prod_{i=1}^{n} F(x_i).$$

又若 X 具有概率密度 $f(x)$，则$(X_1,X_2,\cdots,X_n)$的概率密度为

$$f^*(x_1,x_2,\cdots,x_n) = \prod_{i=1}^{n} f(x_i).$$

6.2 抽样分布

样本是进行统计推断的依据．在应用时，往往不是直接使用样本本身，而

是针对不同的问题构造样本的适当函数，利用这些样本的函数进行统计推断.

定义 6.2 设 $X_1, X_2, \cdots, X_n$ 是来自总体 X 的一个样本，$g(X_1, X_2, \cdots, X_n)$ 是 X_1，X_2，…，X_n 的函数，若 g 中不含未知参数，则称 $g(X_1, X_2, \cdots, X_n)$ 是一**统计量**.

因为 $X_1, X_2, \cdots, X_n$ 都是随机变量，而统计量 $g(X_1, X_2, \cdots, X_n)$ 是随机变量的函数，因此统计量是一个随机变量. 设 x_1，x_2，…，x_n 是相应于样本 X_1，X_2，…，X_n 的样本值，则称 $g(x_1, x_2, \cdots, x_n)$ 是 $g(X_1, X_2, \cdots, X_n)$ 的**观察值**.

下面列出几个常用的统计量，设 $X_1, X_2, \cdots, X_n$ 是来自总体 X 的一个样本，$x_1, x_2, \cdots, x_n$ 是这一样本的观察值. 定义

(1) 样本平均值

$$\overline{X} = \frac{1}{n}\sum_{i=1}^{n} X_i;$$

(2) 样本方差

$$S^2 = \frac{1}{n-1}\sum_{i=1}^{n}(X_i - \overline{X})^2 = \frac{1}{n-1}\left(\sum_{i=1}^{n} X_i^2 - n\overline{X}^2\right);$$

(3) 样本标准差

$$S = \sqrt{S^2} = \sqrt{\frac{1}{n-1}\sum_{i=1}^{n}(X_i - \overline{X})^2};$$

(4) 样本 k 阶（原点）矩

$$A_k = \frac{1}{n}\sum_{i=1}^{n} X_i^k, k = 1, 2, \cdots;$$

(5) 样本 k 阶中心矩

$$B_k = \frac{1}{n}\sum_{i=1}^{n}(X_i - \overline{X})^k, k = 1, 2, \cdots.$$

它们的观察值分别为

$$\bar{x} = \frac{1}{n}\sum_{i=1}^{n} x_i;$$

$$s^2 = \frac{1}{n-1}\sum_{i=1}^{n}(x_i - \bar{x})^2 = \frac{1}{n-1}\left(\sum_{i=1}^{n} x_i^2 - n\,\bar{x}^2\right);$$

$$s = \sqrt{\frac{1}{n-1}\sum_{i=1}^{n}(x_i - \bar{x})^2};$$

$$a_k = \frac{1}{n}\sum_{i=1}^{n} x_i^k, k = 1, 2, \cdots;$$

$$b_k = \frac{1}{n}\sum_{i=1}^{n}(x_i - \bar{x})^k, k = 1, 2, \cdots.$$

这些观察值仍分别称为样本均值、样本方差、样本标准差、样本 k 阶（原点）

矩以及样本 k 阶中心矩．

我们指出，若总体 X 的 k 阶矩 $\mu_k=E(X^k)$ 存在，则当 $n\to\infty$ 时，$A_k\xrightarrow{p}\mu_k, k=1,2,\cdots$. 这是因为 $X_1,X_2,\cdots,X_n$ 独立且与 X 同分布，所以 $X_1^k,X_2^k,\cdots,X_n^k$ 独立且与 X^k 同分布，故有 $E(X_1^k)=E(X_2^k)=\cdots=E(X_n^k)=\mu_k$.

从而由第 5 章中关于依概率收敛的序列的性质知道：

$$g(A_1,A_2,\cdots,A_k)\xrightarrow{P}g(\mu_1,\mu_2,\cdots,\mu_k),$$

其中 g 为连续函数，这就是下一章所要介绍的矩估计法的理论根据．

统计量的分布称为**抽样分布**，在使用统计量进行统计推断时常需知道它的分布. 当总体的分布函数已知时，抽样分布是确定的，然而要求出统计量的精确分布，一般来说是困难的，本节介绍来自正态总体的几个常用统计量的分布.

一、χ^2 分布

设 $X_1,X_2,\cdots,X_n$ 是来自总体 $N(0,1)$ 的样本，则称统计量

$$\chi^2=X_1^2+X_2^2+\cdots+X_n^2 \tag{6.1}$$

服从自由度为 n 的 **χ^2 分布**，记作 $\chi^2\sim\chi^2(n)$.

此处，自由度是指式（6.1）右端包含的独立变量的个数．

$\chi^2(n)$ 分布的概率密度为

$$f(y)=\begin{cases}\dfrac{1}{2^{n/2}\Gamma(n/2)}y^{(n/2)-1}\mathrm{e}^{-y/2}, & y>0,\\ 0, & \text{其他}\end{cases}. \tag{6.2}$$

$f(y)$ 的图形如图 6-1 所示．

χ^2 分布具有下面重要性质：

（1）可加性　设 $\chi_1^2\sim\chi^2(n_1)$，$\chi_2^2\sim\chi^2(n_2)$，并且 χ_1^2 与 χ_2^2 相互独立，则有

$$\chi_1^2+\chi_2^2\sim\chi^2(n_1+n_2). \tag{6.3}$$

（2）$E(\chi^2)=n, D(\chi^2)=2n$. (6.4)

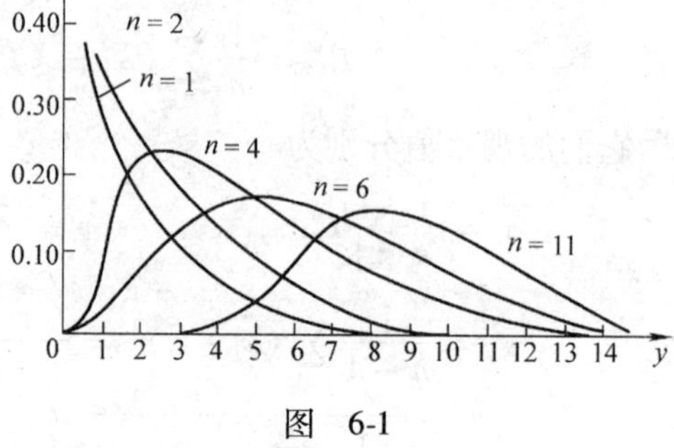

图　6-1

事实上，因 $X_i\sim N(0,1)$，故

$$E(X_i^2)=D(X_i)=1,$$

$$D(X_i^2)=E(X_i^4)-[E(X_i^2)]^2=3-1=2,\ i=1,2,\cdots,n.$$

于是

$$E(\chi^2)=E\left(\sum_{i=1}^n X_i^2\right)=\sum_{i=1}^n E(X_i^2)=n,$$

$$D(\chi^2) = D\left(\sum_{i=1}^{n} X_i^2\right) = \sum_{i=1}^{n} D(X_i^2) = 2n.$$

下面介绍χ^2分布的分位点，

对于给定的正数α,$0<\alpha<1$,称满足条件

$$P\{\chi^2 > \chi_\alpha^2(n)\} = \int_{\chi_\alpha^2(n)}^{+\infty} f(y)\,\mathrm{d}y = \alpha \tag{6.5}$$

的点$\chi_\alpha^2(n)$为$\chi^2(n)$分布的上α分位点,如图6-2所示,对于不同的α,n,上α分位点的值已制成表格,可以查表(参见附表3). 例如对于$\alpha=0.1$,$n=25$,查得$\chi_{0.1}^2(25)=34.382$. 但该表只详列到$n=45$为止,费歇(R. A. Fisher)曾证明,当n充分大时,近似地有

$$\chi_\alpha^2(n) \approx \frac{1}{2}(z_\alpha + \sqrt{2n-1})^2, \tag{6.6}$$

其中z_α是标准正态分布的上α分位点[⊖],利用式(6.6)可以求得当$n>45$时$\chi^2(n)$分布的上α分位点的近似值.

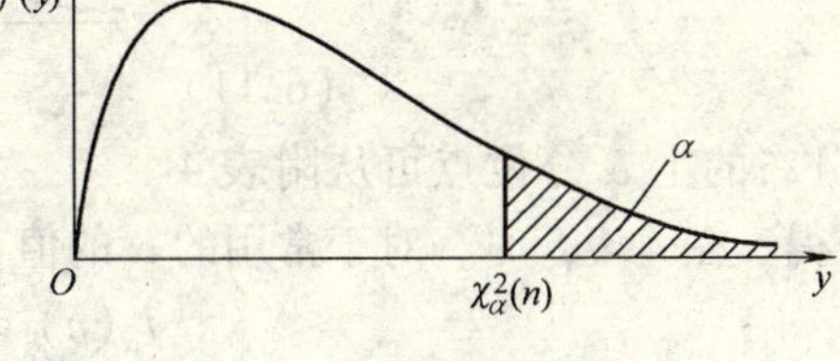

图 6-2

例如,由式(6.6)可得$\chi_{0.05}^2(50)\approx\frac{1}{2}(1.645+\sqrt{99})^2=67.221$(由更详细的表得$\chi_{0.05}^2(50)=67.505$).

二、t分布

设$X\sim N(0,1)$,$Y\sim\chi^2(n)$,且X与Y相互独立,则称随机变量

$$t = \frac{X}{\sqrt{Y/n}} \tag{6.7}$$

服从自由度为n的**t分布**. 记为$t\sim t(n)$.

t分布又称学生氏(Student)分布. $t(n)$分布的概率密度函数为

$$h(t) = \frac{\Gamma[(n+1)/2]}{\sqrt{\pi n}\,\Gamma(n/2)}\left(1+\frac{t^2}{n}\right)^{-(n+1)/2}, \quad -\infty < t < +\infty. \tag{6.8}$$

图6-3中画出了$h(t)$的图形. $h(t)$的图形关于$t=0$对称,当n充分大时其图形类似于标准正态变量概率密度的图形.

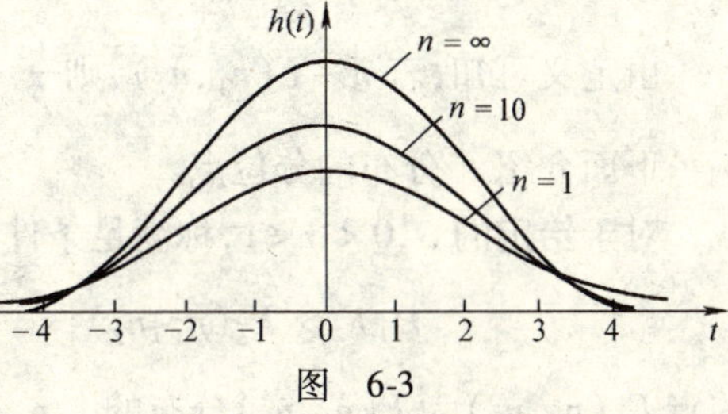

图 6-3

事实上,利用Γ函数的性质可得

⊖ 设$X\sim N(0,1)$,称满足$P\{X>z_\alpha\}=\alpha$,$0<\alpha<1$的数z_α为标准正态分布的上α分位点.

$$\lim_{n\to\infty}h(t)=\frac{1}{\sqrt{2\pi}}e^{-t^2/2},\tag{6.9}$$

故当 n 足够大时 t 分布近似于标准正态分布,但对于较小的 n,t 分布与 $N(0,1)$ 分布相差较大（见附表2 与附表4）.

下面介绍 t 分布的分位点.

对于给定的 α，$0<\alpha<1$，称满足条件

$$P\{t>t_\alpha(n)\}=\int_{t_\alpha(n)}^{+\infty}h(t)\mathrm{d}t=\alpha\tag{6.10}$$

的点 $t_\alpha(n)$ 称为 t 分布的上 α 分位点，如图 6-4 所示.

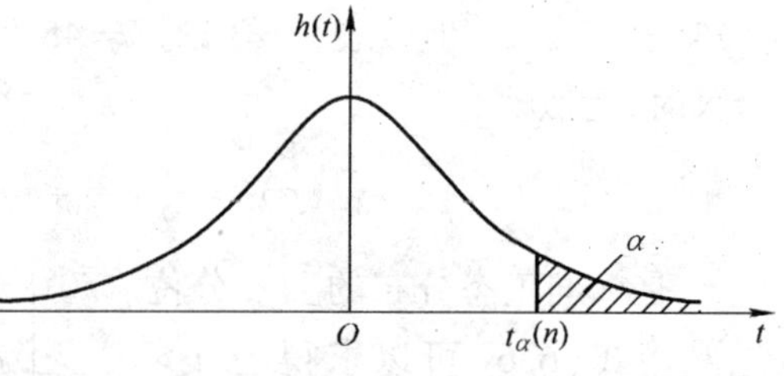

图 6-4

由 t 分布上 α 分位点的定义及 $h(t)$ 图形的对称性知

$$t_{1-\alpha}(n)=-t_\alpha(n).\tag{6.11}$$

t 分布的上 α 分位点可从附表 4 查得. 在 $n>45$ 时，对于常用的 α 的值，就用正态近似:

$$t_\alpha(n)\approx z_\alpha.\tag{6.12}$$

三、F 分布

设 $U\sim\chi^2(n_1)$,$V\sim\chi^2(n_2)$,且 U,V 独立,则称随机变量

$$F=\frac{U/n_1}{V/n_2}\tag{6.13}$$

服从自由度为 (n_1,n_2) 的 **F 分布**,记为 $F\sim F(n_1,n_2)$.

$F(n_1,n_2)$ 分布的概率密度为

$$\psi(y)=\begin{cases}\dfrac{\Gamma[(n_1+n_2)/2](n_1/n_2)^{n_1/2}y^{(n_1/2)-1}}{\Gamma(n_1/2)\Gamma(n_2/2)[1+(n_1y/n_2)]^{(n_1+n_2)/2}}, & y>0\\ 0, & 其他\end{cases}.\tag{6.14}$$

证明略.

图 6-5 中画出了 $\psi(y)$ 的图形.

由定义可知,若 $F\sim F(n_1,n_2)$,则 $\frac{1}{F}\sim F(n_2,n_1)$. (6.15)

下面介绍 F 分布的分位点.

对于给定的 α,$0<\alpha<1$,称满足条件

$$P\{F>F_\alpha(n_1,n_2)\}=\int_{F_\alpha(n_1,n_2)}^{+\infty}\psi(y)\mathrm{d}y=\alpha\tag{6.16}$$

的点 $F_\alpha(n_1,n_2)$ 为 $F(n_1,n_2)$ 分布的上 α 分位点,如图 6-6 所示. F 分布的上 α 分位点有表格可查(见附表 5).

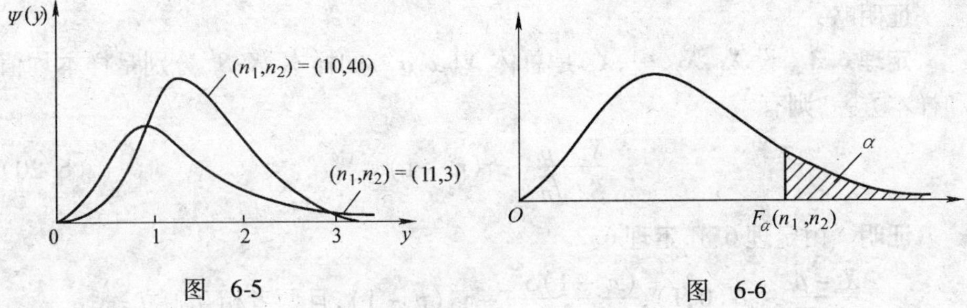

图 6-5　　　　图 6-6

F 分布的上 α 分位点有如下的重要性质:

$$F_{1-\alpha}(n_1,n_2)=\frac{1}{F_\alpha(n_2,n_1)}. \tag{6.17}$$

式(6.17)常用来求 F 分布表中未列出的一些常用的上 α 分位点,例如

$$F_{0.95}(12,9)=\frac{1}{F_{0.05}(9,12)}=\frac{1}{2.80}=0.357.$$

四、正态总体的样本均值与样本方差的分布

设总体 X(不管服从什么分布，只要均值和方差存在)的均值为 μ，方差为 σ^2, $X_1,X_2,\cdots,X_n$ 是来自 X 的一个样本，$\overline{X},S^2$ 是样本均值和样本方差，则总有

$$E(\overline{X})=\mu, D(\overline{X})=\sigma^2/n. \tag{6.18}$$

而 $$E(S^2)=E\left[\frac{1}{n-1}\left(\sum_{i=1}^{n}X_i^2-n\overline{X}^2\right)\right]=\frac{1}{n-1}\left[\sum_{i=1}^{n}E(X_i^2)-nE(\overline{X}^2)\right]$$
$$=\frac{1}{n-1}\left[\sum_{i=1}^{n}(\sigma^2+\mu^2)-n(\sigma^2/n+\mu^2)\right]=\sigma^2,$$

即 $$E(S^2)=\sigma^2. \tag{6.19}$$

进而,设 $X\sim N(\mu,\sigma^2)$,则 $\overline{X}=\frac{1}{n}\sum_{i=1}^{n}X_i$ 也服从正态分布,于是得到以下的定理.

定理 6.1　设 $X_1,X_2,\cdots,X_n$ 是来自正态总体 $N(\mu,\sigma^2)$ 的样本,$\overline{X}$ 是样本均值,则有 $\overline{X}\sim N(\mu,\sigma^2/n)$.

对于正态总体 $N(\mu,\sigma^2)$ 的样本均值 $\overline{X}$ 和样本方差 S^2,有以下两个重要定理.

定理 6.2　设 $X_1,X_2,\cdots,X_n$ 是总体 $N(\mu,\sigma^2)$ 的样本,$\overline{X},S^2$ 分别是样本均值和样本方差,则有

(1) $\frac{(n-1)S^2}{\sigma^2}\sim\chi^2(n-1)$;

(2) $\overline{X}$ 与 S^2 独立.

证明略.

定理 6.3 设 $X_1,X_2,\cdots,X_n$ 是总体 $N(\mu,\sigma^2)$ 的样本,$\overline{X},S^2$ 分别是样本均值和样本方差,则有

$$\frac{\overline{X}-\mu}{S/\sqrt{n}}\sim t(n-1). \tag{6.20}$$

证明 由定理 6.1,定理 6.2

$$\frac{\overline{X}-\mu}{\sigma/\sqrt{n}}\sim N(0,1),\frac{(n-1)S^2}{\sigma^2}\sim\chi^2(n-1),\text{且两者相互独立},$$

由 t 分布的定义知

$$\frac{\overline{X}-\mu}{\sigma/\sqrt{n}}\Bigg/\sqrt{\frac{(n-1)S^2}{\sigma^2(n-1)}}\sim t(n-1).$$

化简上式左边,即得式(6.20).

对于两个正态总体的样本均值和样本方差有以下的定理.

定理 6.4 设 $X_1,X_2,\cdots,X_{n_1}$ 与 $Y_1,Y_2,\cdots,Y_{n_2}$ 分别是来自正态总体 $N(\mu_1,\sigma_1^2)$ 和 $N(\mu_2,\sigma_2^2)$ 的样本,且这两个样本相互独立. 设 $\overline{X}=\frac{1}{n_1}\sum_{i=1}^{n_1}X_i,\overline{Y}=\frac{1}{n_2}\sum_{i=1}^{n_2}Y_i$ 分别是这两个样本的均值; $S_1^2=\frac{1}{n_1-1}\sum_{i=1}^{n_1}(X_i-\overline{X})^2,S_2^2=\frac{1}{n_2-1}\sum_{i=1}^{n_2}(Y_i-\overline{Y})^2$ 分别是这两个样本的样本方差,则有

(1) $\frac{S_1^2/S_2^2}{\sigma_1^2/\sigma_2^2}\sim F(n_1-1,n_2-1)$;

(2) 当 $\sigma_1^2=\sigma_2^2=\sigma^2$ 时,$\frac{(\overline{X}-\overline{Y})-(\mu_1-\mu_2)}{S_w\sqrt{\frac{1}{n_1}+\frac{1}{n_2}}}\sim t(n_1+n_2-2)$,

其中 $S_w^2=\frac{(n_1-1)S_1^2+(n_2-1)S_2^2}{n_1+n_2-2},S_w=\sqrt{S_w^2}$.

证明略.

习 题 六

1. 设总体 $X\sim B(1,p)$,其中 p 是未知参数,$X_1,X_2,\cdots,X_5$ 是总体 X 的样本,

(1) 写出样本空间和样本的联合概率分布;

(2) 指出 $X_1+X_3,\min(X_1,X_2,\cdots,X_5),\frac{X_1}{p},(X_5-X_1)^2$ 中哪些是统计量,哪些不是统计量;

(3) 若样本观测值为0,1,0,1,1,求样本均值与样本方差.

2. 设总体 $X\sim N(\mu,\sigma^2)$ 其中 μ 已知,σ^2 未知,X_1,X_2,X_3 是总体 X 的样本,

(1) 写出样本的联合概率密度;

(2) 指出 $X_1+X_2+X_3$, $X_1-\mu$, $\max(X_1,X_2,X_3)$, $\sum_{i=1}^{3}\frac{X_i}{\sigma}$, $\frac{X_3-X_1}{2}$ 中哪些是统计量,哪些不是统计量.

3. 从总体 $N(240,20^2)$ 中独立地进行两次抽样,容量分别为36和49,那么这两个样本均值之差的绝对值不超过10的概率是多少?

4. 从总体 $N(12,4)$ 中随机抽一容量为5的样本 X_1,X_2,X_3,X_4,X_5.

(1) 求样本均值与总体均值之差的绝对值大于1的概率;

(2) 求概率 $P\{\max(X_1,X_2,X_3,X_4,X_5)>15\}$, $P\{\min(X_1,X_2,X_3,X_4,X_5)<10\}$.

5. 已知 $X\sim t(n)$,求证 $X^2\sim F(1,n)$.

6. 设总体 $X\sim B(1,p)$,$X_1,X_2,\cdots,X_n$ 是总体 X 的样本,$\overline{X}$ 和 S^2 是样本均值和样本方差,计算 $E(\overline{X})$,$D(\overline{X})$ 和 $E(S^2)$.

7. 设总体 $X\sim\chi^2(n)$,$X_1,X_2,\cdots,X_{10}$ 是来自 X 的样本,求 $E(\overline{X})$,$D(\overline{X})$ 和 $E(S^2)$.

8. 设 $X_1,X_2,\cdots,X_{2n}$ 是来自标准正态总体的样本,试求下列统计量的分布:

(1) $Y_1=\frac{X_1^2+X_3^2+\cdots X_{2n-1}^2}{X_2^2+X_4^2+\cdots X_{2n}^2}$;

(2) $Y_2=\frac{X_1+X_3+\cdots+X_{2n-1}}{\sqrt{X_2^2+X_4^2+\cdots+X_{2n}^2}}$.

第 7 章 参数估计

参数估计是统计推断的基本内容之一．它是凭借从总体中抽取的样本，构造合适的样本函数，对总体中的未知参数作出符合预定要求的估计．依据估计形式的不同，参数估计分为点估计和区间估计两种．对于点估计，本章除引入矩估计法与最大似然估计法外，还要讨论估计量的评选标准．区间估计只在正态总体范围内进行．

7.1 点估计

点估计的意义是假设总体有分布函数 $F(x,\theta)$，其中 θ 是未知（待估）参数．如果能有一种合适的方法把未知参数 θ 确定下来，则这种方法便称为总体参数的点估计．点估计的具体做法是：首先在总体 X 中进行随机抽样，记所得样本为 $X_1,X_2,\cdots,X_n$；然后构造一个适当的样本函数 $\theta(X_1,X_2,\cdots,X_n)$ 作为未知参数 θ 的**估计量**，即 $\hat{\theta}=\theta(X_1,X_2,\cdots,X_n)$，由于估计量是样本的函数，也是 n 维随机变量的函数，因而估计量也是随机变量．记$(x_1,x_2,\cdots,x_n)$是样本的一组观测值，代入估计量即可得到一个相应的数值 $\theta(x_1,x_2,\cdots,x_n)$，这个具体数值被称为未知参数 θ 的**估计值**．在不发生混淆的情况下，常把未知参数 θ 的估计量和估计值统称为 θ 的**估计**．点估计也称定值估计．本节只介绍应用较为广泛的矩估计法和最大似然估计法．

一、矩估计法

矩估计法基于英国统计学家 K · Pearson 于 1894 年提出的用样本矩替换总体矩的“替换原则”而得到的点估计方法，称作**矩估计法**．具体做法是：

(1) 当总体的待估参数 θ 恰是总体 X 的 k 阶矩 $E(X^k)=\mu_k$ 时，就用相应的 k 阶样本矩 $A_k=\frac{1}{n}\sum_{i=1}^{n}X_i^k$ 作为 θ 的估计量；

(2) 当总体 X 的待估参数 θ 恰是总体 X 的某些矩的函数 $\theta=f(\mu_1,\mu_2,\cdots,\mu_s)$ 时，就用相应的样本矩 $A_k(k=1,2,\cdots,s)$ 去替换该函数中的矩 $\mu_k(k=1,2,\cdots,s)$，从而获得 θ 的估计量 $\hat{\theta}=f(A_1,A_2,\cdots,A_s)$. 当然，这样的函数通常需通过解方程或方程组获得，用这种方法得到的估计量(值)称为**矩估计量(值)**.

替换原则的理论根据是以下两点：

(1) 根据大数定律 k 阶样本矩 A_k 依概率收敛于相应的总体矩 $\mu_k=E(X^k)$，即对任意正数 ε，有 $\lim\limits_{n\to\infty}P\left\{\left|\frac{1}{n}\sum_{i=1}^{n}X_i^k-\mu_k\right|<\varepsilon\right\}=1$；

(2) 对于连续函数 $f(x_1,x_2,\cdots,x_s)$，有 $f(A_1,A_2,\cdots,A_s)$ 依概率收敛于 $f(\mu_1,\mu_2,\cdots,\mu_s)$，即对任意正数 ε，有

$$\lim_{n\to\infty}P\{|f(A_1,A_2,\cdots,A_s)-f(\mu_1,\mu_2,\cdots,\mu_s)|<\varepsilon\}=1.$$

可见，当 n 较大时，用 $A_k=\frac{1}{n}\sum_{i=1}^{n}X_i^k$ 替换 μ_k，或用 $f(A_1,A_2,\cdots,A_s)$ 替换 $f(\mu_1,\mu_2,\cdots,\mu_s)$，都可以以接近于1的概率保证造成的误差极小.

例1 设某炸药厂一天中发生着火现象的次数 X 服从参数为 λ 的泊松分布，λ 未知，有以下样本值. 试用矩估计法估计参数 λ.

着火次数 k	0	1	2	3	4	5	6
发生 k 次着火的天数	75	90	54	22	6	2	1

解 $\mu_1=E(X)=\lambda$, $A_1=\frac{1}{n}\sum_{i=1}^{n}X_i=\overline{X}$.

令 $A_1=\mu_1$，即 $\overline{X}=\lambda$，则 $\hat{\lambda}=\bar{x}=\frac{1}{250}(0\times75+1\times90+\cdots+6\times1)=1.22$.

所以，估计值 $\hat{\lambda}=1.22$.

例2 设总体 $X\sim U[a,b]$，a,b 未知，$X_1,X_2,\cdots,X_n$ 是一个样本. 求 a，b 的矩估计量.

解 $\mu_1=E(X)=\frac{a+b}{2}$，

$$\mu_2=E(X^2)=D(X)+E^2(X)=\frac{(b-a)^2}{12}+\frac{(a+b)^2}{4}.$$

令 $\mu_1 = \dfrac{a+b}{2} = A_1 = \dfrac{1}{n}\sum_{i=1}^{n} X_i$,

$$\mu_2 = \frac{(b-a)^2}{12} + \frac{(a+b)^2}{4} = A_2 = \frac{1}{n}\sum_{i=1}^{n} X_i^2,$$

即 $\begin{cases} a+b=2A_1, \\ b-a=\sqrt{12(A_2-A_1^2)}, \end{cases}$ 解得

$$\hat{a} = A_1 - \sqrt{3(A_2 - A_1^2)} = \overline{X} - \sqrt{\frac{3}{n}\sum_{i=1}^{n}(X_i - \overline{X})^2},$$

$$\hat{b} = A_1 + \sqrt{3(A_2 - A_1^2)} = \overline{X} + \sqrt{\frac{3}{n}\sum_{i=1}^{n}(X_i - \overline{X})^2}.$$

例 3 设总体 X 的均值 μ 及方差 σ^2 都存在，且 $\sigma^2>0$，但 μ，σ^2 未知，又设 $X_1, X_2, \cdots, X_n$ 是一个样本．求 μ，σ^2 的矩估计量．

解 $\mu_1 = E(X) = \mu$, $\mu_2 = E(X^2) = D(X) + E^2(X) = \sigma^2 + \mu^2$.

令 $\begin{cases} \mu_1 = A_1, \\ \mu_2 = A_2, \end{cases}$ 则 $\begin{cases} \mu = A_1, \\ \sigma^2 + \mu^2 = A_2, \end{cases}$ 所以

$$\hat{\mu} = A_1 = \overline{X},\ \hat{\sigma}^2 = A_2 - A_1^2 = \frac{1}{n}\sum_{i=1}^{n} X_i^2 - \overline{X}^2 = \frac{1}{n}\sum_{i=1}^{n}(X_i - \overline{X})^2.$$

此例表明总体均值与方差的矩估计量的表达式不因不同的总体分布而异．例如 $X \sim N(\mu, \sigma^2)$，μ, σ^2 未知，则 $\hat{\mu} = \overline{X}$, $\hat{\sigma}^2 = \dfrac{1}{n}\sum_{i=1}^{n}(X_i - \overline{X})^2$.

二、最大似然估计法

最大似然估计法是获得总体分布中未知参数点估计值的一个重要的方法．它的基本思想是：选取 $\hat{\theta}$ 作为 θ 的估计值，使当 $\theta = \hat{\theta}$ 时，样本出现的可能性最大．

下面我们给出似然函数的概念．

设总体 X 为连续型随机变量，其分布密度函数为 $f(x,\theta)$，其中 θ 为未知参数，$(X_1, X_2, \cdots, X_n)$ 为取自总体 X 的一个样本，由于 $X_1, X_2, \cdots, X_n$ 相互独立，故样本 $(X_1, X_2, \cdots, X_n)$ 的联合概率密度是

$$L(x_1, x_2, \cdots, x_n; \theta) = \prod_{i=1}^{n} f(x_i, \theta); \tag{7.1}$$

类似地，当 X 为离散型随机变量时，设 X 的概率分布律为

$$P\{X = x_i\} = p(x_i, \theta), i = 1, 2, \cdots,$$

则样本 $(X_1, X_2, \cdots, X_n)$ 的联合分布律为

$$L(x_1, x_2, \cdots, x_n; \theta) = \prod_{i=1}^{n} p(x_i, \theta). \tag{7.2}$$

当样本值$(x_1,x_2,\cdots,x_n)$取定后,$L(x_1,x_2,\cdots,x_n;\theta)$就成为参数$\theta$的函数,记为$L(\theta)=L(x_1,\cdots,x_n;\theta)$,称它为样本的**似然函数**.

定义 7.1 满足条件

$$L(\hat{\theta})=\max_{\theta}\{L(\theta)\}$$

的$\hat{\theta}=\hat{\theta}(x_1,x_2,\cdots,x_n)$叫做参数$\theta$的**最大似然估计值**,将$x_1,x_2,\cdots,x_n$分别换为$X_1,X_2,\cdots,X_n$,得到的统计量$\hat{\theta}=\hat{\theta}(X_1,X_2,\cdots,X_n)$,叫做$\theta$的**最大似然估计量**.

例4　虫情预报

由于气候条件的影响，农作物害虫的生长繁殖情况各年是不同的，如能早期作出是否成灾的预报，它的意义是明显的．通常可以从虫卵的数量来预测当年的虫情．描述虫卵数量的指标是单位面积中的虫卵数X，从概率论知识来判断，可以认为它是服从泊松分布的．即$P(X=k)=\dfrac{\lambda^k}{k!}e^{-\lambda},k=0,1,2,\cdots$,其中$\lambda$就是分布的期望值.

(1) 求参数λ的最大似然估计;

(2) 若抽查10块田的虫卵数是（单位：万/亩）:

6.4　7.8　12.3　4.6　8.9　21.5　18.7　3.4　7.6　5.8

求参数λ的最大似然估计值.

解　(1) 已知总体分布是泊松分布，样本的联合分布律为

$$L(\lambda)=L(x_1,x_2,\cdots,x_n;\lambda)=\prod_{i=1}^{n}\left(\frac{\lambda^{x_i}}{x_i!}e^{-\lambda}\right)=e^{-n\lambda}\prod_{i=1}^{n}\frac{\lambda^{x_i}}{x_i!}$$
$$=e^{-n\lambda}\lambda^{\sum\limits_{i=1}^{n}x_i}\left(\prod_{i=1}^{n}x_i!\right)^{-1}.$$

$L(\lambda)$即为似然函数．最大似然函数估计法就是取λ的值，使$L(\lambda)$达到最大值，即$L(\hat{\lambda})=\max\limits_{\lambda}\{L(\lambda)\}$．由于$L(\lambda)$与$\ln L(\lambda)$具有同一个最大值点，取对数后，函数的形式比较简单．于是对$L(\lambda)$取对数

$$\ln L(\lambda)=-n\lambda+\left(\sum_{i=1}^{n}x_i\right)\ln\lambda-\sum_{i=1}^{n}\ln(x_i!),$$

对λ求导数，令导数为0，就有

$$\frac{d}{d\lambda}\ln L(\lambda)=-n+\frac{1}{\lambda}\sum_{i=1}^{n}x_i=0,$$

即得λ的估计值$\hat{\lambda}=\dfrac{1}{n}\sum\limits_{i=1}^{n}x_i=\bar{x}$，即$\lambda$的最大似然估计量$\hat{\lambda}$就是样本均值$\bar{X}$.

(2) $\hat{\lambda}=\frac{1}{10}(6.4+7.8+12.3+4.6+8.9+21.5+18.7+3.4+7.6+5.8)=$ 9.7.

例 5 设电视机的首次故障时间服从指数分布 $f(t)=\begin{cases}\lambda e^{-\lambda t}, & t>0\\ 0, & t\leqslant 0\end{cases}$, 共试验了 7 台电视机，相应的首次故障时间为（单位：万小时）：

0.26，　1.49，　3.65，　4.25，　5.43，　6.97，　8.09

求参数 λ 的最大似然估计值.

解 本例中样本容量 $n=7$，样本的联合概率密度为

$$L(\lambda)=L(x_1,x_2,\cdots,x_n;\lambda)=\prod_{i=1}^{n}(\lambda e^{-\lambda x_i})=\lambda^n e^{-\sum\limits_{i=1}^{n}x_i\lambda}=\lambda^n e^{-n\bar{x}\lambda},$$

即似然函数为

$$L(\lambda)=\lambda^n e^{-n\bar{x}\lambda}.$$

取对数后, $\ln L(\lambda)=n\ln\lambda-n\bar{x}\lambda$, 方程两边对 λ 求导数, 令导数为 0, 得方程

$$\frac{d\ln L(\lambda)}{d\lambda}=\frac{n}{\lambda}-n\bar{x}=\frac{n}{\lambda}(1-\lambda\bar{x})=0,$$

解方程，得 λ 的最大似然估计

$$\hat{\lambda}=\frac{1}{\bar{x}}.$$

将本例的数字代入上式得

$$\bar{x}=\frac{30.14}{7},\ \hat{\lambda}=\frac{7}{30.14}=0.2322.$$

下面我们求两个参数的最大似然估计值：

例 6 设 $X_1,X_2,\cdots,X_n$ 来自正态总体 $N(\mu,\sigma^2)$ 的样本, 求 μ 与 σ^2 的最大似然估计值.

解 正态总体 $N(\mu,\sigma^2)$ 的概率密度函数是

$$f(x;\mu,\sigma^2)=\frac{1}{\sqrt{2\pi}\sigma}e^{-\frac{1}{2\sigma^2}(x-\mu)^2},$$

由样本的独立性，得联合概率密度是

$$L(x_1,x_2,\cdots,x_n;\mu,\sigma^2)=\prod_{i=1}^{n}\left[\frac{1}{\sqrt{2\pi}\sigma}e^{-\frac{1}{2\sigma^2}(x_i-\mu)^2}\right]$$

$$=\left(\frac{1}{\sqrt{2\pi}\sigma}\right)^n e^{-\frac{1}{2\sigma^2}\sum\limits_{i=1}^{n}(x_i-\mu)^2},$$

把 $x_1,x_2,\cdots,x_n$ 看做常数, μ,σ^2 看做自变量, 得似然函数

$$L(\mu,\sigma^2)=\left(\frac{1}{2\pi\sigma^2}\right)^{\frac{n}{2}}e^{-\frac{1}{2\sigma^2}\sum\limits_{i=1}^{n}(x_i-\mu)^2}.$$

对 $L(\mu,\sigma^2)$ 取对数,得

$$\ln L(\mu,\sigma^2) = -\frac{n}{2}\ln(2\pi) - \frac{n}{2}\ln\sigma^2 - \frac{1}{2\sigma^2}\sum_{i=1}^{n}(x_i-\mu)^2.$$

对 μ 与 σ^2 分别求偏导数,令偏导数为 0,得到方程

$$\frac{\partial \ln L(\mu,\sigma^2)}{\partial \mu} = -\frac{1}{2\sigma^2}\sum_{i=1}^{n}2\cdot(-1)\cdot(x_i-\mu) = 0,$$

$$\frac{\partial \ln L(\mu,\sigma^2)}{\partial \sigma^2} = -\frac{n}{2}\cdot\frac{1}{\sigma^2} + \frac{1}{2\sigma^4}\sum_{i=1}^{n}(x_i-\mu)^2 = 0.$$

稍加整理，上述两个方程是

$$\sum_{i=1}^{n}(x_i-\mu) = 0,\ n\sigma^2 - \sum_{i=1}^{n}(x_i-\mu)^2 = 0.$$

联立求解，得估计值

$$\hat{\mu} = \frac{1}{n}\sum_{i=1}^{n}x_i = \bar{x},\ \hat{\sigma}^2 = \frac{1}{n}\sum_{i=1}^{n}(x_i-\bar{x})^2.$$

这个结果与矩估计法获得的估计值相同. 但是有的估计量,用两种方法得到的结果未必相同.

下面总结一下求最大似然估计的一般步骤.

(1) 建立似然函数;

(2) 对似然函数取自然对数;

(3) 对自然对数求导,令导数等于0(不能等于0 的情况需具体分析);

(4) 求解方程或方程组,得到最大似然估计.

例 7 设总体 X 在 $[a,b]$ 上服从均匀分布，参数 a，b 未知，x_1，$x_2\cdots$，x_n 是来自 X 的一个样本值，试求 a，b 的最大似然估计值.

解 因为 x 的概率密度函数是

$$f(x;a,b) = \begin{cases}\frac{1}{b-a}, & a\leqslant x\leqslant b\\ 0, & \text{其他}\end{cases}$$

故似然函数为

$$L(a,b) = \begin{cases}\frac{1}{(b-a)^n}, & a\leqslant x_1,x_2,\cdots,x_n\leqslant b\\ 0, & \text{其他}\end{cases}$$

由于方程组

$$\begin{cases}\frac{\partial}{\partial a}L(a,b) = \frac{n}{(b-a)^{n+1}} = 0\\ \frac{\partial}{\partial b}L(a,b) = -\frac{n}{(b-a)^{n+1}} = 0\end{cases}$$

无解　故不能用此法求 $L(a,b)$ 的最大值点 .

易见 $L(a,b)$ 取到最大值的充要条件是 $b-a$ 取到最小值，但 b，a 应满足条件 $a\leqslant x_1, x_2, \cdots, x_n\leqslant b$，可见当取 $a=\min\{x_1, x_2, \cdots, x_n\}$，$b=\max\{x_1, x_2, \cdots, x_n\}$ 时，$b-a$ 达到最小值，从而 $L(a,b)$ 达到最大值，于是我们得到 a，b 的最大似然估计值为

$$\hat{a}=\min\{x_1, x_2, \cdots, x_n\}$$

$$\hat{b}=\max\{x_1, x_2, \cdots, x_n\}$$

注意　本题中的似然函数的最大值点不能由似然函数求导得到，比较此例与例 2 可知，用矩估计法和最大似然估计法所求的估计量不同。

7.2　估计量的评选标准

一般来说，估计方法不同，所得的估计量也不同，那么到底哪一个好呢？这就需要确立评价好坏的标准 . 下面介绍几个常用的标准 .

一、无偏性

如果我们用 $\hat{\theta}$ 来估计未知参数 θ，那么 $\hat{\theta}-\theta$ 便反映了估计的误差，由于 $\hat{\theta}=\hat{\theta}(X_1,X_2,\cdots,X_n)$ 是一个随机变量，它随着样本观测值的不同而可能取不同的值，尽管 $\hat{\theta}$ 有时比 θ 大，有时比 θ 小，如果我们要求 $E(\hat{\theta}-\theta)=0$，即 $\hat{\theta}$ 的期望值就是参数 θ，从期望的性质知道，总起来看，它的“平均值”就是 θ. 这一要求，很容易被大家接受 .

定义 7.2　设 $(X_1,X_2,\cdots,X_n)$ 是取自总体 X 的一个样本，如果估计量 $\hat{\theta}(X_1,X_2,\cdots,X_n)$ 的数学期望等于被估参数 θ，即

$$E(\hat{\theta})=\theta, \tag{7.3}$$

则称 $\hat{\theta}$ 为 θ 的**无偏估计量** . $\hat{\theta}$ 的这种性质称为**无偏性** .

例如，设总体 X 的均值为 μ，方差 $\sigma^2>0$ 均未知，由第六章知

$$E(\overline{X})=\mu, E(S^2)=\sigma^2$$

这就是说不论总体服从什么分布，样本的均值 $\overline{X}$ 是总体均值的无偏估计，样本的方差 S^2 是总体方差的无偏估计 .

二、有效性

无偏性是对未知参数估计量的最基本要求，但是一般来说，对于总体的某一未知参数，可以有多个无偏估计量存在，为了比较诸多无偏估计量中哪一个更为理想，就需要引入估计量的另一个评选标准 .

由于方差反映了随机变量在期望值周围取值的分散或集中程度，所以一个好的估计量 $\hat{\theta}$，不仅应该是待估参数 θ 的无偏估计量，还应有尽可能小的方差．

定义7.3 设参数 θ 有两个无偏估计量，记为 $\hat{\theta}_1=\hat{\theta}_1(X_1,X_2,\cdots,X_n)$ 和 $\hat{\theta}_2=\hat{\theta}_2(X_1,X_2,\cdots,X_n)$，若 $D(\hat{\theta}_1)<D(\hat{\theta}_2)$，则称 $\hat{\theta}_1$ 较 $\hat{\theta}_2$ 有效．

估计量这种可以比较的性质称为**有效性**．

例如，对正态总体 $N(\mu,\sigma^2)$，$\overline{X}=\frac{1}{n}\sum_{i=1}^{n}X_i$，$X_i$ 和 $\overline{X}$ 都是 $E(X)=\mu$ 的无偏估计量，但 $D(\overline{X})=\frac{\sigma^2}{n}<D(X_i)=\sigma^2,(n>1)$ 故 $\overline{X}$ 较个别观测值 X_i 有效.

三、一致性

无偏性，有效性都是在样本容量 n 一定的条件下进行讨论的，然而 $\hat{\theta}(X_1, X_2, \cdots X_n)$ 不仅与样本值有关，而且与样本容量 n 有关，不妨记为 $\hat{\theta}_n$，很自然，我们希望 n 越大时，$\hat{\theta}_n$ 对 θ 的估计应该越精确.

定义7.4 如果 $\hat{\theta}_n$ 依概率收敛于 θ，即 $\forall\varepsilon>0$，有

$$\lim_{n\to\infty}P\ \{|\hat{\theta}_n-\theta|<\varepsilon\}=1.$$

则称 $\hat{\theta}_n$ 是 θ 的一致估计量，这种性质称为**一致性**.

由辛钦大数定律可以证明：样本平均值 $\overline{X}$ 是总体均值 μ 的一致估计量，样本方差 S^2 及样本二阶中心矩 B，都是总体方差 σ^2 的一致估计量.

7.3 区间估计

前面论述的估计称为点估计，只要给定样本观测值就能算出参数的估计值．但用点估计的方法得到的估计值不一定是参数的真值，因为点估计量本身就是随机变量，即便点估计值与真值相等也无法判断（因为总体参数本身是未知的），也就是说，由点估计得到的参数估计值只是参数的近似值，它没有告诉近似值的精确程度及可靠程度．在实际应用中，往往需要知道参数的一个范围，并且能知道这个范围包含参数真值的可靠程度，这就是所谓的区间估计．

我们给出如下定义．

定义7.5 设 $X_1,X_2,\cdots,X_n$ 是总体 X 的一个样本，$\theta\in\Theta$ 为未知参数，（Θ 为 θ 的可能取值范围），对给定的 $\alpha(0<\alpha<1)$，如能找到两个统计量 $\underline{\theta}(X_1,X_2,\cdots,X_n)$ 及 $\overline{\theta}(X_1,\cdots,X_n)$ 使得

$$P\{\underline{\theta}(X_1,X_2,\cdots,X_n)<\theta<\overline{\theta}(X_1,X_2,\cdots,X_n)\}=1-\alpha, \tag{7.4}$$

则称 $1-\alpha$ 是**置信度**（或置信水平），$(\underline{\theta},\overline{\theta})$是置信度为 $1-\alpha$ 的 θ 的**置信区间**，$\underline{\theta}$ 和 $\overline{\theta}$ 分别称为置信度为 $1-\alpha$ 的双侧置信区间的**置信下限和置信上限**.

对于置信区间和置信度，可以用频率来说明．如果$(\underline{\theta}(X_1,X_2,\cdots,X_n),\overline{\theta}(X_1,X_2,\cdots,X_n))$是置信度为 0.99 的置信区间，只要反复取样多次（每次容量不变，均为 n），每次由样本 $X_1,X_2,\cdots,X_n$ 去算出 $\underline{\theta}(X_1,X_2,\cdots,X_n)$和 $\overline{\theta}(X_1,X_2,\cdots,X_n)$，于是区间$(\underline{\theta},\overline{\theta})$不尽相同，有的包含真值 θ，有的并不包含 θ，包含 θ 的区间出现的频率应在 0.99 附近波动.

分析一下讨论过程，可以得到求置信区间的两个步骤：

（1）明确是什么参数的置信区间，置信度是多少；

（2）用参数相应的点估计量，由它导出与参数有关的分布，利用这个分布给出区间估计.

具体做法如下：

（1）寻找一个样本 $X_1,X_2,\cdots,X_n$ 的函数 $W=W(X_1,X_2,\cdots,X_n;\theta)$，它包含待估参数 θ，而不包含其他未知参数，并且 W 的分布已知，且不依赖于任何未知参数；

（2）对于给定的置信度 $1-\alpha$，定出两个常数 a，b，使

$$P\{a<W(X_1,X_2,\cdots,X_n;\theta)<b\}=1-\alpha;$$

（3）若能从 $a<W(X_1,X_2,\cdots,X_n;\theta)<b$ 得到等价的不等式 $\underline{\theta}<\theta<\overline{\theta}$,其中 $\underline{\theta}=\underline{\theta}(X_1,X_2,\cdots,X_n)$,$\overline{\theta}=\overline{\theta}(X_1,X_2,\cdots,X_n)$都是统计量,那么$(\underline{\theta},\overline{\theta})$就是 θ 的一个置信度为 $1-\alpha$ 的置信区间.

7.4 正态总体均值与方差的区间估计

一、单个总体的情况

设已给定置信度为 $1-\alpha$，考虑单个正态总体 $X\sim N$（μ，σ^2）的情形，并设 $X_1,X_2,\cdots,X_n$ 为总体 X 的一个样本,$\overline{X}$,S^2 分别是样本均值和样本方差.

（一）均值 μ 的置信区间

1. σ^2 为已知，求参数 μ 的区间估计

当 σ^2 已知时，利用正态样本均值 $\overline{X}$，它仍然服从正态分布，可知 $\overline{X}\sim N\left(\mu,\frac{\sigma^2}{n}\right)$,因此

$$\frac{\overline{X}-\mu}{\sigma/\sqrt{n}}\sim N(0,1).$$

按标准正态分布的上 α 分位点的定义，有 $P\left\{\left|\frac{\overline{X}-\mu}{\sigma/\sqrt{n}}\right|<z_{\frac{\alpha}{2}}\right\}=1-\alpha$，如图 7-1 所示．即

$$P\left\{\overline{X}-\frac{\sigma}{\sqrt{n}}z_{\frac{\alpha}{2}}<\mu<\overline{X}+\frac{\sigma}{\sqrt{n}}z_{\frac{\alpha}{2}}\right\}=1-\alpha.$$

查标准正态分布表，由给定的置信度相应的分位点的值，就可以求得相应的置信区间

$$\left(\overline{X}-\frac{\sigma}{\sqrt{n}}z_{\frac{\alpha}{2}},\overline{X}+\frac{\sigma}{\sqrt{n}}z_{\frac{\alpha}{2}}\right).\tag{7.5}$$

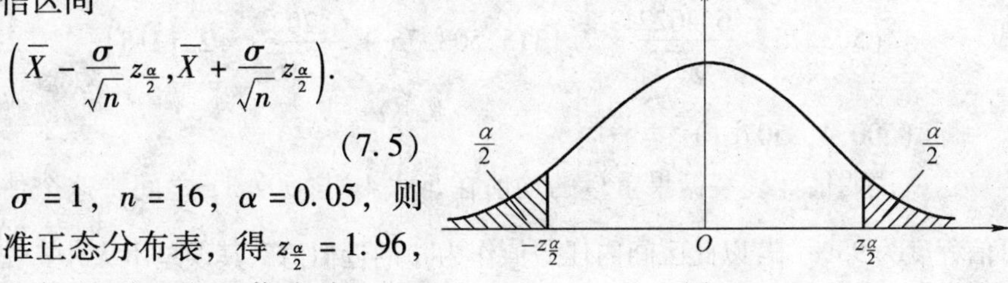

图 7-1

如果 $\sigma=1$，$n=16$，$\alpha=0.05$，则查标准正态分布表，得 $z_{\frac{\alpha}{2}}=1.96$，于是我们得到一个置信度为 0.95 的置信区间$\left(\overline{X}-\frac{1}{\sqrt{16}}\times1.96,\ \overline{X}+\frac{1}{\sqrt{16}}\times1.96\right)$. 再若 $\bar{x}=5.20$，则置信区间为 (4.71，5.69)．

2. σ^2 为未知，求参数 μ 的区间估计

当 σ^2 未知时，要引入

$$\frac{\overline{X}-\mu}{S/\sqrt{n}}\sim t(n-1),$$

其中 $S=\sqrt{\frac{1}{n-1}\sum_{i=1}^{n}(X_i-\overline{X})^2}$，它是样本 $X_1,X_2,\cdots,X_n$ 的标准差．从 t 的分布知 $P\left\{\left|\frac{\overline{X}-\mu}{S/\sqrt{n}}\right|<t_{\frac{\alpha}{2}}(n-1)\right\}=1-\alpha$，如图 7-2 所示．

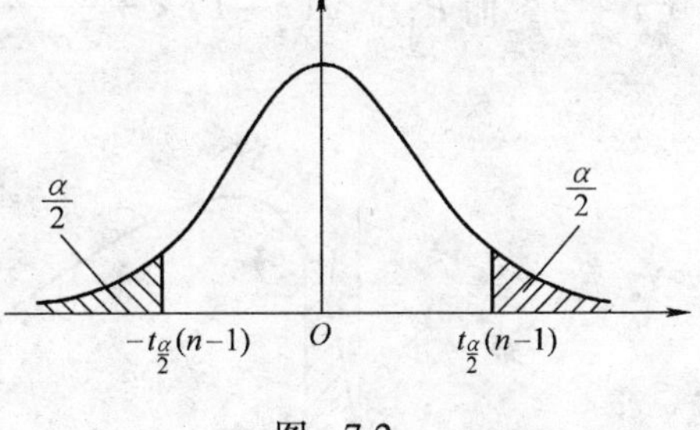

图 7-2

即得

$$P\left\{\overline{X}-\frac{S}{\sqrt{n}}t_{\frac{\alpha}{2}}(n-1)<\mu<\overline{X}+\frac{S}{\sqrt{n}}t_{\frac{\alpha}{2}}(n-1)\right\}=1-\alpha.$$

可导出置信区间，即 μ 的置信度为 $1-\alpha$ 的置信区间为

$$\left(\overline{X}-\frac{S}{\sqrt{n}}t_{\frac{\alpha}{2}}(n-1),\overline{X}+\frac{S}{\sqrt{n}}t_{\frac{\alpha}{2}}(n-1)\right).\tag{7.6}$$

例 1 有一大批糖果，现从中随机地取 16 袋．称得重量（单位：g）如下：

506　508　499　503　504　510　497　512

514　505　493　496　506　502　509　496

设袋装糖果的重量近似地服从正态分布，试求总体均值μ的置信度为0.95的置信区间.

解　这里$1-\alpha=0.95, \alpha/2=0.025, n-1=15, t_{0.025}(15)=2.1315, \bar{x}=503.75, s=6.2022$所以均值$\mu$的一个置信度为0.95的置信区间为

$$\left(503.75-\frac{6.2022}{\sqrt{16}}\times 2.1315, 503.75+\frac{6.2022}{\sqrt{16}}\times 2.1315\right),$$

即（500.4，507.1）.

这就说明估计袋装糖果重量的均值在500.4g与507.1g之间，这个估计的可信程度为95%. 若以此区间内任一值作为μ的近似值，其误差不大于$\frac{6.2022}{\sqrt{16}}\times 2.1315\times 2=6.61(\text{g})$，这个误差估计的可信程度为95%.

（二）方差σ^2的置信区间

此处，根据实际问题的需要，只介绍μ未知的情况．由于$\frac{(n-1)S^2}{\sigma^2}\sim\chi^2(n-1)$，而$P\left\{\chi^2_{1-\frac{\alpha}{2}}(n-1)<\frac{(n-1)S^2}{\sigma^2}<\chi^2_{\frac{\alpha}{2}}(n-1)\right\}=1-\alpha$,如图7-3所示.

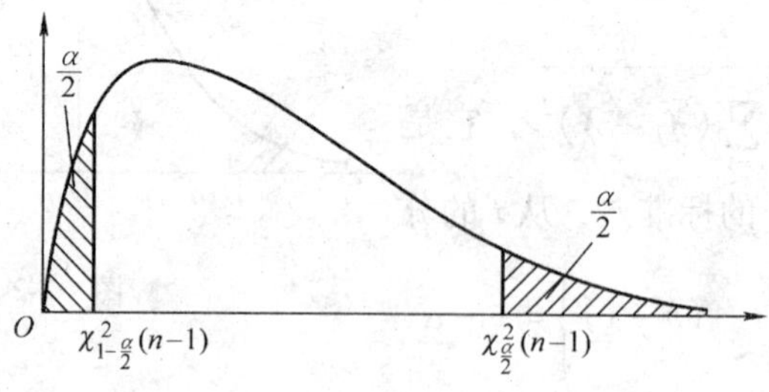

图　7-3

即
$$P\left\{\frac{(n-1)S^2}{\chi^2_{\frac{\alpha}{2}}(n-1)}<\sigma^2<\frac{(n-1)S^2}{\chi^2_{1-\frac{\alpha}{2}}(n-1)}\right\}=1-\alpha,$$

可得σ^2一个置信度为$1-\alpha$的置信区间为

$$\left(\frac{(n-1)S^2}{\chi^2_{\frac{\alpha}{2}}(n-1)}, \frac{(n-1)S^2}{\chi^2_{1-\frac{\alpha}{2}}(n-1)}\right). \tag{7.7}$$

易知σ的一个置信度$1-\alpha$为的置信区间为

$$\left(\frac{\sqrt{n-1}S}{\sqrt{\chi^2_{\frac{\alpha}{2}}(n-1)}},\frac{\sqrt{n-1}S}{\sqrt{\chi^2_{1-\frac{\alpha}{2}}(n-1)}}\right). \tag{7.8}$$

注意 在密度函数不对称时，如χ^2分布和F分布，习惯上仍取对称的分位点(如$\chi^2_{1-\frac{\alpha}{2}}(n-1)$与$\chi^2_{\frac{\alpha}{2}}(n-1)$)来确定置信区间，但此时置信区间的长度一般不是最短．对概率密度的图形是单峰且对称的情况下（如标准正态分布），取对称的分位点，所得的置信区间长度为最短．

例2 求例1中总体的标准差σ的置信度为0.95的置信区间．

解 这里$1-\alpha=0.95$，$\alpha/2=0.025$，$n-1=15$，查表得$\chi^2_{0.025}(15)=27.488$，$\chi^2_{0.975}(15)=6.262$，又$S=6.2022$，代入上式，得到所求的标准差$\sigma$的置信度为0.95的置信区间为(4.58,9.60)．

二、两个总体$N(\mu_1,\sigma_1^2)$,$N(\mu_2,\sigma_2^2)$的情况

在实际问题中常遇到下面问题：已知产品的某一质量指标服从正态分布，但由于原料、设备条件、操作人员不同或工艺过程改变等因素，引起总体均值、总体方差有所改变．我们需要知道这些变化有多大，这就需要考虑两个正态总体均值差或方差比的估计问题．设已给定置信度为$1-\alpha$，样本$X_1,X_2,\cdots,X_n$是来自正态总体$N(\mu_1,\sigma_1^2)$的一个样本，样本$Y_1,Y_2,\cdots,Y_m$来自正态总体$N(\mu_2,\sigma_2^2)$样本，两个样本相互独立，$\overline{X}$，S_1^2，$\overline{Y}$，S_2^2分别表示两个样本的均值和方差．

(一) 两个总体均值差$\mu_1-\mu_2$的置信区间

1. σ_1^2，σ_2^2均已知

因$\overline{X}$，$\overline{Y}$分别为μ_1，μ_2的无偏估计，故$\overline{X}-\overline{Y}$为$\mu_1-\mu_2$的无偏估计．由$\overline{X}$，$\overline{Y}$的独立性及$\overline{X}\sim N\left(\mu_1,\frac{\sigma_1^2}{n}\right)$，$\overline{Y}\sim N\left(\mu_2,\frac{\sigma_2^2}{m}\right)$，得$\overline{X}-\overline{Y}\sim N\left(\mu_1-\mu_2,\frac{\sigma_1^2}{n}+\frac{\sigma_2^2}{m}\right)$，即$\dfrac{(\overline{X}-\overline{Y})-(\mu_1-\mu_2)}{\sqrt{\dfrac{\sigma_1^2}{n}+\dfrac{\sigma_2^2}{m}}}\sim N(0,1)$，由此可得$\mu_1-\mu_2$的一个置信度为$1-\alpha$的置信区间为

$$\left(\overline{X}-\overline{Y}-z_{\frac{\alpha}{2}}\sqrt{\frac{\sigma_1^2}{n}+\frac{\sigma_2^2}{m}},\ \overline{X}-\overline{Y}+z_{\frac{\alpha}{2}}\sqrt{\frac{\sigma_1^2}{n}+\frac{\sigma_2^2}{m}}\right). \tag{7.9}$$

2. 若$\sigma_1^2=\sigma_2^2=\sigma^2$($\sigma^2$为未知)

记$S_w^2=\dfrac{(n-1)S_1^2+(m-1)S_2^2}{n+m-2}$，$S_w=\sqrt{S_w^2}$，由

$$\frac{(\overline{X}-\overline{Y})-(\mu_1-\mu_2)}{S_w\sqrt{\dfrac{1}{n}+\dfrac{1}{m}}}\sim t(n+m-2),$$

可得$\mu_1-\mu_2$的置信度为$1-\alpha$的置信区间为

$$\left(\overline{X}-\overline{Y}-t_{\frac{\alpha}{2}}(n+m-2)S_w\sqrt{\frac{1}{n}+\frac{1}{m}},\ \overline{X}-\overline{Y}+t_{\frac{\alpha}{2}}(n+m-2)S_w\sqrt{\frac{1}{n}+\frac{1}{m}}\right). \tag{7.10}$$

3. σ_1^2，σ_2^2均未知，且不知两者是否相等，但$n=m$

进行配对试验．令$Z_i=X_i-Y_i$，则$Z_i\sim N(\mu_1-\mu_2,\sigma_1^2+\sigma_2^2),i=1,2,\cdots,n.$这样$Z_1,Z_2,\cdots,Z_n$可视为来自总体$Z\sim N(\mu_1-\mu_2,\sigma_1^2+\sigma_2^2)$，$\mu_1-\mu_2$的置信度为$1-\alpha$的置信区间为

$$\left(\overline{Z}-t_{\frac{\alpha}{2}}(n-1)\frac{S_Z}{\sqrt{n}},\ \overline{Z}+t_{\frac{\alpha}{2}}(n-1)\frac{S_Z}{\sqrt{n}}\right), \tag{7.11}$$

其中$\overline{Z}=\overline{X}-\overline{Y},S_Z^2=\dfrac{1}{n-1}\sum_{i=1}^{n}[X_i-Y_i-(\overline{X}-\overline{Y})]^2.$

4. σ_1^2，σ_2^2均未知，但n，m都很大（实际中n，m均大于50即可）

此即所谓大样本时的情形，可分别用样本方差S_1^2，S_2^2代替，然后用σ_1^2，σ_2^2均已知情形的结果即得$\mu_1-\mu_2$的一个置信度为$1-\alpha$的置信区间为

$$\left(\overline{X}-\overline{Y}-z_{\frac{\alpha}{2}}\sqrt{\frac{S_1^2}{n}+\frac{S_2^2}{m}},\ \overline{X}-\overline{Y}+z_{\frac{\alpha}{2}}\sqrt{\frac{S_1^2}{n}+\frac{S_2^2}{m}}\right). \tag{7.12}$$

例3 某厂用两条流水线生产小包装番茄酱，现从两条流水线上各随机抽取一个样本，容量分别为$n=6$，$m=7$，称重后算得(单位：g)：$\overline{x}=10.6,s_1^2=0.025,\overline{y}=10.1,s_2^2=0.01$．假设两条流水线上所装番茄酱的重量和分别服从正态分布$N(\mu_1,\sigma^2)$和$N(\mu_2,\sigma^2)$，求$\mu_1-\mu_2$的置信度为0.90的置信区间．

解 $\mu_1-\mu_2$的置信区间为

$$\left(\overline{X}-\overline{Y}-t_{\frac{\alpha}{2}}(n+m-2)S_w\sqrt{\frac{1}{n}+\frac{1}{m}},\overline{X}-\overline{Y}+t_{\frac{\alpha}{2}}(n+m-2)S_w\sqrt{\frac{1}{n}+\frac{1}{m}}\right),$$

其中$\dfrac{\alpha}{2}=0.05,n=6,m=7,S_w^2=\dfrac{(n-1)S_1^2+(m-1)S_2^2}{n+m-2}=0.01682,S_w=0.1297$，$\overline{x}-\overline{y}=0.5,t_{0.05}(11)=1.7959$，代入数据可得$\mu_1-\mu_2$的置信度为0.90的置信区间为(0.3704，0.6296)．

（二）两个总体方差比$\dfrac{\sigma_1^2}{\sigma_2^2}$的置信区间

我们仅讨论总体均值为未知的情况．

由$\dfrac{S_1^2/S_2^2}{\sigma_1^2/\sigma_2^2}\sim F(n-1,m-1)$可得

$$P\left\{F_{1-\frac{\alpha}{2}}(n-1,m-1)<\frac{S_1^2/S_2^2}{\sigma_1^2/\sigma_2^2}<F_{\frac{\alpha}{2}}(n-1,m-1)\right\}=1-\alpha,$$

即 $$P\left\{\frac{S_1^2}{S_2^2}\frac{1}{F_{\frac{\alpha}{2}}(n-1,m-1)}<\frac{\sigma_1^2}{\sigma_2^2}<\frac{S_1^2}{S_2^2}\frac{1}{F_{1-\frac{\alpha}{2}}(n-1,m-1)}\right\}=1-\alpha.$$

于是得到$\frac{\sigma_1^2}{\sigma_2^2}$的一个置信度为 $1-\alpha$ 的置信区间为

$$\left(\frac{S_1^2}{S_2^2}\frac{1}{F_{\frac{\alpha}{2}}(n-1,m-1)},\ \frac{S_1^2}{S_2^2}\frac{1}{F_{1-\frac{\alpha}{2}}(n-1,m-1)}\right). \tag{7.13}$$

易知$\frac{\sigma_1}{\sigma_2}$的一个置信度为 $1-\alpha$ 的置信区间为

$$\left(\frac{S_1}{S_2}\frac{1}{\sqrt{F_{\frac{\alpha}{2}}(n-1,m-1)}},\ \frac{S_1}{S_2}\frac{1}{\sqrt{F_{1-\frac{\alpha}{2}}(n-1,m-1)}}\right). \tag{7.14}$$

例 4 有甲、乙两个化验员独立地测定某种聚合物的含氯量，他们采用相同的方法对容量都是 10 的样本进行测定，得到测定值的方差分别为 $S_{甲}^2=0.5419$，$S_{乙}^2=0.6065$，如果该聚合物的含氯量服从正态分布，设 $\sigma_{甲}^2$，$\sigma_{乙}^2$ 分别表示甲、乙两人所考察的总体的方差，试利用样本求出$\frac{\sigma_{甲}^2}{\sigma_{乙}^2}$的置信度为 0.95 的置信区间.

解 $\frac{\sigma_{甲}^2}{\sigma_{乙}^2}$的置信度为 $1-\alpha$ 的置信区间为

$$\left(\frac{S_{甲}^2}{S_{乙}^2}\frac{1}{F_{\frac{\alpha}{2}}(n-1,m-1)},\frac{S_{甲}^2}{S_{乙}^2}\frac{1}{F_{1-\frac{\alpha}{2}}(n-1,m-1)}\right),$$

而 $S_{甲}^2=0.5419$，$S_{乙}^2=0.6065$，$n=10$，$m=10$，$\alpha=0.05$，$F_{0.025}(9,9)=4.03$，$F_{0.975}(9,9)=0.2481$，

代入可得$\frac{\sigma_{甲}^2}{\sigma_{乙}^2}$的置信度为 0.95 的置信区间为(0.222，3.601).

*7.5 (0—1) 分布参数的区间估计

在实际工作中常常遇到这样一类统计问题：在已知总体服从(0—1)分布 $B(1,p)$的前提下，如何根据样本 $X_1,X_2,\cdots,X_n$ 所提供的信息来估计未知参数 p.

设总体 $X\sim B(1,p)$，其中 p 未知，$X_1,X_2,\cdots,X_n$ 是来自这个总体的一个样本，当样本容量较大时，由中心极限定理知 $\frac{\sum_{i=1}^{n}X_i-np}{\sqrt{np(1-p)}}=\frac{n\overline{X}-np}{\sqrt{np(1-p)}}$ 近似

地服从 $N(0,1)$ 分布，于是有 $P\left\{-z_{\frac{\alpha}{2}}<\frac{n\overline{X}-np}{\sqrt{np(1-p)}}<z_{\frac{\alpha}{2}}\right\}\approx 1-\alpha$，而不等式 $-z_{\frac{\alpha}{2}}<\frac{n\overline{X}-np}{\sqrt{np(1-p)}}<z_{\frac{\alpha}{2}}$ 等价于

$$(n+z_{\frac{\alpha}{2}}^2)p^2-(2n\overline{X}+z_{\frac{\alpha}{2}}^2)p+n\overline{X}^2<0.$$

记

$$p_1=\frac{1}{2a}(-b-\sqrt{b^2-4ac}),\ p_2=\frac{1}{2a}(-b+\sqrt{b^2-4ac}),$$

其中

$$a=n+z_{\frac{\alpha}{2}}^2,b=-(2n\overline{X}+z_{\frac{\alpha}{2}}^2),c=n\overline{X}^2.$$

则可得到 p 的一个近似的置信度为 $1-\alpha$ 的置信区间 (p_1,p_2).

例 1 从一批产品中抽取 100 个样品，得到一级品 60 个，求这批产品中一级品率 p 的置信度为 0.95 的置信区间.

解 一级品率 p 是(0—1)分布中的参数，由 $n=100,\bar{x}=\frac{60}{100}=0.6,1-\alpha=0.95,\frac{\alpha}{2}=0.025,z_{\frac{\alpha}{2}}=1.96$，得 $a=n+z_{\frac{\alpha}{2}}^2=103.84$，$b=-(2n\bar{x}+z_{\frac{\alpha}{2}}^2)=-123.84$，$c=n\bar{x}^2=36$. 故 $p_1=\frac{1}{2a}(-b-\sqrt{b^2-4ac})=0.50$，$p_2=\frac{1}{2a}(-b+\sqrt{b^2-4ac})=0.69$，因此，$p$ 的一个置信度为 0.95 的近似置信区间为

$$(0.50,\ 0.69).$$

7.6 单侧置信区间

在一些实际问题中，我们往往关心某些参数的上限或下限. 例如对某种合金钢的强度来讲，人们总希望其强度越大越好，这时强度的“下限”是一个很重要的指标，而对某种药物的毒性来讲，人们总希望其毒性越小越好，这时药物毒性的“上限”便成了一个重要的指标. 这些问题都可以归结为寻求未知参数的单侧置信区间问题.

定义 7.6 设 θ 是总体分布中的未知参数，对于给定的 $\alpha(0<\alpha<1)$，由样本 $X_1,X_2,\cdots,X_n$ 所确定的统计量 $\underline{\theta}(X_1,X_2,\cdots,X_n)$ 满足 $P\{\theta>\underline{\theta}\}=1-\alpha$，则称 $\underline{\theta}$ 为 θ 的置信度为 $1-\alpha$ 的**单侧置信下限**，$(\underline{\theta},+\infty)$ 为 $1-\alpha$ 的置信度的**单侧置信区间**；又若由样本 $X_1,X_2,\cdots,X_n$ 所确定的统计量 $\overline{\theta}=\overline{\theta}(X_1,X_2,\cdots,X_n)$ 满足 $P\{\theta<\overline{\theta}\}=1-\alpha$，则称 $\overline{\theta}$ 为 θ 的置信度为 $1-\alpha$ 的**单侧置信上限**，$(-\infty,\overline{\theta})$ 为 θ 的置信度为 $1-\alpha$ 的**单侧置信区间**. 表 7-1 给出了部分正态总体均值、方差的

置信区间与单侧置信限.

例1 为研究某种汽车轮胎的磨损特性，随机地取16只轮胎实际使用，记录其用到磨坏时所行驶的路程（单位：km），测得，$\bar{x}=41116$，$s=6346$，假定样本来自正态总体 $N(\mu,\ \sigma^2)$，求这种轮胎平均行驶路程 μ 的置信度为0.95的置信下限.

解 由 $\dfrac{\overline{X}-\mu}{S/\sqrt{n}}\sim t(n-1)$ 得 $P\left\{\dfrac{\overline{X}-\mu}{S/\sqrt{n}}<t_\alpha(n-1)\right\}=1-\alpha$,即

$$P\left\{\mu>\overline{X}-\frac{S}{\sqrt{n}}t_\alpha(n-1)\right\}=1-\alpha,$$

于是 μ 的置信度为 $1-\alpha$ 的单侧置信下限为 $\underline{\mu}=\overline{X}-\dfrac{S}{\sqrt{n}}t_\alpha(n-1)$. 将 $\bar{x}=41116$,$s=6346$,$n=16$,$t_{0.05}(15)=1.7531$,代入得 $\underline{\mu}=38334$，由此可知 μ 的置信度为0.95的置信下限为38334.

例2 用仪器间接测量炉子的温度，其测量值服从正态分布 $N(\mu,\ \sigma^2)$,现重复测5次，结果为（单位:℃）：1250，1265，1245，1260，1275

试求 σ 的置信度为0.95的置信上限.

解 由 $\dfrac{(n-1)S^2}{\sigma^2}\sim\chi^2(n-1)$,得 $P\left\{\dfrac{(n-1)S^2}{\sigma^2}>\chi^2_{1-\alpha}(n-1)\right\}=1-\alpha$,即

$$P\left\{\sigma^2<\frac{(n-1)S^2}{\chi^2_{1-\alpha}(n-1)}\right\}=1-\alpha,$$

于是 σ 的置信度为 $1-\alpha$ 的置信上限为 $\overline{\sigma}=S\sqrt{\dfrac{n-1}{\chi^2_{1-\alpha}(n-1)}}$. 由样本值 $S=11.9$,$n=5$,$\alpha=0.05$,$\chi^2_{0.95}(4)=0.711$,可求得 σ 的置信度为0.95的置信上限为28.2.

表7-1 正态总体均值、方差的置信区间与单侧置信限（置信度为 $1-\alpha$）

	待估参数	其他参数	W 的分布	置信区间	单侧置信限
一个正态总体	μ	σ^2 已知	$Z=\dfrac{\overline{X}-\mu}{\sigma/\sqrt{n}}\sim N(0,1)$	$\left(\overline{X}\pm\dfrac{\sigma}{\sqrt{n}}z_{\frac{\alpha}{2}}\right)$	$\overline{\mu}=\overline{X}+\dfrac{\sigma}{\sqrt{n}}z_\alpha$ $\underline{\mu}=\overline{X}-\dfrac{\sigma}{\sqrt{n}}z_\alpha$
	μ	σ^2 未知	$t=\dfrac{\overline{X}-\mu}{S/\sqrt{n}}\sim t(n-1)$	$\left(\overline{X}\pm\dfrac{S}{\sqrt{n}}t_{\frac{\alpha}{2}}(n-1)\right)$	$\overline{\mu}=\overline{X}+\dfrac{S}{\sqrt{n}}t_\alpha(n-1)$ $\underline{\mu}=\overline{X}-\dfrac{S}{\sqrt{n}}t_\alpha(n-1)$
	σ^2	μ 未知	$\chi^2=\dfrac{(n-1)S^2}{\sigma^2}\sim\chi^2(n-1)$	$\left(\dfrac{(n-1)S^2}{\chi^2_{\frac{\alpha}{2}}(n-1)},\dfrac{(n-1)S^2}{\chi^2_{1-\frac{\alpha}{2}}(n-1)}\right)$	$\overline{\sigma^2}=\dfrac{(n-1)S^2}{\chi^2_{1-\alpha}(n-1)}$ $\underline{\sigma^2}=\dfrac{(n-1)S^2}{\chi^2_\alpha(n-1)}$

（续）

	待估参数	其他参数	W 的分布	置信区间	单侧置信限
两个正态总体	$\mu_1-\mu_2$	σ_1^2，σ_2^2 已知	$Z=\dfrac{(\overline{X}-\overline{Y})-(\mu_1-\mu_2)}{\sqrt{\dfrac{\sigma_1^2}{n}+\dfrac{\sigma_2^2}{m}}}\sim N(0,1)$	$\left(\overline{X}-\overline{Y}\pm z_{\frac{\alpha}{2}}\sqrt{\dfrac{\sigma_1^2}{n}+\dfrac{\sigma_2^2}{m}}\right)$	$\overline{\mu_1-\mu_2}=\overline{X}-\overline{Y}+Z_\alpha\sqrt{\dfrac{\sigma_1^2}{n}+\dfrac{\sigma_2^2}{m}}$ $\underline{\mu_1-\mu_2}=\overline{X}-\overline{Y}-Z_\alpha\sqrt{\dfrac{\sigma_1^2}{n}+\dfrac{\sigma_2^2}{m}}$
	$\mu_1-\mu_2$	$\sigma_1^2=\sigma_2^2=\sigma^2$ 未知	$Z=\dfrac{(\overline{X}-\overline{Y})-(\mu_1-\mu_2)}{S_w\sqrt{\dfrac{1}{n}+\dfrac{1}{m}}}\sim t(n+m-2)$	$\left(\overline{X}-\overline{Y}\pm t_{\frac{\alpha}{2}}(n+m-2)\times S_w\sqrt{\dfrac{1}{n}+\dfrac{1}{m}}\right)$	$\overline{\mu_1-\mu_2}=\overline{X}-\overline{Y}+t_\alpha(n+m-2)\times S_w\sqrt{\dfrac{1}{n}+\dfrac{1}{m}}$ $\underline{\mu_1-\mu_2}=\overline{X}-\overline{Y}-t_\alpha(n+m-2)\times S_w\sqrt{\dfrac{1}{n}+\dfrac{1}{m}}$
	$\dfrac{\sigma_1^2}{\sigma_2^2}$	μ_1,μ_2 未知	$F=\dfrac{S_1^2/S_2^2}{\sigma_1^2/\sigma_2^2}\sim F(n-1,m-1)$	$\left(\dfrac{S_1^2}{S_2^2}\dfrac{1}{F_{\frac{\alpha}{2}}(n-1,m-1)},\ \dfrac{S_1^2}{S_2^2}\dfrac{1}{F_{1-\frac{\alpha}{2}}(n-1,m-1)}\right)$	$\overline{\dfrac{\sigma_1^2}{\sigma_2^2}}=\dfrac{S_1^2}{S_2^2}\dfrac{1}{F_{1-\alpha}(n-1,m-1)}$ $\underline{\dfrac{\sigma_1^2}{\sigma_2^2}}=\dfrac{S_1^2}{S_2^2}\dfrac{1}{F_\alpha(n-1,m-1)}$

习 题 七

1. 填空题

(1) 设 $X_1,X_2,X_3,\cdots,X_n$ 为来自总体 $X\sim N(\mu,\sigma^2)$ 的一个样本，且 $\sum\limits_{i=1}^{n-1}c(X_{i+1}-X_i)^2$ 为 σ^2 的无偏估计，则 $c=$________；

(2) 设 $X_1,X_2,X_3,\cdots,X_n(n\geqslant 3)$ 为总体 $X\sim N(\mu,\sigma^2)$ 的一个样本，当 $2\overline{X}-X_1$，$\overline{X}$，及 $\frac{1}{5}X_1+\frac{3}{10}X_2+\frac{1}{2}X_3$ 作为 μ 的无偏估计时，最有效的是________；

(3) 设某批产品的废品率为 p，从中随机抽取75件，发现其中废品有10件，则 p 的最大似然估计值是________.

2. 对某一距离进行独立测量，设测量值 $X\sim N(\mu,\sigma^2)$. 今测量了5次，得数据(单位:m):2781,2836,2807,2763,2858，求 μ 和 σ^2 的矩估计值.

3. 设 $X_1,X_2,X_3,\cdots,X_n$ 为总体 X 的一个样本，$x_1,x_2,x_3,\cdots,x_n$ 为相应的样本观测值，总体 X 的分布密度为 $f(x)=\begin{cases}\dfrac{1}{\theta-1}, & 1\leqslant x\leqslant\theta\\ 0, & 其他\end{cases}$.

求参数 θ 的矩估计量和最大似然估计量.

4. 设总体的分布律为

X	1	2	3
P	θ^2	$2\theta(1-\theta)$	$(1-\theta)^2$

$0<\theta<1$,已知取得的样本观测值为2,3,1,2,试求参数θ的矩估计值和最大似然估计值.

5. 设X_1,X_2,X_3为来自总体$X\sim N(\mu,\sigma^2)$的样本,其中μ和σ^2均未知,记

$$T_1=\frac{1}{6}X_1+\frac{1}{2}X_2+\frac{1}{3}X_3,T_2=\frac{1}{3}X_1+\frac{1}{3}X_2+\frac{1}{3}X_3,T_3=\frac{1}{5}X_1+\frac{1}{4}X_2+\frac{1}{3}X_3.$$

(1) 指出T_1, T_2, T_3中哪几个是参数μ的无偏估计量?

(2) 指出在上述参数μ的无偏估计中哪个较为有效?

6. 设总体X具有指数分布，它的概率密度函数为

$$f(x)=\begin{cases}\lambda e^{-\lambda x}, & x>0\\ 0, & x\leqslant 0\end{cases},$$

其中$\lambda>0$. 试用矩估计法求λ的估计.

7. 设总体X具有几何分布，它的分布律为

$$P\{X=k\}=(1-p)^{k-1}p,k=1,2,\cdots.$$

求p的最大似然估计.

8. 设总体X的概率密度函数为

$$f(x)=\begin{cases}\theta x^{\theta-1}, & 0<x<1\\ 0, & \text{其他}\end{cases},\qquad \text{其中 }\theta>0.$$

(1) 求θ的最大似然估计;

(2) 求θ的矩估计.

9. 某工厂生产的一批滚珠，其直径$X\sim N$ (μ, 0.05)，今从中抽取8个，测得其直径（单位：mm）分别为:

14.7, 15.1, 14.8, 14.9, 15.2, 14.2, 14.6, 15.1

求直径均值的95%的置信区间.

10. 设某种清漆的9个样品，其干燥时间（单位：h）分别为:

7.0, 5.7, 5.8, 6.5, 7.0, 6.3, 5.6, 6.1, 5.0

假定干燥时间总体服从正态分布$N(\mu,\sigma^2)$,求μ的置信度为0.95的置信区间.

11. 调查了144人的每日吸烟量，得$\bar{x}=12$（支)，假定吸烟量服从正态分布$N(\mu, \sigma^2)$，已知$\sigma^2=16$，求μ的置信区间:（1）置信度为0.95;（2）置信水平为0.99.

12. 随机地取某种炮弹9发作试验，测得炮口速度的样本标准差为11m/s，设炮口速度服从正态分布$N(\mu, \sigma^2)$，求这种炮弹的炮口速度标准差σ的95%的置信区间.

*13. 为了研究我国所生产的真丝被面的销路，在纽约举办了一次展销会，对1000名成年人进行调查，得知其中有600人喜欢这种产品，试以0.95的置信度确定纽约市民成年人喜欢此种产品的比率的置信区间.

14. 随机地从A种导线中抽取4根，从B种导线中抽取5根，测得其电阻（单位：Ω）如下：

A种导线：0.143　0.142　0.137　0.143

B种导线：0.140　0.142　0.136　0.138　0.140

设测试数据分别服从正态分布$N(\mu_1,\sigma^2)$，$N(\mu_2,\sigma^2)$，并且两样本独立，μ_1，μ_2，σ^2均未知，试求$\mu_1-\mu_2$的0.95的置信区间.

15. 为了比较A、B两种型号灯泡的使用寿命，从A型号中随机地抽取80只，测得样本标准差$s_1=80\text{h}$，从B型号中随机抽取100只，测得样本标准差$s_2=100\text{h}$，假定两种型号的灯泡寿命分别服从正态分布$N(\mu_1,\sigma_1^2)$和$N(\mu_2,\sigma_2^2)$且相互独立，试求$\frac{\sigma_1^2}{\sigma_2^2}$的置信度为0.90的置信区间.

16. 从一批电子元件中随机地取出5只作寿命试验，测得寿命数据（单位：h）如下：

$$1050,1100,1120,1250,1280$$

若寿命服从正态分布，试求寿命均值的置信度为0.95的置信下限.

第 8 章 假设检验

第 7 章介绍了对总体中未知参数的估计方法，这一章将讨论统计推断的另一重要内容——统计假设检验．在总体的分布未知的情况下，给予总体分布以某种假设，用来说明总体可能具备的性质，这种假设称为**统计假设**．例如根据问题背景假设总体服从泊松分布、正态分布，或假设总体均值为某个常数，等等．这类假设是否成立，则需要通过试验来检验，这就是所谓的**假设检验**．通过试验，最终决定是接受假设，还是拒绝假设．本章将介绍假设检验的基本方法．

8.1 假设检验定义

假设检验是统计推断的另一种重要形式．根据样本所提供的信息，推断（或检验）事先给出的关于总体分布的假设是否合理，这就是假设检验，即假设检验是研究如何根据抽样后获得的样本来检验抽样前所作出的假设．本节首先通过分析一个实际例子，从分析解决这个实例的过程中，引出一些重要的概念和处理问题的方法．

以罐装可乐的容量检验为例，生产流水线上一罐罐可乐不断地装好，准备装箱外运，怎样知道这批罐装可乐的容量是否合格呢？把每一罐都打开倒入量杯看看容量是否合于标准，这显然是不行的．通常的办法就是抽样检查，每隔一定的时间，抽查若干罐，比如每隔一个小时，抽查五罐，得五个容量的值 x_1，x_2，…，x_5，根据这些值来判断生产是否正常．如发现不正常，就应停产，找出原因，清除故障，然后再生产；如果没问题，就继续按规定时间再抽样，以此监督生产、保证质量．很明显，不能由五罐容量的数据，在把握不大时判断生产不正常，因为停产的损失是很大的；当然也不能总认为正常，有了问题不能发现，这也要造成损失．如何处理这两者的关系，假设检验就面对着这种矛盾．

从数学上看，把抽查的 x_1，x_2，…，x_5 看成来自正态总体 $N(\mu,\sigma^2)$ 的样本是合适的，生产比较稳定时，σ^2 是一个常数，现在要检验的假设是

$$H_0:\mu=\mu_0,$$

我们称它为**原假设**，它的对立假设是 H_1：$\mu\neq\mu_0$，称为**备择假设**．这就产生一个问题，为什么不把 $\mu\neq\mu_0$ 作为原假设，而把 $\mu=\mu_0$ 作为原假设呢？要注意抽样检查是生产正常时采用的办法，所以可以相信一般情况 $\mu=\mu_0$ 是成立的．在这个前提下，我们把 $\mu=\mu_0$ 作为原假设 H_0. 在实际工作中，往往把不轻易否定的命题作为原假设 H_0.

怎样来判断 H_0 是否成立呢？由于 μ 是正态分布的期望值，它的估计量是样本均值 $\overline{X}$，因此可以根据 $\overline{X}$ 与 μ_0 的差距 $|\overline{X}-\mu_0|$ 来判断 H_0 是否成立．当 $|\overline{X}-\mu_0|$ 较小时，可以认为 H_0 是成立的；当 $|\overline{X}-\mu_0|$ 较大时，应认为 H_0 不成立，生产已不正常．然而较小、较大是一个相对的概念，合理的界限在何处？应由什么原则来定？

当 H_0 成立时，$E(\overline{X})=\mu_0,D(\overline{X})=\frac{1}{n}\sigma^2,\overline{X}$ 是服从正态分布．因此，有

$$P\left\{|\overline{X}-\mu_0|\leqslant\frac{3\sigma}{\sqrt{n}}\right\}=0.99.$$

于是可以用统计量

$$Z=\frac{\overline{X}-\mu_0}{\sigma/\sqrt{n}}\sim N(0,1),$$

上式即为 $P\{|Z|\leqslant 3\}=0.99$，因为 $P\{|Z|>3\}=0.01$，$|Z|>3$ 时拒绝 H_0.

称 3 为**临界值**，$|Z|>3$ 称为**拒绝域**，$|Z|>3$ 发生的概率为 0.01，因此实际算得的 $|Z|>3$ 时，H_0 成立的可能性很小，拒绝 H_0 的把握较大．这样，自然会产生问题，为什么选 0.01 作为小概率呢？能否取别的值呢？原则上是可以的，因为 H_0：$\mu=\mu_0$ 成立时，

$$Z=\frac{\overline{X}-\mu_0}{\sigma/\sqrt{n}}\sim N(0,1),$$

对任给的 $\alpha(0<\alpha<1)$，都可以在 $N(0,1)$ 的表上查到分位点 $z_{\frac{\alpha}{2}}$，它使 $P\{|Z|>z_{\frac{\alpha}{2}}\}=\alpha$，这样就得到 $z_{\frac{\alpha}{2}}$ 是相应于概率 α 的临界值（见图 8-1）．通常 α 都选择比较小的值，一般使用的是 $\alpha=0.05$，$\alpha=0.10$，$\alpha=0.01$，然而在一些特殊的场合，

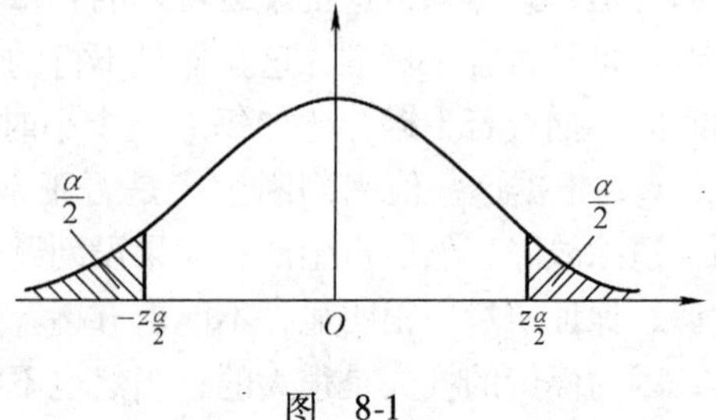

图 8-1

不轻易否定原假设 H_0，就应选用更小的 α，如 $\alpha=0.005$ 或 $\alpha=0.001$，这很少见. α 称为**显著性检验的水平**，很明显，α 越小，拒绝 H_0 的判断就越可信，这样我们就给出了检验假设 H_0 的方法. 这个方法称为 **Z—检验法**.

在罐装可乐的实例中，已知 $n=5$，$\sigma=1.5$，$\bar{x}=355.42$，$\mu_0=355$，取 $\alpha=0.05$，$z_{\frac{\alpha}{2}}=z_{0.025}=1.96$，因此临界值是 1.96，而

$$|Z|=\frac{\overline{X}-\mu_0}{\sigma/\sqrt{n}}=0.6261<1.96,$$

因此在显著性水平 0.05 意义下，不能拒绝 H_0，即认为生产是正常的.

根据上面的讨论，总结一下，就得到假设检验的几个步骤：

(1) 将实际问题用统计的术语叙述成一个假设检验的问题，明确原假设 H_0 和对立假设 H_1 的内容和它们的实际意义，要注意正确选用 H_0；

(2) 寻找与命题 H_0 有关的统计量，如上述问题中的 $Z=\frac{\overline{X}-\mu_0}{\sigma/\sqrt{n}}$，通常用 $T(X_1,X_2,\cdots,X_n)$ 表示，说明它是由样本 $X_1,X_2,\cdots,X_n$ 确定的函数，有时也简写成 T；

(3) 求得在 H_0 成立时，$T(X_1,X_2,\cdots,X_n)$ 的分布，如上面问题中 $Z=\frac{\overline{X}-\mu_0}{\sigma/\sqrt{n}}\sim N(0,1)$；

(4) 确定显著性水平，对给定的 α 去查统计量 T 相应的分位点的值，这个值就是判断 H_0 是否成立的临界值；

(5) 由样本值去计算统计量 T 的数值，将它与临界值比较，从而作出判断.

以上五个步骤中，(2)、(3) 是由数理统计学者们研究解决的，它涉及较多的数学推导和理论分析，实际工作者只需注意 (1)、(4)、(5) 这三步，把问题提清楚，在书上找到有关的统计量及相应的表，查表后对给定的显著性水平 α 确定临界值，再计算统计量的值来判断 H_0 是否成立.

对于形如 H_0：$\mu=\mu_0$ 的假设检验，由于备择假设 H_1：$\mu\neq\mu_0$，表示 μ 可能大于 μ_0，也可能小于 μ_0，因此称为**双边备择假设**，这类假设检验又称为**双边假设检验**.

对形如 H_0：$\mu\leqslant\mu_0$；H_1：$\mu>\mu_0$ 或 H_0：$\mu\geqslant\mu_0$；H_1：$\mu<\mu_0$ 的假设检验称为**单边检验**.

下面讨论单边检验的拒绝域.

设总体 $X\sim N(\mu,\sigma^2)$，σ^2 已知，X_1，X_2，$\cdots$，X_n 是来自 X 的样本，对给定显著性水平 α，确定检验问题 H_0：$\mu\leqslant\mu_0$；H_1：$\mu>\mu_0$ 的拒绝域.

当 H_0 为真时，$\overline{X}$ 不应太大，$\overline{X}$ 过大，应拒绝 H_0，因而拒绝域形式为 $\overline{X}\geqslant k$（k特定），又 P｛拒绝 $H_0 \mid H_0$ 为真｝$=P\{\overline{X}\geqslant k\}=P\left\{\dfrac{\overline{X}-\mu_0}{\sigma/\sqrt{n}}\geqslant\dfrac{k-\mu_0}{\sigma/\sqrt{n}}\right\}$，因 H_0 为真，故 $\mu\leqslant\mu_0$，从而

$$\left\{\frac{\overline{X}-\mu_0}{\sigma/\sqrt{n}}\geqslant\frac{k-\mu_0}{\sigma/\sqrt{n}}\right\}\subset\left\{\frac{\overline{X}-\mu}{\sigma/\sqrt{n}}\geqslant\frac{k-\mu_0}{\sigma/\sqrt{n}}\right\}.$$

令 $P\left\{\dfrac{\overline{X}-\mu}{\sigma/\sqrt{n}}\geqslant\dfrac{k-\mu_0}{\sigma/\sqrt{n}}\right\}=\alpha$，则必有 P｛拒绝 $H_0 \mid H_0$ 为真｝$\leqslant\alpha$. 由 $Z=\dfrac{\overline{X}-\mu_0}{\sigma/\sqrt{n}}\sim N(0,1)$ 及 $P\left\{\dfrac{\overline{X}-\mu}{\sigma/\sqrt{n}}\geqslant\dfrac{k-\mu_0}{\sigma/\sqrt{n}}\right\}=\alpha$，可得 $\dfrac{k-\mu_0}{\sigma/\sqrt{n}}=z_\alpha$，即 $k=\mu_0+\dfrac{\sigma}{\sqrt{n}}z_\alpha$.

由此可得拒绝域为 $Z=\dfrac{\overline{X}-\mu_0}{\sigma/\sqrt{n}}\geqslant z_\alpha$（见图 8-2），即 $\overline{X}\geqslant\mu_0+\dfrac{\sigma}{\sqrt{n}}z_\alpha$.

类似地，可得左边检验问题 $H_0:\mu\leqslant\mu_0$；$H_1:\mu>\mu_0$ 的拒绝域为 $Z=\dfrac{\overline{X}-\mu_0}{\sigma/\sqrt{n}}\leqslant -z_\alpha$（见图 8-3），即 $\overline{X}\geqslant\mu_0-\dfrac{\sigma}{\sqrt{n}}z_\alpha$.

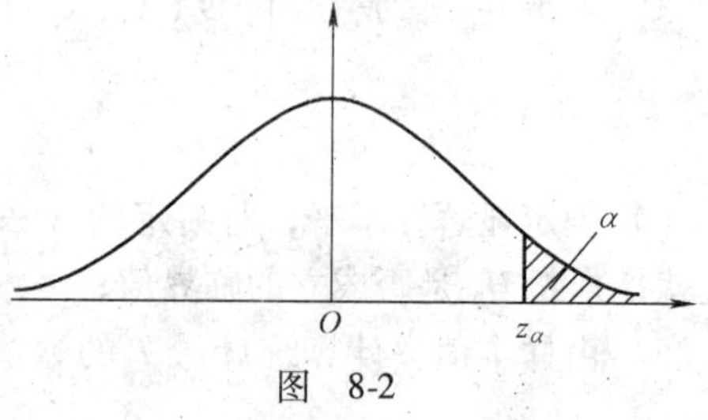

图 8-2

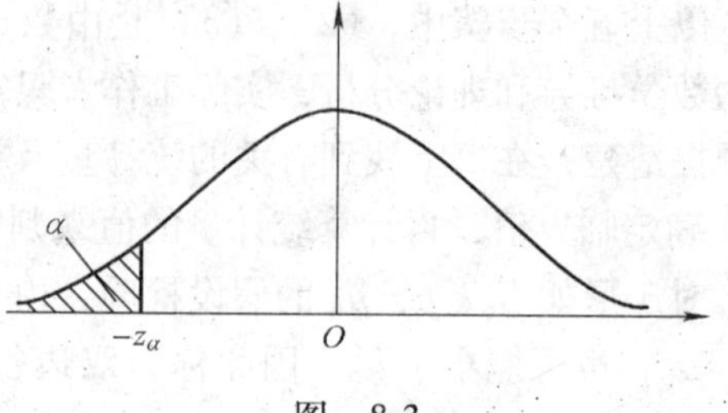

图 8-3

在假设检验中，我们是通过一个样本来作出判断的，由于样本的随机性，在作出判断时，我们还有可能出现错误，出现错误的类型如下：

第Ⅰ类错误　当原假设 H_0 为真时，却作出了拒绝 H_0 的判断，这类错误称为**弃真**错误. 由样本的随机性，犯这类错误是难免的，其概率记为 α，即

P｛拒绝 $H_0 \mid H_0$ 为真｝$=\alpha$；

第Ⅱ类错误　当原假设 H_0 不成立时，却作出了接受 H_0 的判断，这类错误称为**取伪**错误. 由于样本的随机性，犯这类错误同样是难免的，其概率记为 β，即

$$P\{\text{接受 } H_0 \mid H_0 \text{ 不成立}\}=\beta.$$

很自然的想法是在确定检验法则时，应希望犯这两类错误的概率同时很

小．事实上，在样本容量 n 固定的情况下，这办不到．因为当 α 减小时，β 往往增大；反之，当 β 减小时，α 就增大．要做到犯这两类错误的概率同时很小，只能增加样本容量．

那么，怎样处理上述问题呢？通常在实际应用中，对原假设 H_0 的提出，我们是经过充分思考的．从经验看，原假设在条件没产生大的变化时，不会轻易被拒绝．因此，在 H_0 和 H_1 之间，应考虑优先保护 H_0，即 H_0 确实成立时，得出拒绝 H_0 的结论的概率很小，即将出现弃真错误的概率限制在事先给定的 α 范围内，而不考虑犯第Ⅱ类错误的概率．这种只考虑弃真错误概率的检验问题，称为显著性检验问题．

常见的假设检验问题往往与正态分布总体相联系，正态分布总体 $N(\mu, \sigma^2)$ 有两个参数，按照问题涉及的参数来分，可以列出许多假设检验问题，这里不逐一讨论和说明，只说一下分类的原则，然后对常见的几种，列表给出检验的方法，再举例说明它们的用法．

正态总体的假设检验，按涉及的参数而言，可以分为与期望值 μ 有关的或是与方差 σ^2 有关的两类，每一类中按 H_0 中命题的性质又可区分为单边的和双边的两类，例如

$$H_0:\mu = \mu_0; \qquad H_1:\mu \neq \mu_0.$$

这称为**双边**的，μ 的值太大和太小都不好，如罐装可乐的容量就是这一类问题．又如

$$H_0:\mu \leqslant \mu_0; \qquad H_1:\mu > \mu_0.$$

或

$$H_0:\mu \geqslant \mu_0; \qquad H_1:\mu < \mu_0.$$

这就称为**单边**的．例如要测试某种材料的强度是否合格，关心的是强度 μ 是否超过指定的 μ_0 问题，这就是**单边**的．对于方差 σ^2 同样也有单边和双边的检验之分．现将常见的九种假设检验问题，相应的统计量及分布、临界值和拒绝域都一一列在表8-1中，以便查用．

8.2 正态总体均值的假设检验

下面我们讨论正态总体参数的假设检验问题．

一、单个总体 $X \sim N(\mu, \sigma^2)$ 均值 μ 的检验

（一）σ^2 已知，关于 μ 的检验（Z 检验）

在8.1节中，已讨论过正态总体 $X \sim N(\mu, \sigma^2)$，当 σ^2 已知时，关于 μ 的检验问题. 在这些检验问题中，我们都是利用统计量 $Z = \dfrac{\overline{X} - \mu_0}{\sigma/\sqrt{n}}$ 来确定拒绝域的．这种检验法通常称为 **Z—检验法**．

(二) σ^2 未知，关于 μ 的检验(T 检验)

设总体 $X\sim N(\mu,\sigma^2)$，其中 μ，σ^2 未知，我们来求检验问题 $H_0:\mu=\mu_0$；$H_1:\mu\neq\mu_0$ 的拒绝域（显著性水平为 α）.

设 X_1，X_2，…，X_n 是来自总体 X 的样本，由于 σ^2 未知，$\dfrac{\overline{X}-\mu_0}{\sigma/\sqrt{n}}$已不能作为检验统计量．由于样本方差 S^2 是 σ^2 的无偏估计量，因此用 S 来代替 σ，采用 $T=\dfrac{\overline{X}-\mu_0}{S/\sqrt{n}}$作为检验统计量．在 H_0 为真时，统计量 $T=\dfrac{\overline{X}-\mu_0}{S/\sqrt{n}}\sim t(n-1)$，当观察值 $|T|=\left|\dfrac{\overline{x}-\mu_0}{s/\sqrt{n}}\right|$过分大时，就拒绝 H_0，拒绝域形式为 $|T|=\left|\dfrac{\overline{x}-\mu_0}{s/\sqrt{n}}\right|\geqslant k$.

由 $P\{$拒绝 $H_0\mid H_0$ 为真$\}=P\left\{\left|\dfrac{\overline{X}-\mu_0}{S/\sqrt{n}}\right|\geqslant k\right\}=\alpha$，得拒绝域为

$$|T|=\left|\frac{\overline{x}-\mu_0}{s/\sqrt{n}}\right|\geqslant t_{\frac{\alpha}{2}}(n-1)\text{（见图 8-4）}. \tag{8.1}$$

对于正态总体 $N(\mu,\sigma^2)$，当 σ^2 未知时，关于 μ 的单边检验拒绝域在表 8-1 中给出．

上述利用 T 统计量得出的检验法称为 **T—检验法**．

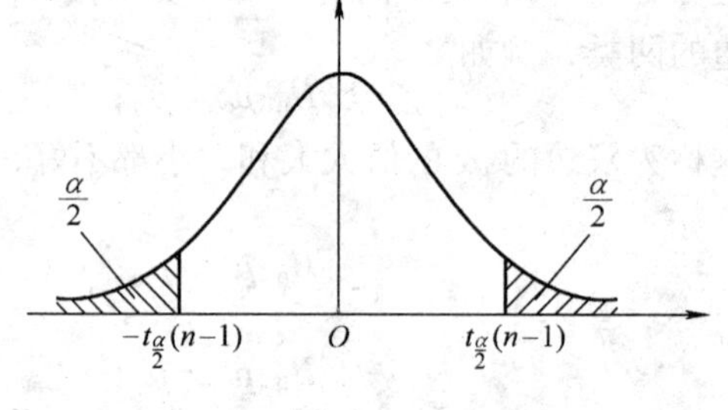

图 8-4

例 1 用某仪器间接测量温度，重复 5 次，测得结果为（单位:℃）：1250，1265，1275，1245，1260. 设测量值 X 服从正态分布 $N(\mu,\sigma^2)$，在显著性水平 $\alpha=0.05$ 下，是否有理由认为该仪器测量的平均值不小于 1277℃？

解 由题意知需检验 H_0：$\mu\geqslant\mu_0=1277$；H_1：$\mu<1277$.

拒绝域为 $T=\dfrac{\overline{x}-\mu_0}{s/\sqrt{n}}\leqslant -t_\alpha(n-1)$，现在 $n=5$，$t_{0.05}(4)=2.1318$，由样本得 $\overline{x}=1259$，$s=11.9373$，代入，可得 $T\approx-3.3716<-2.1318$.

因为 T 落在拒绝域内，故拒绝 H_0，即认为测量的平均值小于 1277℃.

例 2 根据某地区环境保护法规定，排入河流的废水中，某种有毒化学物质含量不得超过 3×10^{-6}. 该地区环保组织对沿河某厂进行检查，测定每日排入河流的废水中该物质的含量，其记录为（10^{-6}）：3.1，3.2，3.3，2.9，3.5，3.4，2.5，4.3，2.9，3.6，3.2，3.0，2.7，3.5，2.9. 假定废水中的有毒物质含量 $X\sim N(\mu,\sigma^2)$，试在显著性水平 $\alpha=0.05$ 下判断该厂废水排放是

否超标.

解 由题意知，需检验 H_0: $\mu\leqslant\mu_0=3$; H_1: $\mu>3$.

拒绝域为 $T=\dfrac{\bar{x}-\mu_0}{s/\sqrt{n}}\geqslant t_\alpha(n-1)$，其中 $\mu_0=3, n=15, t_{0.05}(14)=1.7613$. 又由样本可求得 $\bar{x}=3.2, s=0.436$，从而 $T=\dfrac{3.2-3}{0.436/\sqrt{15}}\approx1.7766\geqslant1.7613$. 因此观察值落在拒绝域内，从而拒绝 H_0，即认为该厂废水中有毒物质含量并不符合环保规定.

二、两个正态总体均值差的检验

设 $X_1, X_2, \cdots, X_n$ 是来自正态总体 $N(\mu_1,\sigma_1^2)$ 的样本，$Y_1, Y_2, \cdots, Y_m$ 是来自正态总体 $N(\mu_2,\sigma_2^2)$ 的样本，且两样本相互独立，又分别记它们的样本均值为 $\overline{X}$, $\overline{Y}$，记样本方差为 S_1^2, S_2^2. 现在来求检验问题：$H_0:\mu_1-\mu_2=\delta; H_1:\mu_1-\mu_2\neq\delta$（$\delta$ 为已知常数）在显著性水平 α 下的拒绝域.

（一）当方差 σ_1^2, σ_2^2 为已知时，$\mu_1-\mu_2$ 的估计量 $\overline{X}-\overline{Y}$ 在 H_0 为真时

有 $\overline{X}-\overline{Y}\sim N\left(\delta, \dfrac{\sigma_1^2}{n}+\dfrac{\sigma_2^2}{m}\right)$，这时可取检验统计量为 $Z=\dfrac{\overline{X}-\overline{Y}-\delta}{\sqrt{\dfrac{\sigma_1^2}{n}+\dfrac{\sigma_2^2}{m}}}$，易知 $Z\sim N(0, 1)$. 从而拒绝域为

$$|Z|=\frac{|\bar{x}-\bar{y}-\delta|}{\sqrt{\dfrac{\sigma_1^2}{n}+\dfrac{\sigma_2^2}{m}}}\geqslant z_{\frac{\alpha}{2}}. \tag{8.2}$$

（二）当方差 σ_1^2, σ_2^2 为未知，但已知 $\sigma_1^2=\sigma_2^2$ 时

可取检验统计量为

$$T=\frac{\overline{X}-\overline{Y}-\delta}{S_w\sqrt{\dfrac{1}{n}+\dfrac{1}{m}}}, \text{其中 } S_w^2=\frac{(n-1)S_1^2+(m-1)S_2^2}{n+m-2}, S_w=\sqrt{S_w^2},$$

当 H_0 为真时，统计量 $T\sim t(n+m-2)$，从而易知拒绝域为

$$|T|=\frac{|\bar{x}-\bar{y}-\delta|}{S_w\sqrt{\dfrac{1}{n}+\dfrac{1}{m}}}\geqslant t_{\frac{\alpha}{2}}(n+m-2). \tag{8.3}$$

关于均值差的单边检验问题的拒绝域在表8-1中给出.

例3 自动车床采用新旧两种工艺加工同种零件，测量的加工偏差（单位：μm）分别为：

旧工艺 2.7, 2.4, 2.5, 3.1, 2.7, 3.5, 2.9, 2.7, 3.5, 3.3

新工艺 2.6, 2.1, 2.7, 2.8, 2.3, 3.1, 2.4, 2.4, 2.7, 2.3

设旧工艺、新工艺测量的加工偏差 X、Y 分别服从正态分布 $N(\mu_1, \sigma^2)$ 和 $N(\mu_2, \sigma^2)$，其中 μ_1，μ_2，σ^2 均未知．试问自动车床在新旧两种工艺下的加工精度有无显著差异？（取 $\alpha=0.01$）

解 由题意知需检验假设 H_0：$\mu_1=\mu_2$；H_1：$\mu_1\neq\mu_2$.

在 H_0 为真时拒绝域为 $|T|=\dfrac{|\bar{x}-\bar{y}-\delta|}{S_w\sqrt{\dfrac{1}{n}+\dfrac{1}{m}}}\geqslant t_{\frac{\alpha}{2}}(n+m-2)$，

这里，$n=m=10$，$\alpha=0.01$，$t_{0.005}(18)=2.8784$.

由样本算得 $\bar{x}=2.93$，$\bar{y}=2.54$，$S_w\approx0.3536$，于是

$$|T|=\frac{|2.93-2.54|}{0.3536\sqrt{\dfrac{1}{10}+\dfrac{1}{10}}}\approx2.47<2.8784,$$

故接受 H_0，即认为新旧工艺对零件的加工精度无显著差异．

例 4 设甲、乙两种矿石中含铁量分别服从 $N(\mu_1,11)$ 与 $N(\mu_2,8)$，现分别从两种矿石中各取若干样品测其含铁量，其样本量、样本均值、样本方差分别为：

甲矿石 $n=10$，$\bar{x}=16.01$，$\sigma_1^2=11$

乙矿石 $m=5$，$\bar{y}=18.98$，$\sigma_2^2=8$

在显著性水平 $\alpha=0.01$ 下，可否认为甲矿石含铁量低于乙矿石？

解 由题意知需检验假设 H_0：$\mu_1\geqslant\mu_2$；H_1：$\mu_1<\mu_2$.

在 H_0 为真时拒绝域为 $Z=\dfrac{\bar{x}-\bar{y}}{\sqrt{\dfrac{\sigma_1^2}{n}+\dfrac{\sigma_2^2}{m}}}\leqslant -z_{0.01}$．这里 $n=10$，$m=5$，$\sigma_1^2=11$，$\sigma_2^2=8$，$\bar{x}=16.01$，$\bar{y}=18.98$，$z_{0.01}=2.325$，于是

$$Z=\frac{16.01-18.98}{\sqrt{\dfrac{11}{10}+\dfrac{8}{5}}}\approx-1.807>-2.325.$$

因样本观察值不落在拒绝域内，故接受 H_0，即不能认为甲矿石含铁量低于乙矿石．

8.3 正态总体方差的假设检验

一、单个总体的方差 σ^2 的检验

设样本 X_1，X_2，…，X_n 来自总体 $X\sim N(\mu, \sigma^2)$，μ，σ^2 均未知，要求检验假设（显著性水平为 α）：

H_0：$\sigma^2=\sigma_0^2$；　　　H_1：$\sigma^2\neq\sigma_0^2$（σ_0^2为已知常数）

由于S^2是σ^2的无偏估计，当H_0为真时，观察值S^2与σ_0^2的比值$\frac{S^2}{\sigma_0^2}$一般来说应在1附近摆动，而不应过分大于1或过分小于1，当H_0为真时，由于$\frac{(n-1)S^2}{\sigma_0^2}\sim\chi^2(n-1)$，因此我们可取检验统计量为$\chi^2=\frac{(n-1)S^2}{\sigma_0^2}$，其拒绝域应具有以下形式：$\frac{(n-1)S^2}{\sigma_0^2}\leqslant k_1$或$\frac{(n-1)S^2}{\sigma_0^2}\geqslant k_2$，这里$k_1,k_2$的值由下式确定

$$P\{拒绝H_0|H_0为真\}=P\left\{\left(\frac{(n-1)S^2}{\sigma_0^2}\leqslant k_1\right)\cup\left(\frac{(n-1)S^2}{\sigma_0^2}\geqslant k_2\right)\right\}=\alpha.$$

为了计算方便起见，习惯上取

$$P\left\{\frac{(n-1)\ S^2}{\sigma_0^2}\leqslant k_1\right\}=\frac{\alpha}{2},\ P\left\{\frac{(n-1)\ S^2}{\sigma_0^2}\geqslant k_2\right\}=\frac{\alpha}{2},$$

由此可得，$k_1=\chi^2_{1-\frac{\alpha}{2}}(n-1)$，$k_2=\chi^2_{\frac{\alpha}{2}}(n-1)$．于是拒绝域为$\chi^2=\frac{(n-1)S^2}{\sigma_0^2}\leqslant\chi^2_{1-\frac{\alpha}{2}}(n-1)$或$\chi^2=\frac{(n-1)S^2}{\sigma_0^2}\geqslant\chi^2_{\frac{\alpha}{2}}(n-1)$（见图8-5）．

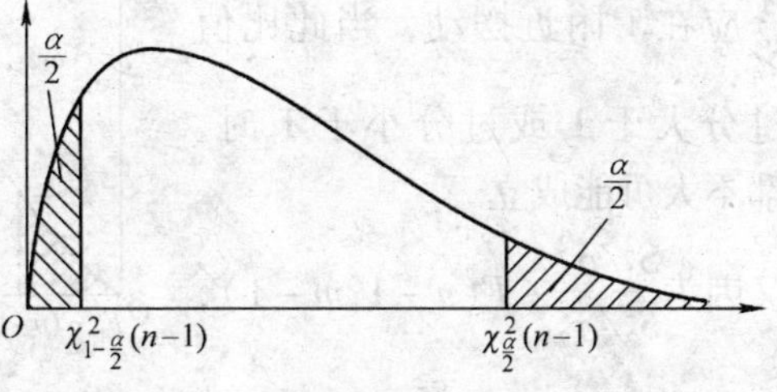

图　8-5

上述检验法利用了服从χ^2分布的统计量，故称为**χ^2—检验法**．从以上的构造过程可知，k_1，k_2的取法可以不唯一，我们这样取法在于方便计算．

容易推知，下列单边检验问题的拒绝域（显著性水平为α）：

右边检验问题H_0：$\sigma^2\leqslant\sigma_0^2$；$H_1$：$\sigma^2>\sigma_0^2$的拒绝域为

$$\chi^2=\frac{(n-1)\ S^2}{\sigma_0^2}\geqslant\chi^2_\alpha\ (n-1)；\tag{8.4}$$

左边检验问题H_0：$\sigma^2\geqslant\sigma_0^2$；$H_1$：$\sigma^2<\sigma_0^2$的拒绝域为

$$\chi^2=\frac{(n-1)\ S^2}{\sigma_0^2}\leqslant\chi^2_{1-\alpha}\ (n-1).\tag{8.5}$$

例1　某种导线的电阻服从$N(\mu,\ \sigma^2)$，μ未知，其中一个质量指标是电阻标准差不得大于0.005Ω．现从中抽取9根导线测其电阻，测得样本标准差$S=0.0066\Omega$，试问在显著性水平$\alpha=0.05$下能否认为这批导线的电阻波动超标？

解 由题意可知需检验假设

$$H_0:\sigma^2\leqslant 0.005^2;H_1:\sigma^2>0.005^2.$$

拒绝域为$\chi^2=\dfrac{(n-1)S^2}{\sigma_0^2}\geqslant\chi_\alpha^2(n-1)$，这里 $\sigma_0^2=0.005^2$，$n=9$，$\alpha=0.05$，$\chi_{0.05}^2(8)=15.507$，由此得

$$\chi^2=\frac{8\times 0.0066^2}{0.005^2}\approx 13.94<15.507.$$

因观察值没有落在拒绝域内，故接受 H_0，即在显著性水平 $\alpha=0.05$ 下认为这批导线的电阻波动没有超标.

二、两个总体方差之比的假设检验

设 X_1，X_2，…，X_n 是来自总体 $N(\mu_1,\ \sigma_1^2)$的样本，Y_1，Y_2，…，Y_m 是来自总体 $N(\mu_2,\ \sigma_2^2)$的样本，且两样本独立. μ_1，μ_2，σ_1^2，σ_2^2 均为未知，S_1^2，S_2^2 为相应样本方差，检验假设为

$$H_0:\sigma_1^2=\sigma_2^2;H_1:\sigma_1^2\neq\sigma_2^2.$$

由于样本方差 S_1^2，S_2^2 分别是 σ_1^2 和 σ_2^2 的无偏估计，容易推知，当 H_0 为真时，$\dfrac{S_1^2}{S_2^2}$应在 1 附近摆动，当此比值过分大于 1 或过分小于 1 时，都不大可能成立.

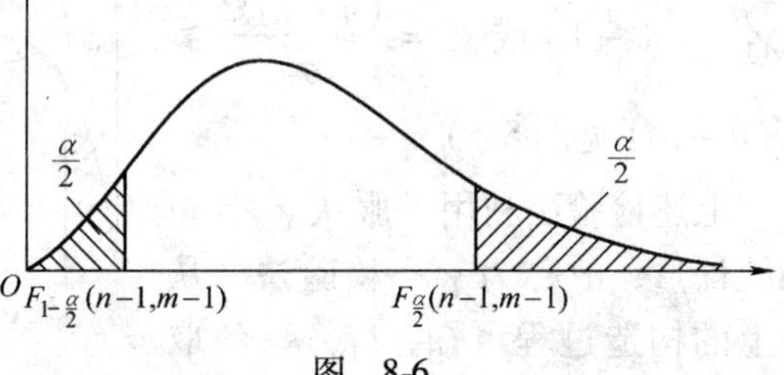

图 8-6

又因为$\dfrac{S_1^2/\sigma_1^2}{S_2^2/\sigma_2^2}\sim F(n-1,m-1)$，在 H_0 成立时，$F=\dfrac{S_1^2}{S_2^2}\sim F(n-1,m-1)$，因此可得在显著性水平 α 下的拒绝域为

$$F=\frac{S_1^2}{S_2^2}\geqslant F_{\frac{\alpha}{2}}(n-1,m-1)\text{ 或 }F=\frac{S_1^2}{S_2^2}\leqslant F_{1-\frac{\alpha}{2}}(n-1,m-1)\text{(见图 8-6)}.$$

容易得到，右边检验问题 $H_0:\sigma_1^2\leqslant\sigma_2^2$；$H_1:\sigma_1^2>\sigma_2^2$ 的拒绝域为

$$\frac{S_1^2}{S_2^2}\geqslant F_\alpha(n-1,m-1);\tag{8.6}$$

左边检验问题 $H_0:\sigma_1^2\geqslant\sigma_2^2$；$H_1:\sigma_1^2<\sigma_2^2$ 的拒绝域为

$$\frac{S_1^2}{S_2^2}\leqslant F_{1-\alpha}(n-1,m-1).\tag{8.7}$$

上述检验法利用了服从 F 分布的统计量，故称为 **F—检验法**.

例 2 现有甲、乙两台车床生产同一型号的滚珠. 根据经验认为两台车床生产的滚珠直径都服从正态分布，假设它们分别服从 $N(\mu_1,\ \sigma_1^2)$ 和 $N(\mu_2,\ \sigma_2^2)$. 现从这两台车床生产的产品中分别抽出 8 个和 9 个，测得直径（单位：mm）分别为：

甲：15.0, 14.5, 15.2, 15.5, 14.8, 15.1, 15.2, 14.8

乙：15.2, 15.0, 14.8, 15.2, 15.0, 15.0, 14.8, 15.1, 14.8

试问在显著性水平 $\alpha=0.05$ 下，是否可认为乙车床生产的滚珠直径的方差比甲车床生产的小?

解 由题意可知需检验假设 $H_0:\sigma_{甲}^2\leqslant\sigma_{乙}^2;H_1:\sigma_{甲}^2>\sigma_{乙}^2$. 拒绝域为 $\dfrac{S_{甲}^2}{S_{乙}^2}\geqslant F_\alpha(n-1,m-1)$，这里 $n=8,m=9,\alpha=0.05,F_{0.05}(7,8)=3.50$，由样本解得 $S_1^2\approx 0.0955,S_2^2\approx0.0261$，于是 $F=\dfrac{S_1^2}{S_2^2}\approx3.66>3.50$. 因为观察值落在拒绝域内，故接受 H_1，即认为乙车床生产的滚珠直径的方差比甲车床生产的小.

表 8-1 正态总体均值、方差的检验法（显著性水平为 α）

	原假设 H_0	备择假设 H_1	检验统计量	拒绝域
1	$\mu\geqslant\mu_0$ $\mu\leqslant\mu_0$ $\mu=\mu_0$ （σ^2 已知）	$\mu<\mu_0$ $\mu>\mu_0$ $\mu\neq\mu_0$	$Z=\dfrac{\overline{X}-\mu_0}{\sigma/\sqrt{n}}$	$Z\leqslant -z_\alpha$ $Z\geqslant z_\alpha$ $\lvert Z\rvert\geqslant z_{\frac{\alpha}{2}}$
2	$\mu\geqslant\mu_0$ $\mu\leqslant\mu_0$ $\mu=\mu_0$ （σ^2 未知）	$\mu<\mu_0$ $\mu>\mu_0$ $\mu\neq\mu_0$	$T=\dfrac{\overline{X}-\mu_0}{S/\sqrt{n}}$	$T\leqslant -t_\alpha(n-1)$ $T\geqslant t_\alpha(n-1)$ $\lvert T\rvert\geqslant t_{\frac{\alpha}{2}}(n-1)$
3	$\mu_1-\mu_2\leqslant\delta$ $\mu_1-\mu_2\geqslant\delta$ $\mu_1-\mu_2=\delta$ （σ_1^2,σ_2^2 已知）	$\mu_1-\mu_2>\delta$ $\mu_1-\mu_2<\delta$ $\mu_1-\mu_2\neq\delta$	$Z=\dfrac{\overline{X}-\overline{Y}-\delta}{\sqrt{\dfrac{\sigma_1^2}{n}+\dfrac{\sigma_2^2}{m}}}$	$Z\geqslant z_\alpha$ $Z\leqslant -z_\alpha$ $\lvert Z\rvert\geqslant z_{\frac{\alpha}{2}}$
4	$\mu_1-\mu_2\leqslant\delta$ $\mu_1-\mu_2\geqslant\delta$ $\mu_1-\mu_2=\delta$ （$\sigma_1^2=\sigma_2^2=\sigma^2$ 未知）	$\mu_1-\mu_2>\delta$ $\mu_1-\mu_2<\delta$ $\mu_1-\mu_2\neq\delta$	$T=\dfrac{\overline{X}-\overline{Y}-\delta}{S_w\sqrt{\dfrac{1}{n}+\dfrac{1}{m}}}$ $S_w^2=\dfrac{(n-1)S_1^2+(m-1)S_2^2}{n+m-2}$	$T\geqslant t_\alpha(n+m-2)$ $T\leqslant -t_\alpha(n+m-2)$ $\lvert T\rvert\geqslant t_{\frac{\alpha}{2}}(n+m-2)$

（续）

	原假设 H_0	备择假设 H_1	检验统计量	拒绝域
5	$\sigma^2 \leqslant \sigma_0^2$ $\sigma^2 \geqslant \sigma_0^2$ $\sigma^2 = \sigma_0^2$ （μ 未知）	$\sigma^2 > \sigma_0^2$ $\sigma^2 < \sigma_0^2$ $\sigma^2 \neq \sigma_0^2$	$\chi^2 = \dfrac{(n-1)S^2}{\sigma_0^2}$	$\chi^2 \geqslant \chi_\alpha^2(n-1)$ $\chi^2 \leqslant \chi_{1-\alpha}^2(n-1)$ $\chi^2 \leqslant \chi_{1-\frac{\alpha}{2}}^2(n-1)$ 或 $\chi^2 \geqslant \chi_{\frac{\alpha}{2}}^2(n-1)$
6	$\sigma_1^2 \leqslant \sigma_2^2$ $\sigma_1^2 \geqslant \sigma_2^2$ $\sigma_1^2 = \sigma_2^2$ （μ_1, μ_2 未知）	$\sigma_1^2 > \sigma_2^2$ $\sigma_1^2 < \sigma_2^2$ $\sigma_1^2 \neq \sigma_2^2$	$F = \dfrac{S_1^2}{S_2^2}$	$F \geqslant F_\alpha(n-1, m-1)$, $F \leqslant F_{1-\alpha}(n-1, m-1)$, $F \geqslant F_{\frac{\alpha}{2}}(n-1, m-1)$ 或 $F \leqslant F_{1-\frac{\alpha}{2}}(n-1, m-1)$

*8.4 分布拟合检验

在上节中，我们介绍了正态总体的参数的假设检验问题，这些假设检验问题都是在总体分布形式为已知的条件下进行的．但在实际问题中，我们往往事先并不知道总体的分布类型，这时需要根据样本对总体的分布或分布类型提出假设并进行检验，这种检验一般称为分布拟合检验或非参数检验，在本节中，我们介绍一种分布拟合检验方法——非参数χ^2 检验．

我们需要检验假设

$$H_0: X \text{ 的分布函数为 } F(x)\text{；} H_1: X \text{ 的分布函数不为 } F(x).$$

等价的检验假设为

若总体为离散型，就需要检验假设

$$H_0: \text{总体 } X \text{ 的分布律为 } P\{X = x_i\} = p_i, i = 1, 2, \cdots.$$

若总体为连续型，就需要检验假设

$$H_0\text{：总体 } X \text{ 的概率密度为 } f(x).$$

至于分布律、概率密度的具体形式，可根据实际背景及样本数据的分析来推测，然后利用χ^2 分布拟合检验方法来检验 H_0 是否成立．

一、总体可分为有限类，且总体分布不含未知参数

设总体 X 可以分成 r 类，记为 A_1，A_2，…，A_r，即将随机试验的样本空间分解成两两互斥的事件之和，$S = A_1 \cup A_2 \cup \cdots \cup A_r$，$A_iA_j = \varnothing$，$i \neq j$，$i$，$j = 1$，2，…，$r$. 现在需要检验假设

$H_0:P(A_i)=p_i;H_1:P(A_i)\neq p_i,i=1,2,\cdots,r.$

其中 $\sum_{i=1}^{r}p_i=1$，且 p_i 为已知．此类备择假设一般可以不写出．现对总体进行 n 次观察，各类出现的频数分别为 n_1，n_2，…，n_r 且 $\sum_{i=1}^{r}n_i=n$. 若 H_0 为真，由大数定律，有 $\frac{n_i}{n}\to p_i$，即各概率 p_i 与频率 $\frac{n_i}{n}$ 应相差不大，意味着各类观察频数 n_i 与理论频数 np_i 应比较接近．据此想法，英国统计学家 K · Pearsoin 提出了一个检验统计量 $\chi^2=\sum_{i=1}^{r}\frac{(n_i-np_i)^2}{np_i}$．并指出，当 H_0 为真且样本容量 n 充分大时（一般要求 $n\geqslant 50$），χ^2 近似地服从自由度为 $r-1$ 的 χ^2 分布．容易推知显著性水平为 α 的拒绝域为

$$\chi^2=\sum_{i=1}^{r}\frac{(n_i-np_i)^2}{np_i}\geqslant\chi^2_\alpha(r-1).$$

计算 χ^2 值时，要求 $np_i\geqslant 5$，否则相邻组要合并．

例 1 某公司的人事部门想了解公司职工的病假是否均匀分布在周一到周五，以便合理安排工作．如今抽取 100 名病假职工，其病假日分布如下：

工作日	周一	周二	周三	周四	周五
频数	17	27	10	28	18

试问该公司病假是否均匀分布在一周 5 个工作日中？($\alpha=0.05$)

解 若病假均匀分布在 5 个工作日内，则应有 $p_i=\frac{1}{5}$，$i=1$，2，3，4，5，以 A_i 表示“病假在周 i”的事件，则需要检验假设

$$H_0:P(A_i)=\frac{1}{5},\ i=1,2,3,4,5.$$

拒绝域

$$\chi^2=\sum_{i=1}^{5}\frac{(n_i-np_i)^2}{np_i}\geqslant\chi^2_{0.05}(4).$$

因观察值

$$\chi^2=\sum_{i=1}^{5}\frac{(n_i-np_i)^2}{np_i}=\frac{(17-20)^2}{20}+\frac{(27-20)^2}{20}+\frac{(10-20)^2}{20}+\frac{(28-20)^2}{20}+\frac{(18-20)^2}{20}=11.30,$$

而 $\chi^2_{0.05}(4)=9.49$，显然 $11.30>9.49$，表明样本观察值落在拒绝域内．因而在

$\alpha=0.05$ 下拒绝 H_0，即认为该公司职工病假在5个工作日中不是均匀分布的.

二、总体可分为有限类，但总体分布中含有未知参数

设总体 X 可以分为 r 类，记为 A_1，A_2，…，A_r，需检验假设

$$H_0:P(A_i)=p_i,i=1,2,\cdots,r.$$

其中 p_i 为未知参数 $\theta_1,\theta_2,\cdots,\theta_k$ 的函数，即 $p_i=p_i(\theta_1,\theta_2,\cdots,\theta_k),i=1,2,\cdots,r$. 首先利用样本求出 θ_i 的最大似然估计，记为 $\hat{\theta}_i,1\leqslant i\leqslant k$,然后计算出 $\hat{p}_i(\hat{\theta}_1,\hat{\theta}_2,\cdots,\hat{\theta}_k)$,构造相应的统计量 $\chi^2=\sum_{i=1}^{r}\frac{(n_i-n\hat{p}_i)^2}{n\hat{p}_i}$. 可以证明，当 H_0 为真时，统计量 χ^2 近似服从自由度为 $r-k-1$ 的 χ^2 分布($r>k+1$)，其中，k 是被估计的参数的个数. 由此可得相应的拒绝域为 $\chi^2=\sum_{i=1}^{r}\frac{(n_i-n\hat{p}_i)^2}{n\hat{p}_i}\geqslant\chi_\alpha^2(r-k-1)$.

例2 在一试验中，每隔一定时间观察一次由某种铀所放射的到达计算器上的 α 粒子数，共观察了100次，得结果如下：

i	0	1	2	3	4	5	6	7	8	9	10	11	≥12
n	1	5	16	17	26	11	9	9	2	1	2	1	0

其中 n 为观察到 i 个 α 粒子的次数. 根据实验结果，试问 α 粒子出现的次数 X 可否认为服从泊松分布？($\alpha=0.05$)

解 根据题意知需检验

$$H_0:P\{X=i\}=\frac{\lambda^i e^{-\lambda}}{i!},i=0,1,2,\cdots.$$

记 $A_i=\{X=i\},i=1,2,\cdots,11$. $A_{12}=\{X\geqslant12\}$. 等价检验为

$$H_0:P(A_i)=\frac{\lambda^i e^{-\lambda}}{i!},i=0,1,2,\cdots,11. P(A_{12})=1-\sum_{i=0}^{11}\frac{\lambda^i e^{-\lambda}}{i!}.$$

由最大似然估计得 $\hat{\lambda}=\bar{x}=4.2$，由此可得

$$\hat{p}_i=P(A_i)=\frac{4.2^i e^{-4.2}}{i!},\ i=0,\ 1,\ 2,\ \cdots,\ 11.$$

$$\hat{p}_{12}=P(A_{12})=1-\sum_{i=0}^{11}\frac{4.2^i e^{-4.2}}{i!}=0.002.$$

结果见表8-2.

表 8-2

A_i	n_i	$\hat{p}_i$	$n\hat{p}_i$	$n_i-n\hat{p}_i$	$\frac{(n_i-n\hat{p}_i)^2}{n\hat{p}_i}$
A_0	1	0.015	1.5	-1.8	0.415
A_1	5	0.063	6.3		
A_2	16	0.132	13.2	2.8	0.594
A_3	17	0.185	18.5	-1.5	0.122
A_4	26	0.194	19.4	6.6	2.245
A_5	11	0.163	16.3	-5.3	1.723
A_6	9	0.114	11.4	-2.4	0.505
A_7	9	0.069	6.9	2.1	0.639
A_8	2	0.036	3.6	-0.5	0.0385
A_9	1	0.017	1.7		
A_{10}	2	0.007	0.7		
A_{11}	1	0.003	0.3		
A_{12}	0	0.002	0.2		
合计					6.2815

注意到，有些 $n\hat{p}_i<5$ 的组与相邻组进行适当合并，使 $n\hat{p}_i\geqslant 5$，上述表格的前2行，最后5行需进行并组，并组后 $r=8$，即分为8类.

因为$\chi_{\alpha}^{2}(r-k-1)=\chi_{0.05}^{2}(8-1-1)=12.592>6.2815$，因此接受 H_0. 即认为 α 粒子出现的次数服从泊松分布.

三、总体为连续分布的情形

设样本 X_1，X_2，…，X_n 为来自总体 X 的一个样本，要检验假设 H_0：X 的分布函数为 $F(x)$，其中 $F(x)$ 中含有 k 个未知参数. 在这种情形下检验 H_0 的做法如下：

(1) 把 X 的取值范围分成 r 个区间，为方便起见，不妨设为 $-\infty<a_0<a_1<\cdots<a_{r-1}<a_r<+\infty$，设各区间为 $A_1=(a_0,a_1]$，$A_2=(a_1,a_2]$，…，$A_{r-1}=(a_{r-2},a_{r-1}]$，$A_r=(a_{r-1},a_r]$.

(2) 统计样本落入这 r 个区间的频数，分别记为 $n_1,n_2,\cdots,n_r$，这里要求各 $n_i\geqslant 5$.

(3) 由样本用最大似然估计法求出未知参数的估计值，从而求出

$$\hat{p}_i=\hat{P}\{a_{i-1}<X\leqslant a_i\},$$

这样就把检验问题转化为分类数据检验问题.

例3　为了研究12岁男孩身高，在某地随机地抽取120名男孩测量其身高得如下数据（单位：cm），如表8-3所示.

表 8-3

128.1	144.4	150.3	146.2	140.6	139.7	134.1	124.3	147.9
143.0	143.1	142.7	126.0	125.6	127.7	154.4	142.3	141.2
133.4	131.0	125.4	130.3	146.3	146.8	142.7	137.6	136.9
122.7	131.8	147.7	135.8	134.8	139.1	139.0	132.3	134.7
138.4	136.6	136.2	141.6	141.0	138.4	145.1	147.4	139.9
140.6	140.2	131.0	150.4	142.7	144.3	136.4	134.5	132.3
152.7	148.1	139.6	138.9	136.1	135.9	140.3	137.3	134.6
145.2	128.2	135.9	140.2	136.6	139.5	135.7	139.8	129.1
141.4	139.7	136.2	138.4	138.1	132.9	142.9	144.7	118.8
138.3	135.3	140.6	142.2	152.1	142.4	142.7	136.2	135.0
154.3	147.9	141.3	143.8	138.1	139.7	127.4	146.0	155.8
141.2	146.4	139.4	140.8	127.7	150.7	100.3	148.5	147.5
138.9	123.1	126.0	150.0	143.7	156.9	133.1	142.8	136.8
133.1	144.5	142.4						

试问能否认为该地区 12 岁男孩的身高服从正态分布？($\alpha=0.05$)

解 记 X 为该地区 12 岁男孩的身高，由题意知需检验

$$H_0: X \sim N(\mu, \sigma^2).$$

由于 H_0 中含有两个未知参数，因此需先进行参数估计.

μ 与 σ^2 的最大似然估计值分别为

$$\hat{\mu} = \bar{x} = 139.5, \hat{\sigma}^2 = \frac{1}{n}\sum_{i=1}^{n}(x_i - \bar{x})^2 = 55.$$

因为 X 是连续型随机变量，为利用非参数 χ^2 检验，首先将 X 的取值分组如表 8-4.

表 8-4

区间	$(-\infty, 126]$	$(126, 130]$	$(130, 134]$	$(134, 138]$	$(138, 142]$
频数	5	8	10	22	33
区间	$(142, 146]$	$(146, 150]$	$(150, 154]$	$(154, +\infty)$	
频数	20	11	6	5	

由于 $\hat{p}_i = P\{X \leqslant 126\} = \Phi\left(\frac{126-\hat{\mu}}{\hat{\sigma}}\right)$，因而可得结果如表 8-5.

表 8-5

A_i	n_i	$\hat{p}_i$	$n\hat{p}_i$	$n_i - n\hat{p}_i$	$\frac{(n_i - n\hat{p}_i)^2}{n\hat{p}_i}$
$X<126$	5	0.0344	4.128	0.844	0.0586
$126<X\leqslant 130$	8	0.0669	8.028		
$130<X\leqslant 134$	10	0.1294	15.53	−5.53	1.9692
$134<X\leqslant 138$	22	0.1910	22.92	−0.92	0.0369
$138<X\leqslant 142$	33	0.2124	25.49	7.51	2.2126
$142<X\leqslant 146$	20	0.1775	21.30	−1.30	0.0793
$146<X\leqslant 150$	11	0.1116	13.39	−2.39	0.4265
$150<X\leqslant 154$	6	0.0522	6.264	1.664	0.2966
$154<X\leqslant +\infty$	5	0.0256	3.072		
合计					5.0977

注意　上述表格开始两行，最后两行需进行并组.

显然 $r=1, k=2$，而 $\chi_{\alpha}^{2}(r-k-1)=\chi_{0.05}^{2}(7-2-1)=9.488>5.0764$. 因此接受 H_0，即认为该地区 12 岁男孩身高服从正态分布.

由本例可知，对连续型分布进行检验时，需将取值区间进行分组，从而检验结果依赖于分组，分组不同有可能写出不同的结论，这便是在连续分布情形下 χ^2 拟合优度检验的不足之处. 分布拟合检验还有其他方法，这里不再介绍.

习　题　八

1. 一批矿砂的 5 个样品中的镍含量经测定数据如下（%）：

3.24　3.27　3.24　3.26　3.24

设镍含量总体服从正态分布，问在显著性水平 $\alpha=0.01$ 下可否认为这批矿砂的镍含量均值为 3.25?

2. 某种产品单个重量的均值是 12 g，标准差是 1 g. 更新设备以后，假设标准差无变化，从所生产产品中随机取出 100 个，测得样本均值 $\bar{x}=12.5$ g，问设备更新前后产品的平均重量是否有变化?（$\alpha=0.10$，假设产品的单个重量服从正态分布）

3. 从已知标准差 $\sigma=5.2$ 的正态总体中，抽取容量为 $n=16$ 的样本，由它算得样本平均数 $\bar{x}=27.56$. 试在显著水平 $\alpha=0.05$ 下，检验假设 H_0: $\mu=26$.

4. 某元件为合格品标准是使用寿命不低于 1000 h，今从一批这种元件中随机地抽取 25 件，测得其寿命的平均值为 1030 h，已知该种元件寿命服从标

准差为 $\sigma = 100$ h 的正态分布，试在显著性水平 $\alpha = 0.05$ 下确定这批元件是否合格？

5. 某电工器材厂生产一种熔丝，测量其熔化时间，依通常情况方差为 400. 今从某天产品中抽取容量为 25 的样本，测量其熔化时间并计算得 $\bar{x} = 62.24$，$s^2 = 404.77$，问这天熔丝熔化时间分散度与通常有无显著差异（$\alpha = 0.01$）？假定熔化时间是正态总体.

6. 从正态总体 $N(\mu, \sigma^2)$（μ 未知）中随机抽取出容量为 8 的样本，得 $\bar{x} = 61$，$\sum_{i=1}^{8}(x_i - 61)^2 = 652.8$，试以显著水平 $\alpha = 0.05$ 检验假设 H_0：$\sigma^2 = 8^2$.

7. 从正态总体 $N(\mu, \sigma^2)$ 中随机抽取容量为 5 的样本为 9.4，11.3，8.7，10.6，9.7，试以显著水平 $\alpha = 0.05$，检验假设 H_0：$\sigma = 1$.

8. 甲、乙两个铸造厂生产同一种铸件，假设两厂铸件的重量都服从正态分布，测得重量（单位：kg）如下：

甲厂	93.3	92.0	94.7	90.1	95.6	90.0	94.7
乙厂	95.6	94.9	96.2	95.1	95.8	96.3	

问：乙厂铸件重量的方差是否比甲厂小？（$\alpha = 0.05$）

9. 对 10 名患者试用两种药品 A，B，各药用后，分别测延长睡眠时间，结果得 $\bar{x} = 2.33$，$s_1^2 = 3.61$，$\bar{y} = 0.75$，$s_2^2 = 2.89$. 可否认为 A，B 对延长睡眠时间的效果没有差异. 假设延长睡眠时间服从正态分布，且两者方差没有差别（$\alpha = 0.01$）.

10. 从两个正态总体 X，Y 中分别取容量为 9，11 的样本，$\sum_{i=1}^{9}(x_i - \bar{x})^2 = 96$，$\sum_{i=1}^{11}(y_i - \bar{y})^2 = 45$. 试以显著水平 $\alpha = 0.02$ 检验两个总体的方差是否相等.

11. 化工试验中要考虑温度对产品断裂力的影响，在 70℃ 及 80℃ 的条件下，分别进行 8 次试验，测得产品断裂力(单位：N)的数据如下：

70℃时：20.5，18.8，19.8，20.9，21.5，19.5，21.0，21.2

80℃时：17.7，20.3，20.0，18.8，19.0，20.1，20.2，19.1

已知产品断裂力服从正态分布，且两种试验的方差相同，检验两种温度下产品断裂力的均值是否有显著差异（取 $\alpha = 0.05$）？

12. 某灯泡厂在使用一项新工艺的前后，各取 10 个灯泡进行寿命试验，计算得到采用新工艺前灯泡寿命的样本均值为 2460 h，标准差为 56 h；采用新工艺后灯泡寿命的样本均值为 2550 h，标准差为 48 h. 已知灯泡寿命服从正态分布，能否认为采用新工艺后灯泡的平均寿命有显著提高（$\alpha = 0.01$）？

13. 下面列出的是某工厂随机地选取20只部件的装配时间（单位：min）：9.8，10.4，10.6，9.6，9.7，9.9，10.9，11.1，9.6，10.2，10.3，9.6，9.9，11.2，10.6，9.8，10.5，10.1，10.5，9.7，设装配时间服从正态分布，是否可以认为装配时间的均值显著地大于10（$\alpha=0.05$）？

14. 测定某种溶液中的水分，由它的10个测定值计算出$s=0.037\%$. 设测定值服从正态分布，σ^2为其方差. 试在水平$\alpha=0.05$下，检验假设H_0：$\sigma\geqslant 0.04\%$.

*15. 在1h内电话用户对电话站的呼唤次数按每分钟统计如下表所示：

呼唤次数	0	1	2	3	4	5	6	≥7	总 计
频数	8	16	17	10	6	2	1	0	60

利用χ^2检验法检验每分钟内的电话呼唤次数服从泊松分布的假设($\alpha=0.05$).

*16. 在自动精密旋床的加工过程中，任意抽取200个小轴，测轴的直径与规定尺寸的偏差统计如表8-6所示.

表 8-6

偏差/μm	频数
-20 ~ -15	7
-15 ~ -10	11
-10 ~ -5	15
-5 ~0	24
0 ~ +5	49
+5 ~ +10	41
+10 ~ +15	26
+15 ~ +20	17
+20 ~ +25	7
+25 ~ +30	3
总　　计	200

利用χ^2检验法检验小轴直径尺寸的偏差服从正态分布的假设（$\alpha=0.05$).

*17. 一批灯泡中抽取300只作寿命试验，其结果如下：

寿命 t/h	$0\leqslant t\leqslant 100$	$100\leqslant t\leqslant 200$	$200\leqslant t\leqslant 300$	$t>300$
灯泡数	121	78	43	58

取$\alpha=0.05$，试检验假设H_0：灯泡寿命服从指数分布

$$f(x)=\begin{cases}0.05\mathrm{e}^{-0.05t}, & t\geqslant 0\\ 0, & t<0\end{cases}.$$

*18. 某车床生产滚珠，随机抽取50个产品，测得它们直径（单位：mm）

数据如下：

15.0	15.8	15.2	15.1	15.9	14.7	14.8	15.5	15.6
15.3	15.1	15.3	15.0	15.6	15.7	14.8	14.5	14.2
14.9	14.9	15.2	15.0	15.3	15.6	15.1	14.9	14.2
14.6	15.8	15.2	15.9	15.2	15.0	14.9	14.8	14.5
15.1	15.5	15.5	15.1	15.1	15.0	15.3	14.7	14.5
15.0	15.5	14.7	14.6	14.2				

试根据以上数据判别滚珠直径是否服从正态分布？($\alpha=0.05$)

第9章 方差分析

方差分析是数理统计中具有广泛应用的内容．本章对它们的最基本部分作一介绍．在科学试验或生产实践中，任何事物总是受很多因素影响的．例如，工业产品的质量受原料、机器、人工等因素的影响；农作物的产量受种子、肥料、土壤、水分、天气等因素的影响，每一因素的改变都有可能影响产品的数量和质量．有些因素影响较大，有些影响较小．为了使生产过程得以稳定，保证优质、高产，就有必要利用试验数据，分析各个因素对该事物的影响是否显著，数理统计中所采用的一种有效方法就是方差分析．

在试验中，我们将要考察的指标称为试验指标．影响试验指标的条件称为因素．因素可分为两类，一类是人们可以控制的（称为可控因素）；一类是人们不能控制的．例如，反应温度、原料剂量、肥料等是可以控制的，而测量误差、气象条件等一般是难以控制的．以下我们所说的因素都是指可控因素．为了分析某一个因素 A 对所考察的随机变量 ξ 的影响，我们可以在试验时让其他因素保持不变，而只让因素 A 的状态改变，这样的试验叫做**单因素试验**，因素 A 所处的状态叫做**水平**．如果有多于一个因素在改变，这样的试验称为**多因素试验**．

9.1 单因素试验的方差分析

一、单因素试验

例1 为提高合成纤维的抗拉强度，考虑合成纤维中棉花百分比这一因素 A 对其抗拉强度的影响．选定因素 A 的5个水平：

A_1：棉花百分比15%，A_2：棉花百分比20%，A_3：棉花百分比25%，A_4：棉花百分比30%，A_5：棉花百分比35%．各水平重复试验5次，希望通过试验分析找出最优工艺条件，得到数据如表9-1．

表 9-1

棉花百分比	抗拉强度				
15%	7	7	13	14	10
20%	14	17	12	18	16
25%	15	18	18	19	17
30%	19	25	22	20	23
35%	7	10	11	15	12

这里，试验的指标是合成纤维的抗拉强度．合成纤维中棉花百分比为因素，不同的棉花百分比就是这个因素的5个不同的水平．这里我们假定除棉花百分比这一因素外，合成纤维的其他使用条件都相同，这是单因素试验．试验的目的是为了考察这5批合成纤维的抗拉强度是否有显著差异，即考察合成纤维中棉花百分比这一因素对合成纤维的抗拉强度有无显著的影响．如果抗拉强度有显著差异，就表明合成纤维中棉花百分比这一因素对抗拉强度的影响是显著的．

例2 某灯泡厂使用三种不同材料的灯丝制成三批灯泡．从这三批灯泡中分别抽样测得灯泡的使用寿命（小时）如表9-2.

表 9-2

批号	使用寿命					
Ⅰ	1600	1610	1650	1680	1700	1720
Ⅱ	1580	1640	1640	1700	1750	1800
Ⅲ	1540	1550	1570	1600	1660	1680

这里，试验的指标是灯泡的使用寿命．灯丝的材料为因素，不同的三种材料就是这个因素的三个不同的水平．这里我们假定除灯丝的材料这一因素外，灯泡的其他使用条件都相同，这是单因素试验．试验的目的是为了考察这三批灯泡的使用寿命是否有显著差异，即考察灯丝的材料这一因素对灯泡的使用寿命有无显著的影响．如果灯泡的使用寿命有显著差异，就表明灯丝的材料这一因素对寿命的影响是显著的．

设因素 A 有 r 个不同水平 $A_1,A_2,\cdots,A_r$，我们在因素 A 的每一个水平下进行独立试验，其结果是一个随机变量．设各水平 A_i 对应的试验指标的总体 ξ_i 服从正态分布 $N(\mu_i,\sigma^2),i=1,2,\cdots,r$；并且我们假定各 ξ_i 有相同的标准差 σ，但各总体均值 μ_i 可能不同．例如 $\xi_1,\xi_2,\cdots,\xi_r$ 可以是用 r 种不同工艺生产的电灯泡的使用寿命，或者是 r 个不同品种的小麦的单位面积产量，等等．我们的目的就是要检验同方差的多个正态总体均值是否相等，方差分析方法就是解决这类问题的一种统计分析方法.

在水平 A_i 下进行 n_i 次试验，$i=1,2,\cdots,r$. 我们假定所有的试验都是独立的. 设得到样本观测值 x_{ij} 如表 9-3.

表 9-3

水 平	观 察 值			
A_1	x_{11}	x_{12}	…	x_{1n_1}
A_2	x_{21}	x_{22}	…	x_{2n_2}
…	…	…	…	…
A_r	x_{r1}	x_{r2}	…	x_{rn_r}

因为在水平 A_i 下的样本观测值 $x_{ij}(j=1,2,\cdots,n_i)$ 与总体 ξ_i 服从相同的分布，所以有

$$x_{ij}\sim N(\mu_i,\sigma^2),i=1,2,\cdots,r. \tag{9.1}$$

我们的任务就是根据这 r 组观测值来检验因素 A 对试验结果的影响是否显著. 如果因素 A 的影响不显著，则所有样本观测值 x_{ij} 就可以看作是来自同一总体 $\xi\sim N(\mu,\sigma^2)$，因此要检验的原假设是 $H_0:\mu_1=\mu_2=\cdots=\mu_r=\mu$. (9.2)

因为 $x_{ij}\sim N(\mu_i,\sigma^2)$，所以 $x_{ij}-\mu_i\sim N(0,\sigma^2)$. 记 $\varepsilon_{ij}=x_{ij}-\mu_i$，则 $x_{ij}=\mu_i+\varepsilon_{ij}$，$\varepsilon_{ij}\sim N(0,\sigma^2)$.

再设总观察次数 $n=\sum\limits_{i=1}^{r}n_i$，$\alpha_i=\mu_i-\mu$，$i=1,2,\cdots,r$. 则 $x_{ij}=\mu+\alpha_i+\varepsilon_{ij}$，其中 $\sum\limits_{i=1}^{r}n_i\alpha_i=0$.

H_0：$\mu_1=\mu_2=\cdots=\mu_r=\mu$ 等价于 $H_0':\alpha_1=\alpha_2=\cdots=\alpha_r=0$.

方差分析问题实质上是一个假设检验问题，下面探讨如何构造合适的统计量.

二、方差分析统计量的构造

（一）定义

组内平均值：
$$\bar{x}_{i\cdot}=\frac{1}{n_i}\sum_{j=1}^{n_i}x_{ij}, \tag{9.3}$$

总平均值：
$$\bar{x}=\frac{1}{n}\sum_{i=1}^{r}\sum_{j=1}^{n_i}x_{ij}=\frac{1}{n}\sum_{i=1}^{r}n_i\bar{x}_{i\cdot}, \tag{9.4}$$

总离均差平方和：
$$S=\sum_{i=1}^{r}\sum_{j=1}^{n_i}(x_{ij}-\bar{x})^2, \tag{9.5}$$

组间离均差平方和：
$$S_A=\sum_{i=1}^{r}n_i(\bar{x}_{i\cdot}-\bar{x})^2, \tag{9.6}$$

误差平方和：
$$S_e=\sum_{i=1}^{r}\sum_{j=1}^{n_i}(x_{ij}-\bar{x}_{i\cdot})^2, \tag{9.7}$$

组间平均平方和：
$$\bar{S}_A=\frac{S_A}{r-1}, \tag{9.8}$$

误差平均平方和：
$$\bar{S}_e=\frac{S_e}{n-r}. \tag{9.9}$$

S_A 反映各组样本之间的差异程度，即由于因素 A 的不同水平所引起的系统差异；S_e 反映各种随机因素引起的试验误差.

(二) 几个重要结论

我们可以导出如下结论：

(1)
$$S=S_A+S_e \tag{9.10}$$

(2)
$$\frac{S_e}{\sigma^2}\sim\chi^2(n-r); \tag{9.11}$$

(3) S_A 与 S_e 是相互独立的；若 H_0 成立，则 $\frac{S_A}{\sigma^2}\sim\chi^2(r-1)$. (9.12)

证明 (1) 因为 $S=\sum_{i=1}^{r}\sum_{j=1}^{n_i}(x_{ij}-\bar{x})^2=\sum_{i=1}^{r}\sum_{j=1}^{n_i}\left[(x_{ij}-\bar{x}_{i\cdot})+(\bar{x}_{i\cdot}-\bar{x})\right]^2$

$$=\sum_{i=1}^{r}\sum_{j=1}^{n_i}(x_{ij}-\bar{x}_{i\cdot})^2+\sum_{i=1}^{r}\sum_{j=1}^{n_i}(\bar{x}_{i\cdot}-\bar{x})^2$$
$$+2\sum_{i=1}^{r}\sum_{j=1}^{n_i}(x_{ij}-\bar{x}_{i\cdot})(\bar{x}_{i\cdot}-\bar{x}),$$

其中，
$$2\sum_{i=1}^{r}\sum_{j=1}^{n_i}(x_{ij}-\bar{x}_{i\cdot})(\bar{x}_{i\cdot}-\bar{x})=2\sum_{i=1}^{r}\left[(\bar{x}_{i\cdot}-\bar{x})\cdot\sum_{j=1}^{n_i}(x_{ij}-\bar{x}_{i\cdot})\right]$$
$$=2\sum_{i=1}^{r}\left[(\bar{x}_{i\cdot}-\bar{x})\cdot\left(\sum_{j=1}^{n_i}x_{ij}-n_i\cdot\bar{x}_{i\cdot}\right)\right]=0,$$

所以 $S=S_A+S_e$.

(2) $S_e=\sum_{i=1}^{r}\sum_{j=1}^{n_i}(x_{ij}-\bar{x}_{i\cdot})^2=\sum_{j=1}^{n_i}(x_{1j}-\bar{x}_{1\cdot})^2+\cdots+\sum_{j=1}^{n_i}(x_{rj}-\bar{x}_{r\cdot})^2$.

由于 $\sum_{j=1}^{n_i}(x_{ij}-\bar{x}_{i\cdot})^2$ 是总体 $N(\mu_i,\sigma^2)$ 的样本方差的 n_i-1 倍，所以有

$$\sum_{j=1}^{n_i}(x_{ij}-\bar{x}_{i\cdot})^2/\sigma^2\sim\chi^2(n_i-1).$$

因各 x_{ij} 独立，由 χ^2 分布的可加性知

$$\frac{S_e}{\sigma^2} \sim \chi^2\left(\sum_{i=1}^{r}(n_i - 1)\right),$$

即$\frac{S_e}{\sigma^2} \sim \chi^2(n-r)$.

(3) 证略.

三、方差分析的方法

设统计量
$$F = \frac{\overline{S}_A}{\overline{S}_e} = \frac{(S_A/\sigma^2)/(r-1)}{(S_e/\sigma^2)/(n-r)}, \tag{9.13}$$

利用式(9.11)及(9.12)的结论及F分布的定义可知
$$F \sim F(r-1, n-r). \tag{9.14}$$

如果因素A的各个水平对总体的影响差不多，则组间离均差平方和S_A较小，因而F也较小；反之，如果因素A的各个水平对总体的影响显著不同，则组间离均差平方和S_A较大，因而F也较大．由此可见，我们可以根据F值的大小来检验上述原假设H_0.

对于给定的显著性水平α，由附表5查得相应的分位数F_α. 如果由样本观测值计算得到的F的值大于F_α，则在水平α下拒绝原假设H_0，即认为因素A的不同水平对总体有显著影响；如果F的值不大于F_α，则接受H_0，即认为因素A的不同水平对总体无显著影响.

通常分别取$\alpha = 0.05$和$\alpha = 0.01$，按F所满足的不同条件作出不同的判断，如表9-4.

表 9-4

条　件	显著性
$F \leqslant F_{0.05}$	不显著
$F_{0.05} < F \leqslant F_{0.01}$	显著(可用"*"表示)
$F > F_{0.01}$	高度显著(可用"**"表示)

通常还根据计算结果，列出方差分析表如表9-5.

表 9-5

方差来源	平方和	自由度	均方和	F值	临界值
组　间	S_A	$r-1$	$\overline{S}_A = \frac{S_A}{r-1}$	$F = \frac{\overline{S}_A}{\overline{S}_e}$	$F_{0.05}$
误　差	S_e	$n-r$	$\overline{S}_e = \frac{S_e}{n-r}$		$F_{0.01}$
总　和	S	$n-1$			

实际计算过程中我们可以用以下简便公式计算 S，S_A，S_e. 记

$$X_{i\cdot}=\sum_{j=1}^{n_i}x_{ij},X=\sum_{i=1}^{r}\sum_{j=1}^{n_i}x_{ij},$$

则

$$S=\sum_{i=1}^{r}\sum_{j=1}^{n_i}x_{ij}^2-n\bar{x}^2=\sum_{i=1}^{r}\sum_{j=1}^{n_i}x_{ij}^2-\frac{X^2}{n},$$

$$S_A=\sum_{i=1}^{r}n_i\bar{x}_{i\cdot}^2-n\bar{x}^2=\sum_{i=1}^{r}\frac{X_{i\cdot}^2}{n_i}-\frac{X^2}{n},$$

$$S_e=S-S_A.$$

例 3 利用例 1 的资料，其检验假设为

$$H_0:\mu_1=\mu_2=\mu_3=\mu_4=\mu_5;\ H_1:\mu_1,\mu_2,\mu_3,\mu_4,\mu_5\text{ 不全相等}.$$

由已知 $r=5$，$n_1=n_2=n_3=n_4=n_5=5$，$n=25$，得表 9-6.

表 9-6

棉花百分比	抗拉强度	$\sum_{j=1}^{n_i}x_{ij}$	$\sum_{j=1}^{n_i}x_{ij}^2$
A_1	7　7　13　14　10	51	563
A_2	14　17　12　18　16	77	1209
A_3	15　18　18　19　17	87	1523
A_4	19　25　22　20　23	109	2399
A_5	7　10　11　15　12	55	639
合计		379	6333

总离均差平方和 $S=\sum_{i=1}^{r}\sum_{j=1}^{n_i}x_{ij}^2-\frac{X^2}{n}=6333-\frac{379^2}{25}=587.36$,

组间离均差平方和 $S_A=\sum_{i=1}^{r}\frac{X_{i\cdot}^2}{n_i}-\frac{X^2}{n}=\frac{1}{5}(51^2+77^2+\cdots+55^2)-\frac{379^2}{25}=455.36.$

误差平方和：$S_e=S-S_A=587.36-455.36=132.$

S，S_A，S_e 的自由度依次为 $n-1=24$，$r-1=4$，$n-r=20$，得方差分析表如表 9-7.

表 9-7

方差来源	平方和	自由度	均方和	F 值
组　间	455.36	4	113.84	17.248
误　差	132	20	6.6	
总　和	587.36	24		

$F_{0.05}(4,20)=2.87$，因为 $F=17.248>F_{0.05}(4,20)$，所以拒绝原假设 H_0，表明合成纤维中棉花百分比这一因素对抗拉强度的影响是显著的.

9.2 双因素试验的方差分析

如果我们要同时考虑两个因素 A 与 B 对所考察的随机变量 ξ 是否有影响的问题，则应讨论双因素试验的方差分析.

设因素 A 有不同水平 $A_1,A_2,\cdots,A_r$，因素 B 有不同水平 $B_1,B_2,\cdots,B_s$，在它们的每一种搭配(A_i,B_j) 下的总体 ξ_{ij}服从正态分布 $N(\mu_{ij},\sigma^2),i=1,2,\cdots,r;j=1,2,\cdots,s$. 这里，我们假定各 ξ_{ij}有相同的标准差 σ，但各总体均值 μ_{ij}可能不同. 所谓有（无）重复试验就是因素 A 和 B 的每一种水平搭配(A_j, B_j)下（是）否仅取一个观察值 x_{ij}. 我们假定所有的试验都是独立的，全部样本观测值 x_{ij}可用表 9-8 表示.

表 9-8

因素 B / 因素 A	B_1	B_2	…	B_s
A_1	x_{11}	x_{12}	…	x_{1s}
…	…	…	…	…
A_r	x_{r1}	x_{r2}	…	x_{rs}

因为观测值 x_{ij}与总体 ξ_{ij}服从相同的分布，所以有

$$x_{ij}\sim N(\mu_{ij},\sigma^2),i=1,2,\cdots;rj=1,2,\cdots,s.$$

我们的任务就是根据这些观测值来检验因素 A 和 B 对试验结果的影响是否显著.

一、等重复试验的方差分析（有交互作用的方差分析）

交互作用是指两个因素 A 与 B 的各个水平之间的不同搭配对试验结果的影响.

例 1 某化工厂为了掌握不同的催化剂量(mL)和不同的聚合温度(℃)对某种化工产品转化率的影响,做了两批试验,结果如表 9-9.

表 9-9

催化剂(mL)(因素 A)	温度(℃)(因素 B)			
	10	24	38	52
2	14	11	13	10
	10	11	9	12
4	9	10	7	6
	7	8	11	10
6	5	13	12	14
	11	14	13	10

我们想知道不同催化剂量对产品转化率有无影响，在不同温度下转化率有无显著差异，交互作用是否显著.

(一) 考虑交互作用时的双因素等重复试验的方差分析原理

因素 A 和因素 B 的交互作用记为 $A\times B$ 或简记为 I. 为了分析这种交互作用，对于它们的每一种搭配$(A_i,B_j)(i=1,2,\cdots,r;j=1,2,\cdots,s)$需要分别进行 $t\geqslant 2$次重复试验，即共需进行 rst 次试验. 全部样本观测值为 $x_{ijk}(i=1,2,\cdots,r;j=1,2,\cdots,s;k=1,2,\cdots,t)$可用表 9-10 表示.

表 9-10

因素 B \ 因素 A	B_1	B_2	$\cdots$	B_s
A_1	x_{111} x_{112} $\cdots$ x_{11t}	x_{121} x_{122} $\cdots$ x_{12t}	$\cdots$	x_{1s1} x_{1s2} $\cdots$ x_{1st}
$\cdots$	$\cdots$	$\cdots$	$\cdots$	$\cdots$
A_r	x_{r11} x_{r12} $\cdots$ x_{r1t}	x_{r21} x_{r22} $\cdots$ x_{r2t}	$\cdots$	x_{rs1} x_{rs2} $\cdots$ x_{rst}

因为观测值 x_{ijk}与总体 ξ_{ij}服从相同的分布，所以有

$$x_{ijk}\sim N(\mu_{ij},\sigma^2),i=1,2,\cdots,r;j=1,2,\cdots,s;k=1,2,\cdots,t.$$

令 $x_{ijk}=\mu_{ij}+\varepsilon_{ijk},\varepsilon_{ijk}=x_{ijk}-\mu_{ij}$,则 $\varepsilon_{ijk}\sim N(0,\sigma^2)$,各 ε_{ijk}相互独立,$i=1,2,$

$\cdots,r;j=1,2,\cdots,s;k=1,2,\cdots,t.$

我们的任务就是根据这些观测值来检验因素 A、B 及其交互作用 $I=A\times B$ 对试验结果的影响是否显著.

令 $\mu=\frac{1}{rs}\sum_{i=1}^{r}\sum_{j=1}^{s}\mu_{ij}$（总均值），

$\mu_{i\cdot}=\frac{1}{s}\sum_{j=1}^{s}\mu_{ij}$（在因素 A 的水平下的均值），

$\mu_{\cdot j}=\frac{1}{r}\sum_{i=1}^{r}\mu_{ij}$（在因素 B 的水平下的均值），

$\alpha_i=\mu_{i\cdot}-\mu$（因素 A 的水平的效应），

$\beta_j=\mu_{\cdot j}-\mu$（因素 B 的水平的效应）.

显然有 $\sum_{i=1}^{r}\alpha_i=0,\sum_{j=1}^{s}\beta_j=0.$

令 $\gamma_{ij}=\mu_{ij}-\mu-\alpha_i-\beta_i,i=1,2,\cdots,r;j=1,2,\cdots,s.$（水平 A_i,B_j 的交互效用）

易得 $\sum_{i=1}^{r}\gamma_{ij}=0,j=1,2,\cdots,s;\sum_{j=1}^{s}\gamma_{ij}=0\quad i=1,2,\cdots,r.$

我们要研究问题的数学模型是

$$\begin{cases}x_{ijk}=\mu+\alpha_i+\beta_j+\gamma_{ij}+\varepsilon_{ijk}\\ \varepsilon_{ijk}\sim N(0,\sigma^2),\text{各 }\varepsilon_{ijk}\text{相互独立}\\ \sum_{i=1}^{r}\alpha_i=0,\sum_{j=1}^{s}\beta_j=0\\ \sum_{i=1}^{r}\gamma_{ij}=0,\sum_{j=0}^{s}\gamma_{ij}=0\end{cases}\tag{9.15}$$

其中 $\mu,\alpha_i,\beta_j,\gamma_{ij},\sigma^2$ 都是未知参数.

对于这一模型我们所要检验的就是以下三个假设：

$$\begin{cases}H_{01}:\alpha_1=\alpha_2=\cdots=\alpha_r=0\\ H_{11}:\alpha_1,\alpha_2,\cdots,\alpha_r\text{ 不全为零}\end{cases}\tag{9.16}$$

$$\begin{cases}H_{02}:\beta_1=\beta_2=\cdots=\beta_s=0\\ H_{12}:\beta_1,\beta_2,\cdots,\beta_s\text{ 不全为零}\end{cases}\tag{9.17}$$

$$\begin{cases}H_{03}:\gamma_{ij}=0\\ H_{13}:\gamma_{ij}\text{不全为零}\end{cases}$$
$$i=1,2,\cdots,r;j=1,2,\cdots,s.\tag{9.18}$$

类似于单因素方差分析将总离均差平方和分解，在此我们分别考虑因素

A、B 及交互作用对于结果的影响.

（二）方差分析统计量的构造

1. 定义

引入以下记号：

$$\bar{x}_{ij\cdot}=\frac{1}{t}\sum_{k=1}^{t}x_{ijk},i=1,2,\cdots,r;j=1,2,\cdots,s.$$

$$\bar{x}_{i\cdot\cdot}=\frac{1}{st}\sum_{j=1}^{s}\sum_{k=1}^{t}x_{ijk},i=1,2,\cdots,r.$$

$$\bar{x}_{\cdot j\cdot}=\frac{1}{rt}\sum_{i=1}^{r}\sum_{k=1}^{t}x_{ijk},j=1,2,\cdots,s.$$

总平均值 $\bar{x}=\frac{1}{rst}\sum_{i=1}^{r}\sum_{j=1}^{s}\sum_{k=1}^{t}x_{ijk}$, (9.19)

总离均差平方和 $S_T=\sum_{i=1}^{r}\sum_{j=1}^{s}\sum_{k=1}^{t}(x_{ijk}-\bar{x})^2$, (9.20)

因素 A 的离均差平方和 $S_A=st\sum_{i=1}^{t}(\bar{x}_{i\cdot\cdot}-\bar{x})^2$, (9.21)

因素 B 的离均差平方和 $S_B=rt\sum_{j=1}^{s}(\bar{x}_{\cdot j\cdot}-\bar{x})^2$, (9.22)

交互作用的离均差平方和 $S_I=t\sum_{i=1}^{r}\sum_{j=1}^{s}(\bar{x}_{ij\cdot}-\bar{x}_{i\cdot\cdot}-\bar{x}_{\cdot j\cdot}+\bar{x})^2$, (9.23)

误差平方和 $S_e=\sum_{i=1}^{r}\sum_{j=1}^{s}\sum_{k=1}^{t}(x_{ijk}-\bar{x}_{ij\cdot})^2$. (9.24)

S_A 与 S_B 分别反映因素 A 和 B 的不同水平所引起的系统差异；S_I 反映因素 A 和 B 的不同水平搭配所引起的系统差异；而 S_e 则反映各种随机因素引起的试验误差.

2. 几个重要结论

我们可以导出如下结论：

(1) $S_T=S_A+S_B+S_I+S_e$, (9.25)

S_A,S_B,S_I,S_e 是相互独立的；

(2) $\frac{S_e}{\sigma^2}\sim\chi^2(rs(t-1))$； (9.26)

$$(3)\begin{cases}\text{若 } H_{01} \text{ 成立,则} \dfrac{S_A}{\sigma^2} \sim \chi^2(r-1) \\ \text{若 } H_{02} \text{ 成立,则} \dfrac{S_B}{\sigma^2} \sim \chi^2(s-1). \\ \text{若 } H_{03} \text{ 成立,则} \dfrac{S_I}{\sigma^2} \sim \chi^2((r-1)(s-1))\end{cases} \tag{9.27}$$

3. 构造 F 统计量

利用以上结论，定义：

因素 A 的均方和 $\overline{S}_A = \dfrac{S_A}{r-1}$,

因素 B 的均方和 $\overline{S}_B = \dfrac{S_B}{s-1}$,

交互作用均方和 $\overline{S}_I = \dfrac{S_I}{(r-1)(s-1)}$,

误差均方和 $\overline{S}_e = \dfrac{S_e}{rs(t-1)}$.

考察统计量 $F_A = \dfrac{\overline{S}_A}{\overline{S}_e}$，$F_B = \dfrac{\overline{S}_B}{\overline{S}_e}$，$F_I = \dfrac{\overline{S}_I}{\overline{S}_e}$. 由以上结论及 F 分布的定义可知

当 H_{01} 成立时，$F_A \sim F(r-1, rs(t-1))$;
当 H_{02} 成立时，$F_B \sim F(s-1, rs(t-1))$;
当 H_{03} 成立时，$F_I \sim F((r-1)(s-1), rs(t-1))$.

（三）方差分析的方法

我们可以根据 F_A, F_B 与 F_I 的值的大小来检验上述原假设 H_{01}, H_{02} 与 H_{03}. 对于给定的显著性水平 α，由附表5查得相应的分位数 F_α. 通过比较 F 的值与 F_α 的大小，判断该因素的不同水平对总体有没有显著影响.

通常分别取 $\alpha = 0.05$ 和 $\alpha = 0.01$，按 F 所满足的不同条件作出不同的判断如表9-11.

表 9-11

条　件	显 著 性
$F \leqslant F_{0.05}$	不显著
$F_{0.05} < F \leqslant F_{0.01}$	显著(可用“＊”表示)
$F > F_{0.01}$	高度显著(可用“＊＊”表示)

通常还根据计算结果，列出方差分析表如表9-12.

表 9-12

方差来源	平方和	自由度	均方和	F 值	临界值	显著性
因素 A	S_A	$r-1$	$\overline{S}_A=\dfrac{S_A}{r-1}$	$F_A=\dfrac{\overline{S}_A}{\overline{S}_e}$	$F_{A0.05}$ $F_{A0.01}$	
因素 B	S_B	$s-1$	$\overline{S}_B=\dfrac{S_B}{s-1}$	$F_B=\dfrac{\overline{S}_B}{\overline{S}_e}$	$F_{B0.05}$ $F_{B0.01}$	
交互作用 I	S_I	$(r-1)(s-1)$	$\overline{S}_I=\dfrac{S_I}{(r-1)(s-1)}$	$F_I=\dfrac{\overline{S}_I}{\overline{S}_e}$	$F_{I0.05}$ $F_{I0.01}$	
误差	S_e	$rs(t-1)$	$\overline{S}_e=\dfrac{S_e}{rs(t-1)}$			
总和	S_T	$rst-1$				

注意 有时为了简化计算，可把全部观察值 x_{ijk} 减去或加上一个常数 C，并不影响离均差平方和的计算结果.

我们还可以用简便公式（9.28）计算上表中的各个平方和.

记 $X_{ij\cdot}=\sum\limits_{k=1}^{t}x_{ijk},X_{i\cdot\cdot}=\sum\limits_{j=1}^{s}\sum\limits_{k=1}^{t}x_{ijk},X_{\cdot j\cdot}=\sum\limits_{i=1}^{r}\sum\limits_{k=1}^{t}x_{ijk},X=\sum\limits_{i=1}^{r}\sum\limits_{j=1}^{s}\sum\limits_{k=1}^{t}x_{ijk}$

$(i=1,2,\cdots,r;j=1,2,\cdots,s.)$

则

$$\begin{cases}S_T=\sum\limits_{i=1}^{r}\sum\limits_{j=1}^{s}\sum\limits_{k=1}^{t}X_{ijk}^2-\dfrac{X^2}{rst}\\ S_A=\dfrac{1}{st}\sum\limits_{i=1}^{r}X_{i\cdot\cdot}^2-\dfrac{X^2}{rst}\\ S_B=\dfrac{1}{rt}\sum\limits_{j=1}^{s}X_{\cdot j\cdot}^2-\dfrac{X^2}{rst}\\ S_I=\left(\dfrac{1}{t}\sum\limits_{i=1}^{r}\sum\limits_{j=1}^{s}X_{ij\cdot}^2-\dfrac{X^2}{rst}\right)-S_A-S_B\\ S_e=S_T-S_I-S_A-S_B\end{cases}\tag{9.28}$$

例 2 利用例 1 数据在水平 $\alpha=0.05$ 下对上述问题作出检验.

解 检验假设为

$$\begin{cases}H_{01}:\alpha_1=\alpha_2=\cdots=\alpha_r=0\\ H_{11}:\alpha_1,\alpha_2,\cdots,\alpha_r\text{ 不全为零}\end{cases}$$

$$\begin{cases}H_{02}:\beta_1=\beta_2=\cdots=\beta_r=0\\ H_{12}:\beta_1,\beta_2,\cdots,\beta_r\text{ 不全为零}\end{cases}$$

$$\begin{cases}H_{03}:\gamma_{ij}=0\\ H_{13}:\gamma_{ij}\text{不全为零}\end{cases}$$

$i=1,2,\cdots,r;j=1,2,\cdots,s.$

$X_{ij\cdot}$，$X_{i\cdot\cdot}$，$X_{\cdot j\cdot}$，X 计算见表 9-13，表中括号内的数字是 $X_{ij\cdot}$，其中 $r=3$，$s=4$，$t=2$.

表 9-13

催化剂/mL(因素 A)	温度/℃(因素 B)				
	10	24	38	52	$X_{i\cdot\cdot}$
2	14 10(24)	11 11(22)	13 9(22)	10 12(22)	90
4	9 7(16)	10 8(18)	7 11(18)	6 10(16)	68
6	5 11(16)	13 14(27)	12 13(25)	14 10(24)	92
$X_{\cdot j\cdot}$	56	67	65	62	250

所以

$$S_T=(14^2+10^2+\cdots+10^2)-\frac{250^2}{24}=147.83,$$

$$S_A=\frac{1}{8}(90^2+68^2+92^2)-\frac{250^2}{24}=44.33,$$

$$S_B=\frac{1}{6}(56^2+67^2+65^2+62^2)-\frac{250^2}{24}=11.50,$$

$$S_I=\frac{1}{2}(24^2+22^2+\cdots+24^2)-\frac{250^2}{24}-S_A-S_B=27,$$

$$S_e=S_T-S_A-S_B-S_I=65.$$

方差分析表如表 9-14.

表 9-14

方差来源	平方和	自由度	均方和	F 值
因素 A	44.33	2	22.165	4.092
因素 B	11.50	3	3.833	0.707
交互作用 I	27	6	4.5	0.830
误　差	65	12	5.42	
总　和	147.83	23		

由于 $F_{0.05}(2,12)=3.89<F_A$，所以在水平 $\alpha=0.05$ 下我们拒绝原假设 H_{01}，认为因素 A 即不同剂量催化剂对转化率有显著的影响．而 $F_{0.05}(3,12)=$

$3.49 > F_B, F_{0.05}(6,12) = 3.00 > F_I$，所以在水平 $\alpha = 0.05$ 下接受原假设 H_{02}，H_{03}，认为温度对转化率的影响不显著，且交互作用的影响也不显著.

例 3 在某种金属材料的生产过程中，对热处理温度(因素 A)与时间(因素 B)各取两个水平，产品强度的测定结果见表 9-15. 在同一条件下每个试验重复两次，设各水平搭配下强度的总体服从正态分布且方差相同，各样本独立. 问热处理温度、时间以及这两者的交互作用对产品的强度是否有显著影响.（$\alpha = 0.05$）

表 9-15

因素 B / 因素 A	B_1	B_2	$X_{i\cdot\cdot}$
A_1	37.5 39.0(76.5)	44.0 45.2(89.2)	165.7
A_2	47.2 44.5(91.7)	42.3 40.8(83.1)	174.8
$X_{\cdot j \cdot}$	168.2	172.3	340.5

解 按题意作出检验假设 H_{01}，H_{02}，H_{03}.

$$S_T = (37.5^2 + 39.0^2 + \cdots + 40.8^2) - \frac{340.5^2}{8} = 75.78,$$

$$S_A = \frac{1}{4}(165.7^2 + 174.8^2) - \frac{340.5^2}{8} = 10.35,$$

$$S_B = \frac{1}{4}(168.2^2 + 172.3^2) - \frac{340.5^2}{8} = 2.10,$$

$$S_I = \frac{1}{2}(76.5^2 + 89.2^2 + 91.7^2 + 83.1^2) - \frac{340.5^2}{8} - S_A - S_B = 56.72,$$

$$S_e = S_T - S_A - S_B - S_I = 6.61.$$

方差分析表如表 9-16：

表 9-16

方差来源	平方和	自由度	均方和	F 值
因素 A	10.35	1	10.35	6.273
因素 B	2.10	1	2.10	1.273
交互作用 I	56.72	1	56.72	34.376
误　差	6.61	4	1.65	
总　和	75.78	7		

因为 $F_{0.05}(1,4)=7.71$，所以在水平 $\alpha=0.05$ 下我们接受原假设 H_{01}，H_{02}，认为热处理温度、时间对产品的强度没有显著影响，而两者交互作用的影响显著.

二、双因素无重复试验的方差分析（无交互作用的方差分析）

在以上的讨论中，我们考虑了双因素试验中两个因素的交互作用. 为了要检验交互作用的效应是否显著，对于两个因素的每一组合(A_i, B_j)至少要做2次试验. 这是因为在上述模型中，若 $k=1$，$\gamma_{ij}+\varepsilon_{ij}$总以结合在一起的形式出现，这样交互作用与误差就不能分离开来. 如果在实际问题中我们已经知道没有交互作用或交互作用对结果影响很小，则可以不考虑交互作用. 此时即使 $k=1$ 也能对因素 A、B 的效应进行分析. 现对因素 A 和 B 的每一种水平搭配(A_i, B_j)仅取一个观察值 x_{ij}，即所谓无重复试验. 我们假定所有的试验都是独立的，全部样本观测值 x_{ij}可用表9-17表示.

表 9-17

因素 B / 因素 A	B_1	B_2	…	B_s
A_1	x_{11}	x_{12}	…	x_{1s}
…	…	…	…	…
A_r	x_{r1}	x_{r2}	…	x_{rs}

因为观测值 x_{ij}与总体 ξ_{ij}服从相同的分布，设 $x_{ij}\sim N(\mu_{ij},\sigma^2), i=1,2,\cdots,r$; $j=1,2,\cdots,s$. 我们的任务就是根据这些观测值来检验因素 A 和 B 对试验结果的影响是否显著. 因为没有交互作用的影响，将考虑交互影响的模型（9.15）改为

$$\begin{cases} x_{ij}=\mu+\alpha_i+\beta_j+\varepsilon_{ij} \\ \varepsilon_{ij}\sim N(0,\sigma^2),\text{各 }\varepsilon_{ij}\text{相互独立} \\ \sum\limits_{i=1}^{r}\alpha_i=0, \sum\limits_{j=1}^{s}\beta_j=0 \end{cases}$$
$$i=1,2,\cdots,r; j=1,2,\cdots,s$$

对于这一数学模型要检验的原假设可分别设为

$$\begin{cases} H_{01}:\alpha_1=\alpha_2=\cdots=\alpha_r=0 \\ H_{11}:\alpha_1,\alpha_2,\cdots,\alpha_r\text{ 不全为零} \end{cases}$$

$$\begin{cases} H_{02}:\beta_1=\beta_2=\cdots=\beta_s=0 \\ H_{12}:\beta_1,\beta_2,\cdots,\beta_s\text{ 不全为零} \end{cases}$$

同样将总离均差平方和分解，只考虑因素 A、B 对于结果的影响，则有

$$
\begin{cases}
\bar{x}_{i\cdot} = \dfrac{1}{s}\sum\limits_{j=1}^{s} x_{ij}, \bar{x}_{\cdot j} = \dfrac{1}{r}\sum\limits_{i=1}^{r} x_{ij} \\
\bar{x} = \dfrac{1}{rs}\sum\limits_{i=1}^{r}\sum\limits_{j=1}^{s} x_{ij} \\
S_T = \sum\limits_{i=1}^{r}\sum\limits_{j=1}^{s}(x_{ij} - \bar{x})^2 \\
S_A = s\sum\limits_{i=1}^{r}(\bar{x}_{i\cdot} - \bar{x})^2 \\
S_B = r\sum\limits_{j=1}^{s}(\bar{x}_{\cdot j} - \bar{x})^2 \\
S_e = \sum\limits_{i=1}^{r}\sum\limits_{j=1}^{s}(x_{ij} - \bar{x}_{i\cdot} - \bar{x}_{\cdot j} + \bar{x})^2
\end{cases}
\quad . \tag{9.29}
$$

其中 S_A，S_B 除反映误差外还分别反映了由 H_{01} 和 H_{02} 的不真所引起的波动．S_I 只是反映了误差的波动，这是因为交互作用不存在的缘故．我们用 S_e 表示 S_I，即 $S_e = S_I$.

我们也同样可以导出如下结论：

（1）$S_T = S_A + S_B + S_e$，S_A，S_B，S_e 是相互独立的；

（2）$\dfrac{S_e}{\sigma^2} \sim \chi^2((r-1)(s-1))$；

（3）若 H_{01} 成立，则 $\dfrac{S_A}{\sigma^2} \sim \chi^2(r-1)$，

若 H_{02} 成立，则 $\dfrac{S_B}{\sigma^2} \sim \chi^2(s-1)$.

再利用以上结论，定义

因素 A 的均方和 $\bar{S}_A = \dfrac{S_A}{r-1}$,

因素 B 的均方和 $\bar{S}_B = \dfrac{S_B}{s-1}$,

误差均方和 $\bar{S}_e = \dfrac{S_e}{(r-1)(s-1)}$.

考察统计量 $F_A = \dfrac{\bar{S}_A}{\bar{S}_e}$，$F_B = \dfrac{\bar{S}_B}{\bar{S}_e}$，利用上面的结论及 F 分布的定义可知：

当 H_{01} 成立时，$F_A \sim F(r-1,(r-1)(s-1))$；

当 H_{02} 成立时，$F_B \sim F(s-1,(r-1)(s-1))$.

我们可以根据 F_A 与 F_B 的值的大小来检验上述原假设 H_{01} 与 H_{02}，对于给定的显著性水平 α，由 F 分布表查得相应的分位数 F_α. 如果由样本观测值计算得到的 F 的值大于 F_α，则在水平 α 下拒绝原假设，即认为该因素的不同水平对总体有显著影响；如果 F 的值不大于 F_α，则接受原假设，即认为该因素的不同水平对总体无显著影响.

通常分别取 $\alpha=0.05$ 和 $\alpha=0.01$，按 F 所满足的不同条件作出不同的判断如表9-18.

表 9-18

条　件	显著性
$F \leqslant F_{0.05}$	不显著
$F_{0.05} < F \leqslant F_{0.01}$	显著(可用"＊"表示)
$F > F_{0.01}$	高度显著(可用"＊＊"表示)

通常还根据计算结果，列出方差分析表如表9-19.

表 9-19

方差来源	平方和	自由度	均方和	F 值	临界值	显著性
因素 A	S_A	$r-1$	$\bar{S}_A=\dfrac{S_A}{r-1}$	$F_A=\dfrac{\bar{S}_A}{\bar{S}_e}$	$F_{A0.05}$ $F_{A0.01}$	
因素 B	S_B	$s-1$	$\bar{S}_B=\dfrac{S_B}{s-1}$	$F_B=\dfrac{\bar{S}_B}{\bar{S}_e}$	$F_{B0.05}$ $F_{B0.01}$	
误　差	S_e	$(r-1)(s-1)$	$\bar{S}_e=\dfrac{S_e}{(r-1)(s-1)}$			
总　和	S_T	$rs-1$				

公式（9.29）也可导出以下简化公式：

$$\begin{cases} S_T = \sum_{i=1}^{r}\sum_{j=1}^{s} x_{ij}^2 - \dfrac{X^2}{rs} \\ S_A = \dfrac{1}{s}\sum_{i=1}^{r} X_{i\cdot}^2 - \dfrac{X^2}{rs} \\ S_B = \dfrac{1}{r}\sum_{j=1}^{s} X_{\cdot j}^2 - \dfrac{X^2}{rs} \\ S_e = S_T - S_A - S_B \end{cases} \tag{9.30}$$

其中，$X=\sum_{i=1}^{r}\sum_{j=1}^{s}x_{ij}, X_{i\cdot}=\sum_{j=1}^{s}x_{ij}, X_{\cdot j}=\sum_{i=1}^{r}x_{ij}$.

例 4 为了研究金属管的防腐蚀的功能，考虑了4种不同的涂料涂层，将金属管埋设在三种不同性质的土壤中，经历了一定时间，测得金属管腐蚀的最大深度如表9-20所示(以mm计)．试取水平 $\alpha=0.05$ 检验不同涂料涂层、不同土层下金属管腐蚀的最大深度的平均值有无显著差异．设两因素间没有交互作用．

表 9-20

涂层(因素 A)	土壤类型(因素 B)			
	1	2	3	$X_{i\cdot}$
一	1.63	1.35	1.27	4.25
二	1.34	1.30	1.22	3.86
三	1.19	1.14	1.27	3.60
四	1.80	1.69	1.82	5.31
$X_{\cdot j}$	5.96	5.48	5.58	17.02

解 按题意作出检验假设 H_{01}，H_{02}.

$$S_T=(1.63^2+1.34^2+\cdots+1.82^2)-\frac{17.02^2}{12}=0.6634,$$

$$S_A=\frac{1}{3}(4.25^2+3.86^2+3.60^2+5.31^2)-\frac{17.02^2}{12}=0.5661,$$

$$S_B=\frac{1}{4}(5.96^2+5.48^2+5.58^2)-\frac{17.02^2}{12}=0.0321,$$

$$S_e=0.6634-0.5661-0.0321=0.0652.$$

方差分析表如表9-21.

表 9-21

方差来源	平方和	自由度	均方和	F 值
因素 A	0.5661	3	0.1887	17.3597
因素 B	0.0321	2	0.01605	1.4765
误　差	0.0652	6	0.01087	
总　和	0.6634	11		

因为 $F_A>F_{0.05}(3,6)=4.76$，所以在水平 $\alpha=0.05$ 下我们拒绝原假设 H_{01}，不同涂层对金属管腐蚀程度不一样．而 $F_B<F_{0.05}(2,6)=5.14$，接受 H_{02}，不

同土壤对金属管的腐蚀程度是一样的.

习 题 九

1. 对于高压电的电路网络，需要使用抗张强度较大而且均匀性较好的电缆. 每一条电缆是由同样长度的导线12根合并而成. 现在为了检验一批电缆所用导线的抗张强度是否来自同一正态总体，抽查了9条电缆的每一根导线的抗张强度，测试值（kg）如表9-22所示（为了化简计算，全部测试值都减去了340）.

表 9-22

电缆	A_1	A_2	A_3	A_4	A_5	A_6	A_7	A_8	A_9
测试值	5	-11	0	-12	7	1	-1	-1	2
	-13	-13	-10	4	1	0	0	0	6
	-5	-8	-15	2	5	-5	2	7	7
	-2	8	-12	10	0	-4	1	5	8
	-10	-3	-2	-5	10	-1	-4	10	15
	-6	-12	-8	-8	6	0	2	8	11
	-5	-12	-5	-12	5	2	7	1	-7
	0	-10	0	0	2	5	5	2	7
	-3	5	-4	-5	0	1	1	-3	10
	2	-6	-1	-3	-1	-2	0	6	7
	-7	-12	-5	-3	-10	6	-4	0	8
	-5	-10	-11	0	-2	7	2	5	1

试检验这9条电缆的抗张强度是否有显著差异.

2. 用五种不同的施肥方案分别得到某种农作物的收获量（kg）如表9-23.

表 9-23

施肥方案	Ⅰ	Ⅱ	Ⅲ	Ⅳ	Ⅴ
收获量	67	98	60	79	90
	67	96	69	64	70
	55	91	50	81	79
	42	66	35	70	88

试检验这五种施肥方案对农作物的收获量是否有显著影响.

3. 某灯泡厂使用三种不同材料的灯丝制成三批灯泡. 从这三批灯泡中分别抽样测得灯泡的使用寿命（h）如表9-24.

表 9-24

批号	Ⅰ	Ⅱ	Ⅲ
使用寿命	1600	1580	1540
	1610	1640	1550
	1650	1640	1570
	1680	1700	1600
	1700	1750	1660
	1720	1800	1680

试检验这三批灯泡的使用寿命是否有显著差异.

4. 进行农业试验，选择四个不同品种的小麦及三块试验田，每块又分成面积相等的四小块，各种植一个品种的小麦，收获量（kg）如表 9-25.

表 9-25

小麦品种 \ 试验田	B_1	B_2	B_3
A_1	26	25	24
A_2	30	23	25
A_3	22	21	20
A_4	20	21	19

试检验小麦品种及试验田对收获量是否有显著影响.

5. 在橡胶生产过程中，选择四种不同的配料方案及五种不同的硫化时间，测得产品的抗断强度（kg/cm^2）如表 9-26.

表 9-26

配料方案 \ 硫化时间	B_1	B_2	B_3	B_4	B_5
A_1	151	157	144	134	136
A_2	144	162	128	138	132
A_3	134	133	130	122	125
A_4	131	126	124	126	121

试检验配料方案及硫化时间对产品的抗断强度是否有显著影响.

6. 生产某种化工产品，选择三种不同的浓度：$A_1=2\%$；$A_2=4\%$；$A_3=6\%$

及四种不同的温度：$B_1=10℃$；$B_2=24℃$；$B_3=38℃$；$B_4=52℃$

每种搭配重复试验两次，产品的得率如表9-27.

表 9-27

温度 / 浓度	B_1	B_2	B_3	B_4
A_1	14,11	11,12	13,10	10,11
A_2	9,7	8,10	7,11	6,10
A_3	5,10	13,14	12,13	10,14

试检验浓度、温度及其交互作用对产品的得率是否有显著影响.

7. 考察合成纤维中对纤维弹性有影响的两个因素：收缩率及总拉伸倍数，各取四个水平，每种搭配重复试验两次，试验结果如表9-28.

表 9-28

总拉伸倍数 / 收缩率	B_1	B_2	B_3	B_4
A_1	71,73	72,73	73,75	75,77
A_2	73,75	74,76	77,78	74,74
A_3	73,76	77,79	74,75	73,74
A_4	73,75	72,73	70,71	69,69

试检验收缩率、总拉伸倍数及其交互作用对纤维弹性是否有显著影响.

第10章　回归分析

现实生活中的许多现象之间存在着相互依赖、相互制约的关系，这些关系在量上主要有确定性的和非确定性的两种类型．确定性关系是指变量间关系能用函数关系表达的．例如知道圆的半径就可以得出圆的面积和周长．给出均匀物体的体积和密度可以确定物体的质量．另一种非确定性关系，即变量之间虽然有密切的关系，但这种关系却无法用确定的函数关系表达．如人的年龄与血压之间有密切的关系，一般年龄大的人血压就高一些．知道儿童的年龄可以估计其身高．但同年龄的人血压并不相同，同年龄的儿童身高也往往不相同．这是因为我们涉及的变量（如身高、血压）是随机变量．变量之间的这种非确定性关系，称为相关关系．具有相关关系的变量间虽然不具有确定的函数关系，但是通过大量的观测数据，可以发现它们之间存在一定的统计规律，数理统计中研究这些统计规律或者说研究变量之间相关关系的方法就是所谓的回归分析．它能帮助我们建立一个函数式从而有效地从一个可以控制或可以精确观察的变量取得的值去估计另一随机变量所取的值．如用年龄估计血压、估计儿童的身高等．如果数学关系式描写了一个变量与另一个变量之间的关系，则称其为一元回归分析．如果数学关系式描写了一个变量与另外多个变量之间的关系，则称其为多元回归分析．

10.1　一元线性回归

设随机变量 Y 与变量 X 之间存在着某种相关关系．这里 X 是可以精确测量或控制的变量，如年龄、试验时的温度、施加的压力等．也就是说我们可以任意指定 n 个值 x_1，x_2，…，x_n. 因此我们可以不把 X 看作是随机变量，而将其看作普通变量．本章我们也只就这种情况加以讨论．

X的变化将使Y发生相应的变化，但它们之间的变化关系是不确定的，即Y是随机变量，因此Y有它的分布（见图10-1）.

设若对于X的任一可能值x，Y相应服从一定的概率分布，其分布函数为$F(y|x)$. 如果我们掌握了$F(y|x)$随着x的取值而变化的规律，那么就能完全掌握Y与X之间的关系了. 然而这样做往往比较复杂. 我们转而去考察Y的估计$\hat{Y}$.

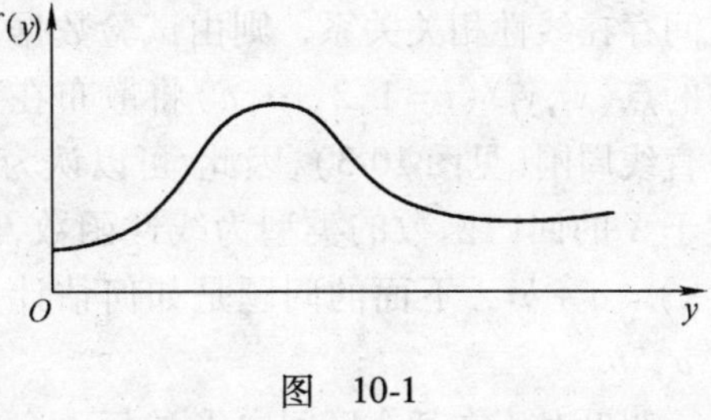

图 10-1

我们知道若η是一个随机变量，则对于任意实数c，$E((\eta-c)^2)$在$c=E(\eta)$时最小. 这说明以Y的数学期望$E(Y)$估计Y，其均方误差$E[(Y-E(Y))^2]$最小，因此以Y的数学期望$E(Y)$估计Y比较合理. 若Y的数学期望$E(Y)$存在，则其值随X的取值x而定，它是x的函数. 将这一函数记为$\mu_{Y|x}$或$\mu(x)$，称为Y关于X的**回归函数**. $\hat{y}=\mu(x)$称为Y关于X的**回归方程**. 回归方程反映出Y的数学期望$E(Y)$随X的变化而变化的规律，近似地描述了Y与X之间的相关关系.

然而，要完全确定回归函数$\mu(x)$也很困难，回归分析的基本内容是估计$\mu(x)$. 进行n次独立试验，得试验数据如表10-1.

表 10-1

X	x_1	x_2	…	x_n
Y	y_1	y_2	…	y_n

其中x_i及y_i分别是变量X及随机变量Y第i次试验中的观测值$(i=1,2,\cdots,n)$，常把点$(x_i,y_i)(i=1,2,\cdots,n)$画在直角坐标平面上，得散点图（见图10-2）. 散点图可以帮助我们粗略地了解用什么形式的函数估计随机变量Y的数学期望要好些，所研究问题的背景也可帮助我们确定函数$\mu(x)$的类型. 在确定了函数$\mu(x)$的类型后，可设$\mu(x)=\mu(x;\alpha_1,\alpha_2,\cdots,\alpha_k)$，其中$\alpha_1$，$\alpha_2$，…，$\alpha_k$为未知参数，余下的问题就是利用试验数据，依照一定的准则选择参数α_1，α_2，…，α_k的估计值$\hat{\alpha}_1$，$\hat{\alpha}_2$，…，$\hat{\alpha}_k$，使方程$\hat{y}=\mu(x;\hat{\alpha}_1,\hat{\alpha}_2,\cdots,\hat{\alpha}_k)$在一定意义下最佳地表现$Y$与$X$之间的相关关系.

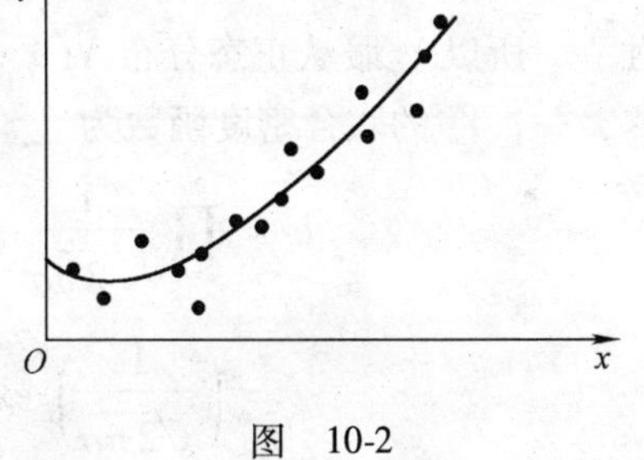

图 10-2

一、一元线性回归模型

变量的相关关系中最为简单的是线性相关关系，设随机变量 Y 与变量 X 之间存在线性相关关系，则由试验数据得到的点$(x_i,y_i)(i=1,2,\cdots,n)$将散布在某一直线周围(见图 10-3),因此,可以认为 Y 关于 X 的回归函数的类型为线性函数,即 $\mu(x)=a+bx$，下面的问题是如何估计参数 a，b.

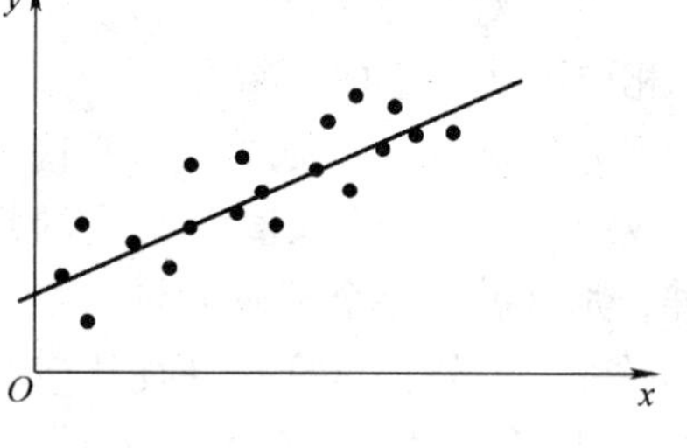

图 10-3

假设对于在某个区间内 X 的每一个值 x_i,Y_i 服从正态分布 $N(a+bx_i,\sigma^2)$,$i=1,2,\cdots,n$，其中 a，b 及 σ^2 是不依赖于 x_i 的未知参数.

若记 $\varepsilon_i=Y_i-(a+bx_i)$,$i=1,2,\cdots,n$，上述假设等价于假设

$$Y_i=(a+bx_i)+\varepsilon_i,\varepsilon_i\sim N(0,\sigma^2),i=1,2,\cdots,n. \tag{10.1}$$

其中 a，b 及 σ^2 是不依赖于 x_i 的未知参数. 式（10.1）称为**一元线性回归模型**，b 称为**回归系数**.

二、a，b 的估计

取 X 的 n 个不同值 x_1，x_2，$\cdots$，x_n 作独立试验，得到样本数据如表 10-2.

表 10-2

X	x_1	x_2	$\cdots$	x_n
Y	y_1	y_2	$\cdots$	y_n

其中 x_i 及 y_i 分别是变量 X 及随机变量 Y 第 i($i=1$，2，$\cdots$，n)次试验中的观测值，由式（10.1）$Y_i=(a+bx_i)+\varepsilon_i,\varepsilon_i\sim N(0,\sigma^2),i=1,2,\cdots,n$，各 ε_i 相互独立. 所以 Y_i 服从正态分布 $N(a+bx_i,\sigma^2)$. 由 Y_1，Y_2，$\cdots$，Y_n 独立性，知 Y_1，Y_2，$\cdots$，Y_n 的联合密度函数为

$$L=\prod_{i=1}^{n}\frac{1}{\sqrt{2\pi}\sigma}\exp\left[-\frac{1}{2\sigma^2}(y_i-a-bx_i)^2\right]$$

$$=\left(\frac{1}{\sqrt{2\pi}\sigma}\right)^n\exp\left[-\frac{1}{2\sigma^2}\sum_{i=1}^{n}(y_i-a-bx_i)^2\right]. \tag{10.2}$$

利用最大似然法估计未知参数 a,b. 式(10.2)即为样本观察值 $y_1,y_2,\cdots,y_n$ 的似然函数. 显然似然函数 $L(a,b)=\left(\frac{1}{\sqrt{2\pi}\sigma}\right)^n\exp\left[-\frac{1}{2\sigma^2}\sum_{i=1}^{n}(y_i-a-bx_i)^2\right]$在函数

$$Q(a,b) = \sum_{i=1}^{n}(y_i - a - bx_i)^2 \tag{10.3}$$

取得最小值时取得最大.

对函数 $Q(a, b)$ 分别求关于 a, b 的偏导数，并令其等于零，则

$$\begin{cases} \dfrac{\partial Q}{\partial a} = -2\sum_{i=1}^{n}(y_i - a - bx_i) = 0 \\ \dfrac{\partial Q}{\partial b} = -2\sum_{i=1}^{n}(y_i - a - bx_i)x_i = 0 \end{cases}.$$

用 $\hat{a}$, $\hat{b}$ 取代 a, b 得

$$\begin{cases} n\hat{a} + \left(\sum_{i=1}^{n}x_i\right)\hat{b} = \sum_{i=1}^{n}y_i \\ \left(\sum_{i=1}^{n}x_i\right)\hat{a} + \left(\sum_{i=1}^{n}x_i^2\right)\hat{b} = \sum_{i=1}^{n}x_iy_i \end{cases} \tag{10.4}$$

方程组（10.4）称为**正规方程组**. 由于 x_i 不全相同，正规方程组的系数行列式

$$D = \begin{vmatrix} n & n\bar{x} \\ n\bar{x} & \sum x_i^2 \end{vmatrix} = n(\sum x_i^2 - n\bar{x}^2) = n\sum_{i=1}^{n}(x_i - \bar{x})^2 = n(n-1)S_x^2 \neq 0.$$

解方程组（10.4）得 $\begin{cases} \hat{a} = \bar{y} - \hat{b}\bar{x} \\ \hat{b} = \dfrac{\sum_{i=1}^{n}x_iy_i - n\bar{x}\cdot\bar{y}}{\sum_{i=1}^{n}(x_i - \bar{x})^2} = \dfrac{\sum_{i=1}^{n}(x_i - \bar{x})(y_i - \bar{y})}{\sum_{i=1}^{n}(x_i - \bar{x})^2} \end{cases}.$

一般地，记 $l_{xx} = \sum_{i=1}^{n}(x_i - \bar{x})^2 = (n-1)S_x^2$,

$$l_{yy} = \sum_{i=1}^{n}(y_i - \bar{y})^2 = (n-1)S_y^2,$$

$$l_{xy} = \sum_{i=1}^{n}(x_i - \bar{x})(y_i - \bar{y}) = \sum_{i=1}^{n}x_iy_i - n\bar{x}\cdot\bar{y},$$

其中 $\begin{cases} \bar{x} = \dfrac{1}{n}\sum_{i=1}^{n}x_i, \bar{y} = \dfrac{1}{n}\sum_{i=1}^{n}y_i \\ S_x^2 = \dfrac{1}{n-1}\sum_{i=1}^{n}(x_i - \bar{x})^2 \\ S_y^2 = \dfrac{1}{n-1}\sum_{i=1}^{n}(y_i - \bar{y})^2 \end{cases}$,

则 $\begin{cases} \hat{a} = \bar{y} - \hat{b}\bar{x} \\ \hat{b} = \dfrac{l_{xy}}{l_{xx}} \end{cases}$, (10.5)

且 S_x^2 为观测值 x_1，x_2，…，x_n 的样本方差．

由式（10.5）得到 a，b 的估计 $\hat{a}$，$\hat{b}$ 后，对于给定的 x，取 $\hat{a}+\hat{b}x$ 作为回归函数 $\mu(x)=a+bx$ 的估计，即 $\hat{\mu}(x)=\hat{a}+\hat{b}x$ 称为 Y 关于 X 的**经验回归函数**，记作 $\hat{y}=\hat{a}+\hat{b}x$，方程 $\hat{y}=\hat{a}+\hat{b}x$ 称为 Y 关于 X 的**经验回归方程**，简称为**回归方程**，对应的直线称为**回归直线**．顺便指出，将来还需用到 $l_{yy}=\sum\limits_{i=1}^{n}(y_i-\bar{y})^2=(n-1)S_y^2$，其中 S_y^2 为观测值 y_1，y_2，…，y_n 的样本方差．

如果 Y 不是正态变量，则直接用式（10.3）估计 a，b，使 Y 的观察值 y_i 与 $(a+bx_i)$ 偏差的平方和 $Q(a,\ b)$ 为最小，这种方法叫**最小二乘法**，它是求经验公式的一种常用方法．若 Y 是正态变量，则最小二乘法与最大似然估计法的结果相同．

关于 l_{xx}，l_{yy}，l_{xy} 的计算可以采用简化公式

$$l_{xx}=\sum_{i=1}^{n}x_i^2-\frac{1}{n}\left(\sum_{i=1}^{n}x_i\right)^2,$$

$$l_{yy}=\sum_{i=1}^{n}y_i^2-\frac{1}{n}\left(\sum_{i=1}^{n}y_i\right)^2,$$

$$l_{xy}=\sum_{i=1}^{n}x_iy_i-\frac{1}{n}\left(\sum_{i=1}^{n}x_i\right)\left(\sum_{i=1}^{n}y_i\right).$$

如果使用具有线性回归计算功能的计算器时，把所有试验数据 (x_i,y_i) $(i=1,2,\cdots,n)$ 逐对存入计算器中，则可直接算出 $\hat{a}$ 及 $\hat{b}$ 的值．

例 1 某商场一年内每月的销售收入 Y（万元）与销售费用 X（万元）统计如表 10-3.

表 10-3

x_i	y_i	x_i^2	y_i^2	x_iy_i
187	25	34969	625	4675
179	22	32041	484	3938
157	20	24649	400	3140
197	21	38809	441	4137
239	32	57121	1024	7648
217	24	47089	576	5208
227	29	51529	841	6583
233	27	54289	729	6291
242	26	58564	676	6292
252	34	63504	1156	8568
2130	260	462564	6952	56480

求销售费用 Y 关于销售收入 X 的线性回归方程．

解 $\bar{x}=\dfrac{2130}{10}=213, \bar{y}=\dfrac{260}{10}=26,$

$$l_{xx}=462564-\frac{2130^2}{10}=8874, l_{xy}=56480-\frac{2130\times 260}{10}=1100,$$

$$\hat{b}=\frac{1100}{8874}\approx 0.1240, \hat{a}=26-0.1240\times 213\approx -0.412,$$

所求线性回归方程为 $\hat{y}=-0.412+0.124x.$

三、σ^2 的估计

由式（10.1），$Y_i=(a+bx_i)+\varepsilon_i, \varepsilon_i\sim N(0,\sigma^2), i=1,2,\cdots,n,$
得 $\sigma^2=D(\varepsilon_i)=E[(\varepsilon_i-E(\varepsilon_i))^2]=E(\varepsilon_i^2)=E[(Y_i-(a+bx_i))^2].$
这表明 σ^2 越小，以回归函数 $\mu(x)=a+bx$ 近似代替 Y 导致的均方误差越小．这样利用回归函数研究随机变量 Y 与 X 的关系就越有效．但 σ^2 未知，需要我们利用样本估计 σ^2.

（一）定义

（1）总离均差平方和 $$S_T=\sum_{i=1}^{n}(y_i-\bar{y})^2, \tag{10.6}$$

（2）回归平方和 $$S_R=\sum_{i=1}^{n}(\hat{y}_i-\bar{y})^2, \tag{10.7}$$

（3）剩余平方和 $$S_e=\sum_{i=1}^{n}(y_i-\hat{y}_i)^2. \tag{10.8}$$

（二）几个重要结论

（1）$$S_T=S_R+S_e, \tag{10.9}$$

（2）$$\frac{S_e}{\sigma^2}\sim\chi^2(n-2). \tag{10.10}$$

证明 （1）$y_i=\hat{y}_i+(y_i-\hat{y}_i), y_i-\bar{y}=(\hat{y}_i-\bar{y})+(y_i-\hat{y}_i).$

$$S_T=\sum_{i=1}^{n}(y_i-\bar{y})^2=\sum_{i=1}^{n}(\hat{y}_i-\bar{y})^2+\sum_{i=1}^{n}(y_i-\hat{y}_i)^2+2\sum_{i=1}^{n}(\hat{y}_i-\bar{y})(y_i-\hat{y}_i),$$

而 $$\sum_{i=1}^{n}(\hat{y}_i-\bar{y})(y_i-\hat{y}_i)=\sum_{i=1}^{n}(\hat{a}+\hat{b}x_i-\hat{a}-\hat{b}\bar{x})(y_i-\hat{a}-\hat{b}x_i)$$

$$=\sum_{i=1}^{n}\hat{b}(x_i-\bar{x})(y_i-\bar{y}+\hat{b}\bar{x}-\hat{b}x_i)=\hat{b}\sum_{i=1}^{n}(x_i-\bar{x})[(y_i-\bar{y})-\hat{b}(x_i-\bar{x})]$$

$$=\hat{b}\left[\sum_{i=1}^{n}(x_i-\bar{x})(y_i-\bar{y})-\hat{b}\sum_{i=1}^{n}(x_i-\bar{x})^2\right]$$

$$=\hat{b}\left[l_{xy}-\frac{l_{xy}}{l_{xx}}l_{xx}\right]=0,$$

所以 $S_T = \sum_{i=1}^{n}(\hat{y}_i - \bar{y})^2 + \sum_{i=1}^{n}(y_i - \hat{y}_i)^2 = S_R + S_e$.

（2）证略.

（三）σ^2 的估计方法

由式（10.10）$\dfrac{S_e}{\sigma^2} \sim \chi^2(n-2)$，得 $E\left(\dfrac{S_e}{\sigma^2}\right) = n-2$，所以 $E\left(\dfrac{S_e}{n-2}\right) = \sigma^2$，即 σ^2 的无偏估计量为

$$\hat{\sigma}^2 = \frac{S_e}{n-2}. \tag{10.11}$$

因为 $S_R = \sum_{i=1}^{n}(\hat{y}_i - \bar{y})^2 = \sum_{i=1}^{n}[(\hat{a} + \hat{b}x_i - (\hat{a} + \hat{b}\bar{x})]^2 = \sum_{i=1}^{n}\hat{b}^2(x_i - \bar{x})^2$

$$= \hat{b}^2 l_{xx} = \frac{l_{xy}^2}{l_{xx}}, \tag{10.12}$$

而 $l_{yy} = S_T = S_R + S_e$，所以 $S_e = l_{yy} - \dfrac{l_{xy}^2}{l_{xx}}$.

公式（10.11）即为

$$\hat{\sigma}^2 = \frac{l_{yy} - \frac{l_{xy}^2}{l_{xx}}}{n-2}. \tag{10.11$'$}$$

例 2 根据例 1 数据求 σ^2 的无偏估计.

解 因为 $l_{yy} = 6952 - \dfrac{260^2}{10} = 192$，所以 σ^2 的无偏估计为

$$\hat{\sigma}^2 = \frac{192 - \frac{1100^2}{8874}}{10-2} \approx 6.956.$$

四、线性回归方程的显著性检验

首先必须指出的是，用最小二乘法求线性回归方程并不需要事先假设随机变量 Y 与变量 X 之间一定存在线性相关关系，就最小二乘法本身而言，对于 Y 与 X 的任意的试验数据 $(x_i, y_i)(i = 1, 2, \cdots, n)$，都可确定相应的线性方程，只有 Y 与 X 之间确实存在线性相关关系时，用最小二乘法求出的线性回归方程才能近似地表示它们之间的线性相关关系．因此，我们必须检验 Y 与 X 之间是否存在线性相关关系，即进行线性相关的显著性检验．而关于线性相关的显著性检验，可以用几种不同的检验方法，这里讨论线性回归的方差分析法.

设 Y 关于 X 的线性回归方程为 $\hat{y}=a+bx$，显然，当且仅当回归系数 $b\neq0$ 时 Y 与 X 之间存在线性相关关系，因此，为了检验 Y 与 X 之间线性相关的显著性，应检验假设 $H_0:b=0;H_1:b\neq0$.

考虑观测值 y_1，y_2，…，y_n 的总离差平方和 $S_T=\sum_{i=1}^{n}(y_i-\bar{y})^2$，它反映了观测值 y_1，y_2，…，y_n 总的分散程度. 由于 $\frac{1}{n}\sum_{i=1}^{n}\hat{y}_i=\frac{1}{n}\sum_{i=1}^{n}(\hat{a}+\hat{b}x_i)=\hat{a}+\hat{b}\cdot\frac{1}{n}\cdot\sum_{i=1}^{n}x_i=\hat{a}+\hat{b}\bar{x}=\bar{y}$，所以回归平方和 $S_R=\sum_{i=1}^{n}(\hat{y}_i-\bar{y})^2$ 是回归值 $\hat{y}_1$，$\hat{y}_2$，…，$\hat{y}_n$ 的离均差平方和，反映了 $\hat{y}_1$，$\hat{y}_2$，…，$\hat{y}_n$ 的分散程度，而这种分散是由于在回归直线上它们所对应的 x_1，x_2，…，x_n 的变化引起的，这一点可由下式

$$S_R=\sum_{i=1}^{n}(\hat{y}_i-\bar{y})^2=\sum_{i=1}^{n}\left[\hat{b}(x_i-\bar{x})\right]^2$$

看得更清楚，因此 S_R 体现了 Y 与 X 之间线性相关的程度. 剩余平方和或残差平方和 $S_e=\sum_{i=1}^{n}(y_i-\hat{y}_i)^2$ 是 $Q(a,b)=\sum_{i=1}^{n}(y_i-a-bx_i)^2$ 的最小值，反映了观测值 y_1，y_2，…，y_n 偏离回归直线的程度，这种偏离是由 Y 与 X 的线性影响之外的随机因素引起的.

若原假设 H_0 正确，则有 $\frac{S_T}{\sigma^2}\sim\chi^2(n-1)$，$\frac{S_R}{\sigma^2}\sim\chi^2(1)$，$\frac{S_e}{\sigma^2}\sim\chi^2(n-2)$，且 S_R 与 S_e 相互独立，所以，统计量 $F=\frac{S_R}{S_e/(n-2)}$ 服从 $F(1,n-2)$ 分布.

由于 S_R 体现了 Y 与 X 之间线性相关的程度，因此，若 Y 与 X 之间的线性相关关系显著，则 S_R 的值较大，从而统计量 F 的值也较大；反之，若 Y 与 X 之间的线性相关关系不显著，则 F 的值较小. 所以，对于给定的显著水平 α，确定临界值 $F_\alpha(1,n-2)$，若统计量 $F>F_\alpha(1,n-2)$，则拒绝原假设 H_0，即认为 Y 与 X 之间的线性相关关系显著；反之，若 $F\leqslant F_\alpha(1,n-2)$，则接受原假设 H_0，即认为 Y 与 X 之间的线性相关关系不显著. 通常，若 $F>F_{0.01}(1,n-2)$，则认为 Y 与 X 之间的线性相关关系特别显著.

在计算 S_T，S_R 与 S_e 时，注意使用下列公式

$$S_T=\sum_{i=1}^{n}(y_i-\bar{y})^2=l_{yy},$$

$$S_R=\sum_{i=1}^{n}(\hat{y}_i-\bar{y})^2=\sum_{i=1}^{n}[\hat{b}(x_i-\bar{x})]^2=\frac{l_{xy}^2}{l_{xx}},\ S_e=S_T-S_R=l_{yy}-\frac{l_{xy}^2}{l_{xx}}.$$

最后列出线性回归的方差分析表如表 10-4.

表 10-4

方差来源	平方和	自由度	F 值	临界值
回归	$S_R=\dfrac{l_{xy}^2}{l_{xx}}$	1	$F=\dfrac{S_R}{S_e/(n-2)}$	$F_\alpha(1,n-2)$
剩余	$S_e=l_{yy}-\dfrac{l_{xy}^2}{l_{xx}}$	$n-2$		
总和	$S_T=l_{yy}$	$n-1$		

例 3 根据例 1 数据检验该商场每月的销售费用 Y 与销售收入 X 之间的线性相关关系是否显著.

解 由例 1、例 2，$l_{xx}=8874$，$l_{yy}=192$，$l_{xy}=1100$，

计算得$S_R=\dfrac{l_{xy}^2}{l_{xx}}=\dfrac{1100^2}{8874}=136.35$，

$$S_T=l_{yy}=192,$$

$$S_e=S_T-S_R=192-136.35=55.65,$$

$$F=\frac{S_R}{S_e/(n-2)}=\frac{136.35}{55.65/8}=19.60.$$

得方差分析表如表 10-5.

表 10-5

方差来源	平方和	自由度	F 值	临界值
回归	136.35	1	19.60	$F_{0.01}(1,8)=11.26$
剩余	55.65	8		
总和	192	9		

因为 $F>F_{0.01}(1,10)$，所以销售费用 Y 与销售收入 X 之间的线性相关关系特别显著，即例 1 求出的线性回归方程 $\hat{y}=-0.412+0.124x$ 是有意义的，它大致地描述了销售费用 Y 与销售收入 X 之间的变化规律.

五、回归系数的区间估计

当回归效果显著时，我们常需要对回归系数作区间估计．因为 $\hat{b}\sim N\left(b,\dfrac{\sigma^2}{l_{xx}}\right)$（证略），及$\dfrac{(n-2)\hat{\sigma}^2}{\sigma^2}=\dfrac{S_e}{\sigma^2}\sim\chi^2(n-2)$，且 $\hat{b}$ 与 S_e 独立，故有

$$\frac{\hat{b}-b}{\sqrt{\sigma^2/l_{xx}}}\Bigg/\sqrt{\frac{(n-2)\hat{\sigma}^2}{\sigma^2}\Big/(n-2)}\sim t(n-2),$$

即$\dfrac{\hat{b}-b}{\hat{\sigma}}\sqrt{l_{xx}}\sim t(n-2)$.

所以$P\left\{-t_{\frac{\alpha}{2}}(n-2)<\dfrac{\hat{b}-b}{\hat{\sigma}}\sqrt{l_{xx}}<t_{\frac{\alpha}{2}}(n-2)\right\}=1-\alpha$,

即$P\left\{\hat{b}-t_{\frac{\alpha}{2}}(n-2)\dfrac{\hat{\sigma}}{\sqrt{l_{xx}}}<b<\hat{b}+t_{\frac{\alpha}{2}}(n-2)\dfrac{\hat{\sigma}}{\sqrt{l_{xx}}}\right\}=1-\alpha$.

回归系数的置信度为$1-\alpha$的置信区间为

$$\left(\hat{b}-t_{\frac{\alpha}{2}}(n-2)\frac{\hat{\sigma}}{\sqrt{l_{xx}}},\hat{b}+t_{\frac{\alpha}{2}}(n-2)\frac{\hat{\sigma}}{\sqrt{l_{xx}}}\right).$$

例4 根据例1数据求置信度为0.95的b的置信区间.

解 因为$t_{0.025}(8)=2.3060,\hat{b}=0.1240,\hat{\sigma}^2=6.956,l_{xx}=8874,n=10$,计算得$\hat{b}$的置信度为0.95的置信区间为

$$\left(\hat{b}\pm t_{0.025}(8)\frac{\hat{\sigma}}{\sqrt{l_{xx}}}\right)=(0.0594,0.1886).$$

六、回归方程的估计

由样本值$(x_i,\ y_i)$得到的回归方程$\hat{y}=\hat{a}+\hat{b}x$是一个点估计方程，有时还需要对回归方程作出区间估计．考虑估计量$\hat{Y}_0=\hat{a}+\hat{b}x_0$，因为$E(\hat{Y}_0)=a+bx_0$(证略)，说明这一估计量是无偏的．又因为$\dfrac{\hat{Y}_0-(a+bx_0)}{\sigma\sqrt{1/n+(x_0-\bar{x})^2/l_{xx}}}\sim N(0,1)$（证略），及$\dfrac{(n-2)\hat{\sigma}^2}{\sigma^2}=\dfrac{S_e}{\sigma^2}\sim\chi^2(n-2)$，且$\hat{Y}_0$，$S_e$独立，

所以$\dfrac{\hat{Y}_0-(a+bx_0)}{\sigma\sqrt{1/n+(x_0-\bar{x})^2/l_{xx}}}\Bigg/\sqrt{\dfrac{(n-2)\hat{\sigma}^2}{\sigma^2}\Big/(n-2)}\sim t(n-2)$,

即$\dfrac{\hat{Y}_0-(a+bx_0)}{\hat{\sigma}\sqrt{1/n+(x_0-\bar{x})^2/l_{xx}}}\sim t(n-2)$.

于是得，在$X=x_0$处回归函数$\mu(x_0)=a+bx_0$的置信度为$1-\alpha$的置信区间是$\left(\hat{Y}_0\pm t_{\frac{\alpha}{2}}(n-2)\hat{\sigma}\sqrt{1/n+(x_0-\bar{x})^2/l_{xx}}\right)$，或写作

$$\left(\hat{a}+\hat{b}x_0\pm t_{\frac{\alpha}{2}}(n-2)\hat{\sigma}\cdot\sqrt{1/n+(x_0-\bar{x})^2/l_{xx}}\right).$$

七、利用线性回归方程进行预测和控制

经验回归函数 $\hat{y}=\hat{a}+\hat{b}x$ 的一个重要应用是在 $X=x_0$ 处对变量 Y 的新观察值作出预测．当随机变量 Y 与变量 X 之间的线性相关关系显著时，由试验数据 $(x_i,y_i)(i=1,2,\cdots,n)$ 得到的 Y 关于 X 的线性回归方程 $\hat{y}=\hat{a}+\hat{b}x$ 大致反映了 Y 与 X 之间的变化规律，但由于它们之间的关系是非确定性的，对于 X 的任一值 x_0，不可能确定 Y 的相应值 y_0，由回归方程确定的 $\hat{y}=\hat{a}+\hat{b}x$ 只是 y_0 的点估计值．我们自然关心，若以 $\hat{y}_0$ 作为 y_0 的估计值，其精确性及可靠性能否保证？因此，对于给定的 $X=x_0$，需要预测对应的 Y 的观测值的取值范围，即必须对 y_0 进行区间估计，对于给定的置信度 $1-\alpha$，求出 y_0 的置信区间，称为预测区间，求预测区间的方法如下：

设 $s=\sqrt{\dfrac{S_e}{n-2}}$，其中 S_e 为剩余平方和，称 s 为剩余标准差，它反映了观测值 y_1，y_2，…，y_n 偏离回归直线的程度，可以证明

$$\frac{y_0-\hat{y}_0}{s\sqrt{1+\dfrac{1}{n}+\dfrac{(x_0-\bar{x})^2}{l_{xx}}}}\sim t(n-2).$$

对于给定的置信度 $1-\alpha$，确定 $t_{\frac{\alpha}{2}}(n-2)$，使

$$P\left\{\frac{|y_0-\hat{y}_0|}{s\sqrt{1+\dfrac{1}{n}+\dfrac{(x_0-\bar{x})^2}{l_{xx}}}}<t_{\frac{\alpha}{2}}(n-2)\right\}=1-\alpha,$$

即
$$P\left\{|y_0-\hat{y}_0|<s\sqrt{1+\frac{1}{n}+\frac{(x_0-\bar{x})^2}{l_{xx}}}\,t_{\frac{\alpha}{2}}(n-2)\right\}=1-\alpha.$$

因此，y_0 的对应于置信度为 $1-\alpha$ 的预测区间为

$$\hat{y}_0-s\sqrt{1+\frac{1}{n}+\frac{(x_0-\bar{x})^2}{l_{xx}}}\,t_{\frac{\alpha}{2}}(n-2)<y_0<\hat{y}_0+s\sqrt{1+\frac{1}{n}+\frac{(x_0-\bar{x})^2}{l_{xx}}}\,t_{\frac{\alpha}{2}}(n-2).$$

由于 n 充分大时，$\dfrac{1}{n}+\dfrac{(x_0-\bar{x})^2}{l_{xx}}=\dfrac{1}{n}+\dfrac{(x_0-\bar{x})^2}{\sum\limits_{i=1}^{n}(x_i-\bar{x})^2}\approx 0$，$t(n-2)$ 近似服从 $N(0,1)$．所以 n 充分大时，预测区间可近似地取为

$$(\hat{y}_0-s\cdot z_{\alpha/2},\hat{y}_0+s\cdot z_{\alpha/2})$$

例如，$\alpha=0.05$ 时，$z_{0.025}=1.96$，y_0 的对应于置信度为 0.95 的预测区间为

$$(\hat{y}_0 - 1.96s, \hat{y}_0 + 1.96s).$$

这时，对于试验数据$(x_i, y_i)(i=1,2,\cdots,n)$，有

$$P\{\hat{y}_i - 1.96s < y_i < \hat{y}_i + 1.96s\}$$

$$= P\{\hat{a} + \hat{b}x_i - 1.96s < y_i < \hat{a} + \hat{b}x_i + 1.96s\} = 0.95.$$

因此，若在回归直线L：$\hat{y} = \hat{a} + \hat{b}x$的上下两侧分别作与回归直线平行的直线$L_1$：$y = \hat{a} + \hat{b}x - 1.96s$及$L_2$：$y = \hat{a} + \hat{b}x + 1.96s$，则所有可能出现的试验点$(x_i, y_i)(i=1,2,\cdots,n)$中，约有95%的点落在这两条直线之间的带型区域内（见图10-4）.

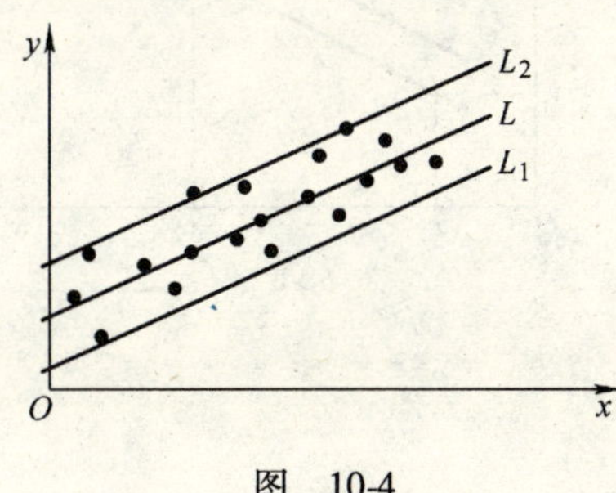

图 10-4

显然，剩余标准差s的值越小，用线性回归方程预测y_0的值则越精确，因此，可用剩余标准差的大小衡量预测的精确度，至于预测的可靠性则可由置信概率体现.

另外，值得注意的是，利用线性回归方程进行预测，一般只能在原来的试验范围内进行，不能随意扩大范围.

接着讨论控制问题，所谓控制问题其实是预测问题的反问题，即要求Y的观测值y在某区间(y_1, y_2)内取值时，问应控制X的值x在什么范围？亦即对于给定的置信度为$1-\alpha$，求出相应的控制区间B，使$x \in B$时，x所对应的观测值y落在区间（y_1，y_2）内的概率不小于$1-\alpha$，当n充分大时，令

$$y_1 = \hat{y} - s \cdot z_{\frac{\alpha}{2}} = \hat{a} + \hat{b}x - s \cdot z_{\frac{\alpha}{2}},$$

$$y_2 = \hat{y} + s \cdot z_{\frac{\alpha}{2}} = \hat{a} + \hat{b}x + s \cdot z_{\frac{\alpha}{2}},$$

则可求出相应的控制区间B的上下限．下面以置信度为$1-\alpha = 0.95$为例进行更为详尽的讨论.

由$y_1 = \hat{a} + \hat{b}x_1 - 1.96s$，$y_2 = \hat{a} + \hat{b}x_2 + 1.96s$，得$\hat{b}(x_2 - x_1) = (y_2 - y_1) - 3.92s$.

若$y_2 - y_1 > 3.92s$，则当$\hat{b} > 0$时，$x_1 < x_2$，因此，当$x_1 < x < x_2$时，

$$P\{y_1 < y < y_2\} = P\{\hat{a} + \hat{b}x_1 - 1.96s < y < \hat{a} + \hat{b}x_2 + 1.96s\}$$

$$\geqslant P\{\hat{a} + \hat{b}x - 1.96s < y < \hat{a} + \hat{b}x + 1.96s\} = 0.95,$$

即控制区间为(x_1, x_2)；同理，当$\hat{b} < 0$时，控制区间为(x_2, x_1).

控制区间的直观表示见图 10-5，其中 L：$\hat{y}=\hat{a}+\hat{b}x$ 为回归直线，

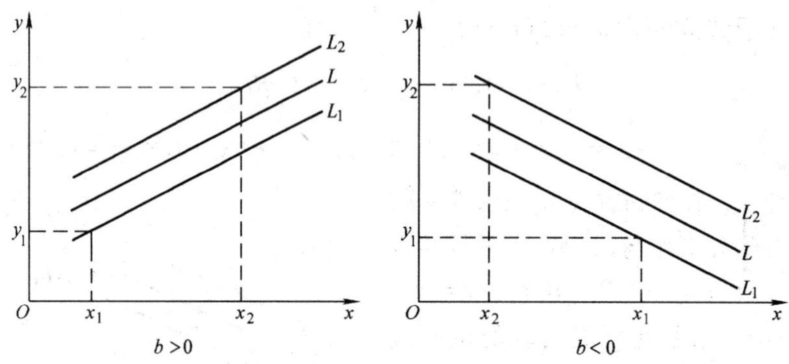

图 10-5

直线 L_1：$\hat{y}=\hat{a}+\hat{b}x-1.96s$ 及 L_2：$\hat{y}=\hat{a}+\hat{b}x+1.96s$ 均与回归直线平行．另外，必须注意，为了实现控制，区间$(y_1,\ y_2)$ 的长度要大于3.92s，即 $y_2-y_1>3.92s$.

例 5 根据例 1 数据

（1）若该商场某月的销售收入为 220 万元，求当月销售费用回归函数值的置信区间（置信度为 0.95）；

（2）若该商场某月的销售收入为 220 万元，求当月销售费用的预测区间；

（3）若要求某月的销售费用在 22 万元到 33 万元之间，则该月销售收入应该在什么范围？（置信度为 0.95）

解 （1）由前面的例题知，

$$t_{0.025}(8)=2.3060,\ \hat{a}=-0.4120,$$

$$\hat{b}=0.1240,\ \hat{\sigma}^2=6.956,\ l_{xx}=8874,\ n=10,\ \bar{x}=213,$$

则当 $x_0=220$ 时，回归函数值的置信度为 0.95 的置信区间为

$$\left(\hat{a}+\hat{b}x_0\pm t_{\frac{\alpha}{2}}(n-2)\hat{\sigma}\sqrt{1/n+(x_0-\bar{x})^2/l_{xx}}\right)=(25.7157,29.6683).$$

（2）又由例 3 知 $S_e=55.65$，所以 $s=\sqrt{\dfrac{55.65}{10-2}}\approx 2.64$. 当 $x_0=220$ 时，销售费用有 95% 可能在预测区间

$$(\hat{a}+\hat{b}x_0\pm 1.96s)=(22.5176,32.8664).$$

（3）由 $$y_1=22=-0.412+0.124x_1-1.96\times 2.64,$$

$$y_2=33=-0.412+0.124x_2+1.96\times 2.64,$$

得 $x_1=215.83, x_2=221.08$. 控制区间为（215.83，221.08），即销售收入在 215.83 万元到 221.08 万元之间.

10.2 多元线性回归

在许多实际问题中，还会遇到一个随机变量与多个变量的相关关系问题，这就需要用多元回归分析的方法来解决．前面介绍的一元回归分析是其特殊情形．但由于多元回归分析比较复杂，在此仅对多元线性回归分析作简要介绍．

设随机变量η及变量ξ_1，ξ_2，…，ξ_m（$m>2$），进行n次独立试验，得试验数据如表10-6.

表 10-6

ξ_1	x_{11}	x_{12}	…	x_{1n}
ξ_2	x_{21}	x_{22}	…	x_{2n}
⋮	⋮	⋮	…	⋮
ξ_m	x_{m1}	x_{m2}	…	x_{mn}
η	y_1	y_2	…	y_n

其中x_{1k}，x_{2k}，…，x_{mk}及$y_k(k=1,2,\cdots,n)$分别表示ξ_1，ξ_2，…，ξ_m及η在第k次试验中的观测值．若随机变量η与变量ξ_1，ξ_2，…，ξ_m之间存在线性相关关系，则可设多元线性回归方程为$\hat{y}=a+b_1x_1+b_2x_2+\cdots+b_mx_m$，它大致描述了$\eta$与$\xi_1$，$\xi_2$，…，$\xi_m$之间的线性相关关系．下面用最小二乘法确定其中的未知参数a，b_1，b_2，…，b_m.

设对于变量ξ_1，ξ_2，…，ξ_m的任意一组实数值x_1，x_2，…，x_m，随机变量$\eta\sim N\left(a+\sum\limits_{i=1}^{m}b_ix_i,\sigma^2\right)$，则$\eta$在第$k$次试验中的观测值

$$y_k\sim N\left(a+\sum_{i=1}^{m}b_ix_{ik},\sigma^2\right)k=1,2,\cdots,n.$$

为使离差平方和$S=\sum\limits_{k=1}^{n}(y_k-a-b_1x_{1k}-b_2x_{2k}-\cdots-b_mx_{mk})^2$取得最小值，分别求$S$对$a$，$b_1$，$b_2$，…，$b_m$的偏导数，令它们等于零，整理得方程组

$$\begin{cases}na+\left(\sum\limits_{k=1}^{n}x_{1k}\right)b_1+\cdots+\left(\sum\limits_{k=1}^{n}x_{mk}\right)b_m=\sum\limits_{k=1}^{n}y_k\\ \left(\sum\limits_{k=1}^{n}x_{1k}\right)a+\left(\sum\limits_{k=1}^{n}x_{1k}^2\right)b_1+\cdots+\left(\sum\limits_{k=1}^{n}x_{1k}x_{mk}\right)b_m=\sum\limits_{k=1}^{n}x_{1k}y_k\\ \qquad\vdots\\ \left(\sum\limits_{k=1}^{n}x_{mk}\right)a+\left(\sum\limits_{k=1}^{n}x_{mk}x_{1k}\right)b_1+\cdots+\left(\sum\limits_{k=1}^{n}x_{mk}^2\right)b_m=\sum\limits_{k=1}^{n}x_{mk}y_k\end{cases}$$

设 $\bar{x}_i = \frac{1}{n}\sum_{k=1}^{n} x_{ik}, i = 1,2,\cdots,m.$

$$\bar{y} = \frac{1}{n}\sum_{k=1}^{n} y_k,$$

$$l_{iy} = \sum_{k=1}^{n}(x_{ik} - \bar{x}_i)(y_k - \bar{y}) = \sum_{k=1}^{n} x_{ik}y_k - n\bar{x}_i\bar{y}, i = 1,2,\cdots,m.$$

$$l_{ij} = l_{ji} = \sum_{k=1}^{n}(x_{ik} - \bar{x}_i)(x_{jk} - \bar{x}_j) = \sum_{k=1}^{n} x_{ik}x_{jk} - n\bar{x}_i\bar{x}_j,$$
$$i = 1,2,\cdots,m; j = 1,2,\cdots,m.$$

则当 $i=j$ 时，$l_{ii} = \sum_{k=1}^{n}(x_{ik} - \bar{x}_i)^2 = (n-1)s_i^2$，其中 s_i^2 为 ξ_i 的观测值 x_{i1}，x_{i2}，…，x_{in}的样本方差，$i=1,2,\cdots,m.$

由消元法得方程组 $\begin{cases} a + \bar{x}_1 b_1 + \bar{x}_2 b_2 + \cdots + \bar{x}_m b_m = \bar{y} \\ l_{11}b_1 + l_{12}b_2 + \cdots + l_{1m}b_m = l_{1y} \\ l_{21}b_1 + l_{22}b_2 + \cdots + l_{2m}b_m = l_{2y} \\ \vdots \\ l_{m1}b_1 + l_{m2}b_2 + \cdots + l_{mm}b_m = l_{my} \end{cases}$.

记矩阵 $\boldsymbol{L} = (l_{ij})_{m\times m}$，则当行列式 $|L| \neq 0$时，由后 m 个方程可唯一地确定 $\hat{b}_1, \hat{b}_2, \cdots, \hat{b}_m$，从而求得 $\hat{a} = \bar{y} - \hat{b}\bar{x}_1 - \hat{b}_2\bar{x}_2 - \cdots - \hat{b}_m\bar{x}_m$. 因此，多元线性回归方程为 $\hat{y} = \hat{a} + \hat{b}x_1 + \hat{b}_2x_2 + \cdots + \hat{b}_m x_m$.

例 1 某种产品的产量 η 与处理压力 ξ_1 及温度 ξ_2 有关，测得试验数据如表 10-7.

表 10-7

x_{1k}	x_{2k}	y_k	x_{1k}	x_{2k}	y_k
6.8	665	40	9.1	700	65
7.2	685	49	9.3	680	58
7.6	690	55	9.5	685	59
8.0	700	63	9.7	700	67
8.2	695	65	10.0	650	56
8.4	670	57	10.3	690	72
8.6	675	58	10.5	670	68
8.8	690	62			

(1) 检验产品产量 η 与处理压力 ξ_1 及温度 ξ_2 之间的线性相关关系是否

显著.

（2）若显著，求 η 关于 ξ_1 及温度 ξ_2 的二元线性回归方程.

解 （1）首先计算

$$\bar{x}_1 = \frac{1}{15}\sum_{k=1}^{15} x_{1k} = 8.8, \qquad l_{11} = \sum_{k=1}^{15}(x_{1k} - \bar{x}_1)^2 = 17.42,$$

$$\bar{x}_2 = \frac{1}{15}\sum_{k=1}^{15} x_{2k} = 683, \qquad l_{22} = \sum_{k=1}^{15}(x_{2k} - \bar{x}_2)^2 = 2990,$$

$$\bar{y} = \frac{1}{15}\sum_{k=1}^{15} y_k = 59.6, \qquad l_{yy} = \sum_{k=1}^{15}(y_k - \bar{y})^2 = 897.6,$$

$$l_{12} = l_{21} = \sum_{k=1}^{n} x_{1k}x_{2k} - 15\bar{x}_1\bar{x}_2 = 90135.5 - 15 \times 8.8 \times 683 = -20.5,$$

$$l_{ly} = \sum_{k=1}^{15} x_{1k}y_k - 15\bar{x}_1\bar{y} = 7959.9 - 15 \times 8.8 \times 59.6 = 92.7,$$

$$l_{2y} = \sum_{k=1}^{15} x_{2k}y_k - 15\bar{x}_2\bar{y} = 611405 - 15 \times 683 \times 59.6 = 803.$$

得方程组

$$\begin{cases} 17.42b_1 - 20.5b_2 = 92.7 \\ -20.5b_1 + 2990b_2 = 803 \end{cases},$$

解得

$$\hat{b}_1 = 5.6834, \hat{b}_2 = 0.3075.$$

因此，回归平方和

$$S_R = \sum_{i=1}^{2} \hat{b}_i l_{iy} = 5.6834 \times 92.7 + 0.3075 \times 803 = 773.8,$$

剩余平方和

$$S_e = l_{yy} - S_R = 897.6 - 773.8 = 123.8,$$

统计量 F 的观测值

$$F = \frac{S_R/m}{S_e/(n-m-1)} = \frac{773.8/2}{123.8/(15-2-1)} = 37.5,$$

查表得 $F_{0.01}(2,12) = 6.93$. 因为 $F > F_{0.01}(2,12)$，所以认为产量 η 与处理压力 ξ_1 及温度 ξ_2 之间的线性相关关系特别显著.

（2）继续算得

$$\hat{a} = \bar{y} - \hat{b}_1\bar{x}_1 - \hat{b}_2\bar{x}_2 = 59.6 - 5.6834 \times 8.8 - 0.3075 \times 683 = -200.4364,$$

因此所求二元线性回归方程为

$$\hat{y} = -200.4364 + 5.6834x_1 + 0.3075x_2.$$

由于 η 与 ξ_1 及 ξ_2 之间的线性相关关系特别显著，因此该二元线性回归方程近似描述了η与ξ_1及ξ_2之间的线性相关关系.

小结:

有些变量间存在非确定性关系，其中一种变量是可观测或可控的，这种变量称为自变量，而自变量的变化又波及另一变量，这种变量称为因变量，人们通常感兴趣的问题是自变量的变化对因变量的影响.

回归分析是研究自变量的变动对因变量的影响程度，目的在于根据已知自变量的变化来估计因变量的变化情况.

回归方程就是反映自变量与因变量之间相关关系的数学模型. 其中的系数是用最小二乘法确定的. 回归方程确定后，还需通过显著性检验才能应用.

线性回归是最常用的，而在很多实际问题中，变量之间的相关关系不一定是线性的. 此时不宜直接用线性回归方程来描述它们之间的相关关系. 可考虑先作线性变换，化曲线回归为线性回归.

习 题 十

1. 在硝酸钠的溶解试验中，测得在不同温度ξ（℃）下，溶解于100份水中的硝酸钠份数η的数据如表10-8.

表 10-8

x_i	0	4	10	15	21	29	36	51	68
y_i	66.7	71.0	76.3	80.6	85.7	92.9	99.4	113.6	125.1

描出散点图并指出回归函数的类型.

2. 某地区某商品的价格ξ（单位：元/kg）与到货量η（单位：t）的样本数据如表10-9.

表 10-9

x_i	7	12	6	9	10	8	12	6	11	9	12	10
y_i	57	72	51	57	60	55	70	55	70	53	76	56

求η关于ξ的线性回归方程.

3. 根据第1题的数据，求η关于ξ的线性回归方程.

4. 根据第2题的数据，检验η与ξ之间的线性相关关系是否显著（取显著水平$\alpha=0.05$）.

5. 根据第1题的数据，检验η与ξ之间的线性相关关系是否显著（取显著水平$\alpha=0.05$）.

6. 根据第2题的数据，预测该商品价格为13元/kg时的到货量（取置信概率为95%）.

7. 某矿脉中13个相邻样本点到原点的距离ξ与样本点处某种金属的含量η有实测值如表10-10.

表 10-10

x_i	2	3	4	5	7	8	10
y_i	106.42	108.20	109.58	109.50	110.00	109.93	110.49
x_i	11	14	15	16	18	19	
y_i	110.59	110.60	110.90	110.76	111.00	111.20	

作散点图并求η关于ξ的回归方程.

8. 在某化工生产过程中，进入反应塔内某气体的百分比η与该气体的温度ξ_1及气态压力ξ_2有关，试验数据如表10-11.

表 10-11

气温 x_1	78.0	113.5	154.0	169.0	187.0	206.0	214.0
气压 x_2	1.0	3.2	8.4	12.0	18.5	27.5	32.0
百分比 y	1.5	6.0	20.0	30.0	50.0	80.0	100.0

求η关于ξ_1及ξ_2的二元线性回归方程.

附　　录

附表 1　几种常用的概率分布

分布	参数	分布列或密度函数	数学期望	方　差
0—1 分布	$0<p<1$	$P(X=k)=p^k(1-p)^{1-k}$ $k=0,1$	p	$p(1-p)$
二项分布	$n\geqslant 1$ $0<p<1$	$P(X=k)=C_n^k p^k(1-p)^{n-k}$ $k=0,1,\cdots,n$	np	$np(1-p)$
负二项分布	$r\geqslant 1$ $0<p<1$	$P(X=k)=C_{k-1}^{r-1}p^r(1-p)^{k-r}$ $k=r,r+1,\cdots$	$\dfrac{r}{p}$	$\dfrac{r(1-p)}{p^2}$
几何分布	$0<p<1$	$P(X=k)=p(1-p)^{k-1}$ $k=1,2,\cdots$	$\dfrac{1}{p}$	$\dfrac{1-p}{p^2}$
超几何分布	N,M,n $(n\leqslant M)$	$P(X=k)=\dfrac{C_M^k C_{N-M}^{n-k}}{C_N^n}$ $k=0,1,\cdots,n$	$\dfrac{nM}{N}$	$\dfrac{nM}{N}\left(1-\dfrac{M}{N}\right)\left(\dfrac{N-n}{N-1}\right)$
泊松分布	$\lambda>0$	$P(X=k)=\dfrac{\lambda^k e^{-\lambda}}{k!}$ $k=0,1,\cdots$	λ	λ
均匀分布	$a<b$	$f(x)=\begin{cases}\dfrac{1}{b-a},(a<x<b)\\ 0,(\text{其他})\end{cases}$	$\dfrac{a+b}{2}$	$\dfrac{(b-a)^2}{12}$
正态分布	μ $\sigma>0$	$f(x)=\dfrac{1}{\sqrt{2\pi}\sigma}e^{-\frac{(x-\mu)^2}{2\sigma^2}}$	μ	σ^2

（续）

分布	参数	分布列或密度函数	数学期望	方差
Γ分布	$\alpha>0$ $\beta>0$	$f(x)=\begin{cases}\dfrac{1}{\beta^{\alpha}\Gamma(\alpha)}x^{\alpha-1}\mathrm{e}^{-x/\beta} & (x>0)\\ 0 & (\text{其他})\end{cases}$	$\alpha\beta$	$\alpha\beta^2$
指数分布	$\lambda>0$	$f(x)=\begin{cases}\lambda\mathrm{e}^{-\lambda x} & (x>0)\\ 0 & (\text{其他})\end{cases}$	$\dfrac{1}{\lambda}$	$\dfrac{1}{\lambda^2}$
χ^2-分布	$n\geqslant1$	$f(x)=\begin{cases}\dfrac{1}{2^{n/2}\Gamma(n/2)}x^{n/2-1}\mathrm{e}^{-x/2} & (x>0)\\ 0 & (\text{其他})\end{cases}$	n	$2n$
威布尔分布	$\eta>0$ $\beta>0$	$f(x)=\begin{cases}\dfrac{\beta}{\eta}\left(\dfrac{x}{\eta}\right)^{\beta-1}\mathrm{e}^{-\left(\frac{x}{\eta}\right)^{\beta}} & (x>0)\\ 0 & (\text{其他})\end{cases}$	$\eta\Gamma\left(\dfrac{1}{\beta}+1\right)$	$\eta^2\left\{\Gamma\left(\dfrac{2}{\beta}+1\right)-\left[\Gamma\left(\dfrac{1}{\beta}+1\right)\right]^2\right\}$
瑞利分布	$\sigma>0$	$f(x)=\begin{cases}\dfrac{x}{\sigma^2}\mathrm{e}^{-x^2/(2\sigma^2)} & (x>0)\\ 0 & (\text{其他})\end{cases}$	$\sqrt{\dfrac{\pi}{2}}\sigma$	$\dfrac{4-\pi}{2}\sigma^2$
β分布	$\alpha>0$ $\beta>0$	$f(x)=\begin{cases}\dfrac{\Gamma(\alpha+\beta)}{\Gamma(\alpha)\Gamma(\beta)}x^{\alpha-1}(1-x)^{\beta-1} & (0<x<1)\\ 0 & (\text{其他})\end{cases}$	$\dfrac{\alpha}{\alpha+\beta}$	$\dfrac{\alpha\beta}{(\alpha+\beta)^2(\alpha+\beta+1)}$
对数正态分布	μ $\sigma>0$	$f(x)=\begin{cases}\dfrac{1}{\sqrt{2\pi}\sigma x}\mathrm{e}^{-\frac{(\ln x-\mu)^2}{2\sigma^2}} & (x>0)\\ 0 & (\text{其他})\end{cases}$	$\mathrm{e}^{\mu+\frac{\sigma^2}{2}}$	$\mathrm{e}^{2\mu+\sigma^2}(\mathrm{e}^{\sigma^2}-1)$
柯西分布	α $\lambda>0$	$f(x)=\dfrac{1}{\pi}\dfrac{1}{\lambda^2+(x-\alpha)^2}$	不存在	不存在
t-分布	$n\geqslant1$	$f(x)=\dfrac{\Gamma\left(\dfrac{n+1}{2}\right)}{\sqrt{n\pi}\Gamma(n/2)}\left(1+\dfrac{x^2}{n}\right)^{-(n+1)/2}$	0	$\dfrac{n}{n-2},n>2$
F-分布	n_1,n_2	$f(x)=\begin{cases}\dfrac{\Gamma[(n_1+n_2)/2]}{\Gamma(n_1/2)\Gamma(n_2/2)}\left(\dfrac{n_1}{n_2}\right)\left(\dfrac{n_1}{n_2}x\right)^{(n_1+n_2)/2}\cdot\left(1+\dfrac{n_1}{n_2}x\right)^{-(n_1+n_2)/2} & (x>0)\\ 0 & (\text{其他})\end{cases}$	$\dfrac{n_2}{n_2-2}$ $n_2>2$	$\dfrac{2n_2^2(n_1+n_2-2)}{n_1(n_2-2)^2(n_2-4)}$ $n_2>4$

附表 2 标准正态分布表

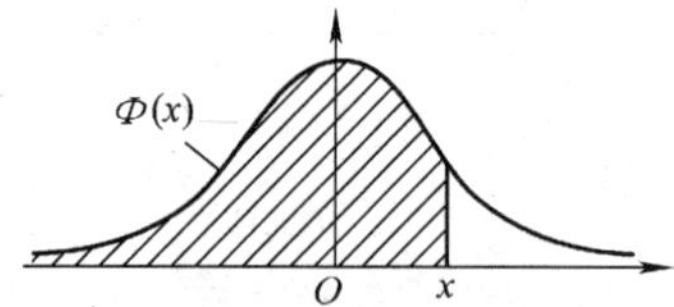

$$\Phi(x)=\int_{-\infty}^{x}\frac{1}{\sqrt{2\pi}}e^{-u^2/2}du$$

x	0	1	2	3	4	5	6	7	8	9
0	0.5000	0.5040	0.5080	0.5120	0.5160	0.5199	0.5239	0.5279	0.5319	0.5359
0.1	0.5398	0.5438	0.5478	0.5517	0.5557	0.5596	0.5636	0.5675	0.5714	0.5753
0.2	0.5793	0.5832	0.5871	0.5910	0.5948	0.5987	0.6026	0.6064	0.6103	0.6141
0.3	0.6179	0.6217	0.6255	0.6293	0.6331	0.6368	0.6406	0.6443	0.6480	0.6517
0.4	0.6554	0.6591	0.6628	0.6664	0.6700	0.6736	0.6772	0.6808	0.6844	0.6879
0.5	0.6915	0.6950	0.6985	0.7019	0.7054	0.7088	0.7123	0.7157	0.7190	0.7224
0.6	0.7257	0.7291	0.7324	0.7357	0.7389	0.7422	0.7454	0.7486	0.7517	0.7549
0.7	0.7580	0.7611	0.7642	0.7673	0.7703	0.7734	0.7764	0.7794	0.7823	0.7852
0.8	0.7881	0.7910	0.7939	0.7967	0.7995	0.8023	0.8051	0.8078	0.8106	0.8133
0.9	0.8159	0.8186	0.8212	0.8238	0.8264	0.8289	0.8315	0.8340	0.8365	0.8389
1.0	0.8413	0.8438	0.8461	0.8485	0.8508	0.8531	0.8554	0.8577	0.8599	0.8621
1.1	0.8643	0.8665	0.8686	0.8708	0.8729	0.8749	0.8770	0.8790	0.8810	0.8830
1.2	0.8849	0.8869	0.8888	0.8907	0.8925	0.8944	0.8962	0.8980	0.8997	0.9015
1.3	0.9032	0.9049	0.9066	0.9082	0.9099	0.9115	0.9131	0.9147	0.9162	0.9177
1.4	0.9192	0.9207	0.9222	0.9236	0.9251	0.9265	0.9278	0.9292	0.9306	0.9319
1.5	0.9332	0.9345	0.9357	0.9370	0.9382	0.9394	0.9406	0.9418	0.9430	0.9441
1.6	0.9452	0.9463	0.9474	0.9484	0.9495	0.9505	0.9515	0.9525	0.9535	0.9545
1.7	0.9554	0.9564	0.9573	0.9582	0.9591	0.9599	0.9608	0.9616	0.9625	0.9633
1.8	0.9641	0.9648	0.9656	0.9664	0.9671	0.9678	0.9686	0.9693	0.9700	0.9706
1.9	0.9713	0.9719	0.9726	0.9732	0.9738	0.9744	0.9750	0.9756	0.9762	0.9767
2.0	0.9772	0.9778	0.9783	0.9788	0.9793	0.9798	0.9803	0.9808	0.9812	0.9817
2.1	0.9821	0.9826	0.9830	0.9834	0.9838	0.9842	0.9846	0.9850	0.9854	0.9857
2.2	0.9861	0.9864	0.9868	0.9871	0.9874	0.9878	0.9881	0.9884	0.9887	0.9890
2.3	0.9893	0.9896	0.9898	0.9901	0.9904	0.9906	0.9909	0.9911	0.9913	0.9916
2.4	0.9918	0.9920	0.9922	0.9925	0.9927	0.9929	0.9931	0.9932	0.9934	0.9936
2.5	0.9938	0.9940	0.9941	0.9943	0.9945	0.9946	0.9948	0.9949	0.9951	0.9952
2.6	0.9953	0.9955	0.9956	0.9957	0.9959	0.9960	0.9961	0.9962	0.9963	0.9964
2.7	0.9965	0.9966	0.9967	0.9968	0.9969	0.9970	0.9971	0.9972	0.9973	0.9974
2.8	0.9974	0.9975	0.9976	0.9977	0.9977	0.9978	0.9979	0.9979	0.9980	0.9981
2.9	0.9981	0.9982	0.9982	0.9983	0.9984	0.9984	0.9985	0.9985	0.9986	0.9986
3.0	0.9987	0.9990	0.9993	0.9995	0.9997	0.9998	0.9998	0.9999	0.9999	1.0000

注：表中末行系函数值 $\Phi(3.0)$，$\Phi(3.1)$，…，$\Phi(3.9)$.

附表 3 χ^2-分布表

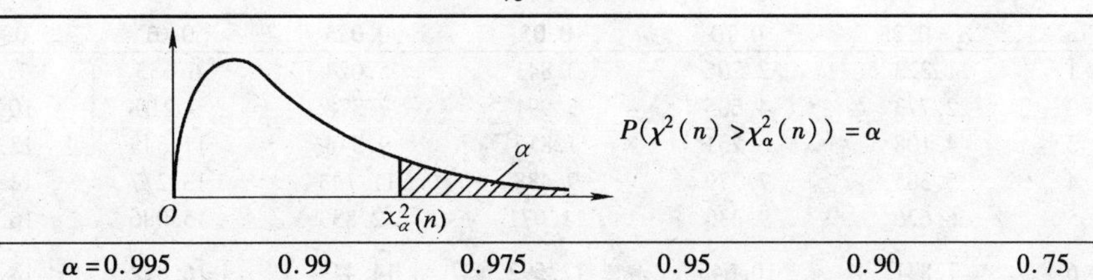

n	α=0.995	0.99	0.975	0.95	0.90	0.75
1	—	—	0.001	0.004	0.016	0.102
2	0.010	0.020	0.051	0.103	0.211	0.575
3	0.072	0.115	0.216	0.352	0.584	1.213
4	0.207	0.297	0.484	0.711	1.064	1.923
5	0.412	0.554	0.831	1.145	1.610	2.675
6	0.676	0.872	1.237	1.635	2.204	3.455
7	0.989	1.239	1.690	2.167	2.833	4.255
8	1.344	1.646	2.180	2.733	3.490	5.071
9	1.735	2.088	2.700	3.325	4.168	5.899
10	2.156	2.558	3.247	3.940	4.865	6.737
11	2.603	3.053	3.816	4.575	5.578	7.584
12	3.074	3.571	4.404	5.226	6.304	8.438
13	3.565	4.107	5.009	5.892	7.042	9.299
14	4.075	4.660	5.629	6.571	7.790	10.165
15	4.601	5.229	6.262	7.261	8.547	11.037
16	5.142	5.812	6.908	7.962	9.312	11.912
17	5.697	6.408	7.564	8.672	10.085	12.792
18	6.265	7.015	8.231	9.390	10.865	13.675
19	6.844	7.633	8.907	10.117	11.651	14.562
20	7.434	8.260	9.591	10.851	12.443	15.452
21	8.034	8.897	10.283	11.591	13.240	16.344
22	8.643	9.542	10.982	12.338	14.042	17.240
23	9.260	10.196	11.689	13.091	14.848	18.137
24	9.886	10.856	12.401	13.848	15.659	19.037
25	10.520	11.524	13.120	14.611	16.473	19.939
26	11.160	12.198	13.844	15.379	17.292	20.843
27	11.808	12.879	14.573	16.151	18.114	21.749
28	12.461	13.565	15.308	16.928	18.939	22.657
29	13.121	14.257	16.047	17.708	19.768	23.567
30	13.787	14.954	16.791	18.493	20.599	24.478
31	14.458	15.655	17.539	19.281	21.434	25.390
32	15.134	16.362	18.291	20.072	22.271	26.304
33	15.815	17.074	19.047	20.807	23.110	27.219
34	16.501	17.789	19.806	21.664	23.952	28.136
35	17.192	18.509	20.569	22.465	24.797	29.054
36	17.887	19.233	21.336	23.269	25.613	29.973
37	18.586	19.960	22.106	24.075	26.492	30.893
38	19.289	20.691	22.878	24.884	27.343	31.815
39	19.996	21.426	23.654	25.695	28.196	32.737
40	20.707	22.164	24.433	26.509	29.051	33.660
41	21.421	22.906	25.215	27.326	29.907	34.585
42	22.138	23.650	25.999	28.144	30.765	35.510
43	22.859	24.398	26.785	28.965	31.625	36.430
44	23.584	25.143	27.575	29.787	32.487	37.363
45	24.311	25.902	28.366	30.612	33.350	38.291

（续）

n	α = 0.25	0.10	0.05	0.025	0.01	0.005
1	1.323	2.706	3.841	5.024	6.635	7.879
2	2.773	4.605	5.991	7.378	9.210	10.597
3	4.108	6.251	7.815	9.348	11.345	12.838
4	5.385	7.779	9.488	11.143	13.277	14.860
5	6.626	9.236	11.071	12.833	15.086	16.750
6	7.841	10.645	12.592	14.449	16.812	18.548
7	9.037	12.017	14.067	16.013	18.475	20.278
8	10.219	13.362	15.507	17.535	20.090	21.955
9	11.389	14.684	16.919	19.023	21.666	23.589
10	12.549	15.987	18.307	20.483	23.209	25.188
11	13.701	17.275	19.675	21.920	24.725	26.757
12	14.845	18.549	21.026	23.337	26.217	28.299
13	15.984	19.812	22.362	24.736	27.688	29.819
14	17.117	21.064	23.685	26.119	29.141	31.319
15	18.245	22.307	24.996	27.488	30.578	32.801
16	19.369	23.542	26.296	28.845	32.000	34.267
17	20.489	24.769	27.587	30.191	33.409	35.718
18	21.605	25.989	28.869	31.526	34.805	37.156
19	22.718	27.204	30.144	32.852	36.191	38.582
20	23.828	28.412	31.410	34.170	37.566	39.997
21	24.935	29.615	32.671	35.479	38.932	41.401
22	26.039	30.813	33.924	36.781	40.289	42.796
23	27.141	32.007	35.172	38.076	41.638	44.181
24	28.241	33.196	36.415	39.364	42.980	45.559
25	29.339	34.382	37.652	40.646	44.314	46.928
26	30.435	35.563	38.885	41.923	45.642	48.290
27	31.528	36.741	40.113	43.194	46.963	49.645
28	32.620	37.916	41.337	44.461	48.278	50.993
29	33.711	39.087	42.557	45.722	49.588	52.336
30	34.800	40.256	43.773	46.979	50.892	53.672
31	35.887	41.422	44.985	48.232	52.191	55.003
32	36.973	42.585	46.194	49.480	53.486	56.328
33	38.053	43.745	47.400	50.725	54.776	57.648
34	39.141	44.903	48.602	51.966	56.061	58.964
35	40.223	46.059	49.802	53.203	57.342	60.275
36	41.304	47.212	50.998	54.437	58.619	61.581
37	42.383	48.363	52.192	55.668	59.892	62.883
38	43.462	49.513	53.384	56.896	61.162	64.181
39	44.539	50.660	54.572	58.120	62.428	65.476
40	45.616	51.805	55.758	59.342	63.691	66.766
41	46.692	52.949	53.942	60.561	64.950	68.053
42	47.766	54.090	58.124	61.777	66.206	69.336
43	48.840	55.230	59.304	62.990	67.459	70.606
44	49.913	56.369	60.481	64.201	68.710	71.893
45	50.985	57.505	61.656	65.410	69.957	73.166

附表 4　*t*-分布表

$P(t(n) > t_\alpha(n)) = \alpha$

n	$\alpha=0.25$	0.10	0.05	0.025	0.01	0.005
1	1.0000	3.0777	6.3138	12.7062	31.8207	63.6574
2	0.8165	1.8856	2.9200	4.3027	6.9646	9.9248
3	0.7649	1.6377	2.3534	3.1824	4.5407	5.8409
4	0.7407	1.5332	2.1318	2.7764	3.7469	4.6041
5	0.7267	1.4759	2.0150	2.5706	3.3649	4.0322
6	0.7176	1.4398	1.9432	0.4469	3.1427	3.7074
7	0.7111	1.4149	1.8946	2.3646	2.9980	3.4995
8	0.7064	1.3968	1.8595	2.3060	2.8965	3.3554
9	0.7027	1.3830	1.8331	2.2622	2.8214	3.2498
10	0.6998	1.3722	1.8125	2.2281	2.7638	3.1693
11	0.6974	1.3634	1.7959	2.2101	2.7181	3.1058
12	0.6955	1.3562	1.7823	2.1788	2.6810	3.0545
13	0.6938	1.3502	1.7709	2.1604	2.6503	3.0123
14	0.6924	1.3450	1.7613	2.1448	2.6225	2.9768
15	0.6912	1.3406	1.7531	2.1315	2.6025	2.9467
16	0.6901	1.3368	1.7459	2.1199	2.5835	2.9208
17	0.6892	1.3334	1.7396	2.1098	2.5669	2.8982
18	0.6884	1.3304	1.7341	2.1009	2.5524	2.8784
19	0.6876	1.3277	1.7291	2.0930	2.5395	2.8609
20	0.6870	1.3253	1.7247	2.0860	2.5280	2.8453
21	0.6864	1.3232	1.7207	2.0796	2.5177	2.8314
22	0.6858	1.3212	1.7171	2.0739	2.5083	2.8188
23	0.6853	1.3195	1.7139	2.0687	2.4999	2.8073
24	0.6848	1.3178	1.7109	2.0639	2.4922	2.7969
25	0.6844	1.3163	1.7081	2.0595	2.4851	2.7874
26	0.6840	1.3150	1.7058	2.0555	2.4786	2.7787
27	0.6837	1.3137	1.7033	2.0518	2.4727	2.7707
28	0.6834	1.3125	1.7011	2.0484	2.4671	2.7633
29	0.6830	1.3114	1.6991	2.0452	2.4620	2.7564
30	0.6828	1.3104	1.6973	2.0423	2.4573	2.7500
31	0.6825	1.3095	1.6955	2.0395	2.4528	2.7440
32	0.6822	1.3086	1.6939	2.0369	2.4487	2.7385
33	0.6820	1.3077	1.6924	2.0345	2.4448	2.7333
34	0.6818	1.3070	1.6909	2.0322	2.4411	2.7284
35	0.6816	0.3062	1.6896	2.0301	2.4377	2.7238
36	0.6814	1.3055	1.6883	2.0281	2.4345	2.7195
37	0.6812	1.3049	1.6871	2.0262	2.4314	2.7154
38	0.6810	1.3042	1.6860	2.0244	2.4286	2.7116
39	0.6808	1.3036	1.6849	2.0227	2.4258	2.7079
40	0.6807	1.3031	1.6839	2.0211	2.4233	2.7045
41	0.6805	1.3025	1.6829	2.0195	2.4208	2.7012
42	0.6804	1.3020	1.6820	2.0181	2.4185	2.6981
43	0.6802	1.3016	1.6811	2.0167	2.4163	2.6951
44	0.6801	1.3011	1.6802	2.0154	2.4141	2.6923
45	0.6800	1.3006	1.6794	2.0141	2.4121	2.6806

附表 5　*F*-分布表

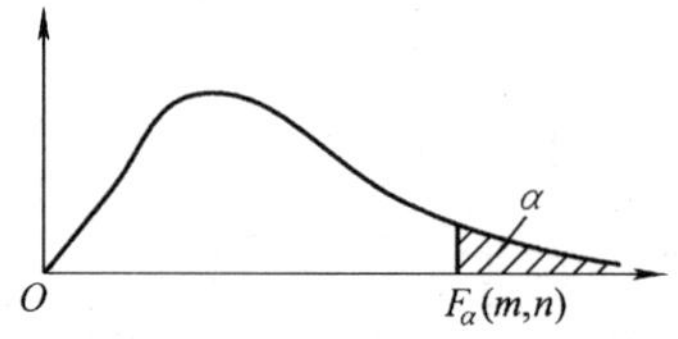

$$P(F(m,n) > F_\alpha(m,n)) = \alpha$$

$\alpha = 0.10$

n \ m	1	2	3	4	5	6	7	8	9	10	12	15	20	24	30	40	60	120	∞
1	39.86	49.50	53.59	55.83	57.24	58.20	58.91	59.44	59.86	60.19	60.71	61.22	61.74	62.00	62.26	62.53	62.79	63.06	63.33
2	8.53	9.00	9.16	9.24	9.29	9.33	9.35	9.37	9.38	9.39	9.41	9.42	9.44	9.45	9.46	9.47	9.47	9.48	9.49
3	5.54	5.46	5.39	5.34	5.31	5.28	5.27	5.25	5.24	5.23	5.22	5.20	5.18	5.18	5.17	5.16	5.15	5.14	5.13
4	4.54	4.32	4.19	4.11	4.05	4.01	3.98	3.95	3.94	3.92	3.90	3.87	3.84	3.83	3.82	3.80	3.79	3.78	4.76
5	4.06	3.78	3.62	3.52	3.45	3.40	3.37	3.34	3.32	3.30	3.27	3.24	3.21	3.19	3.17	3.16	3.14	3.12	3.10
6	3.78	3.46	3.29	3.18	3.11	3.05	3.01	2.98	2.96	2.94	2.90	2.87	2.84	2.82	2.80	2.78	2.76	2.74	2.72
7	3.59	3.26	3.07	2.96	2.88	2.83	2.78	2.75	2.72	2.70	2.67	2.63	2.59	2.58	2.56	2.54	2.51	2.49	2.47
8	3.46	3.11	2.92	2.81	2.73	2.67	2.62	2.59	2.56	2.54	2.50	2.46	2.42	2.40	2.38	2.36	2.34	2.32	2.29
9	3.36	3.01	2.81	2.69	2.61	2.55	2.51	2.47	2.44	2.42	2.38	2.34	2.30	2.28	2.25	2.23	2.21	2.18	2.16
10	3.29	2.92	2.73	2.61	2.52	2.46	2.41	2.38	2.35	2.32	2.28	2.24	2.20	2.18	2.16	2.13	2.11	2.08	2.06
11	3.23	2.86	2.66	2.54	2.45	2.39	2.34	2.30	2.27	2.25	2.21	2.17	2.12	2.10	2.08	2.05	2.03	2.00	1.97
12	3.18	2.81	2.61	2.48	2.39	2.33	2.28	2.24	2.21	2.19	2.15	2.10	2.06	2.04	2.01	1.99	1.96	1.93	1.90
13	3.14	2.76	2.56	2.43	2.35	2.28	2.23	2.20	2.16	2.14	2.10	2.05	2.01	1.98	1.96	1.93	1.90	1.88	1.85
14	3.10	2.73	2.52	2.39	2.31	2.24	2.19	2.15	2.12	2.10	2.05	2.01	1.96	1.94	1.91	1.89	1.86	1.83	1.80
15	3.07	2.70	2.49	2.36	2.27	2.21	2.16	2.12	2.09	2.06	2.02	1.97	1.92	1.90	1.87	1.85	1.82	1.79	1.76
16	3.05	2.67	2.46	2.33	2.24	2.18	2.13	2.09	2.06	2.03	1.99	1.94	1.89	1.87	1.84	1.81	1.78	1.75	1.72
17	3.03	2.64	2.44	2.31	2.22	2.15	2.10	2.06	2.03	2.00	1.96	1.91	1.86	1.84	1.81	1.78	1.75	1.72	1.69
18	3.01	2.62	2.42	2.29	2.20	2.13	2.08	2.04	2.00	1.98	1.93	1.89	1.84	1.81	1.78	1.75	1.72	1.69	1.66
19	2.99	2.61	2.40	2.27	2.18	2.11	2.06	2.02	1.98	1.96	1.91	1.86	1.81	1.79	1.76	1.73	1.70	1.67	1.63
20	2.97	2.59	2.38	2.25	2.16	2.09	2.04	2.00	1.96	1.94	1.89	1.84	1.79	1.77	1.74	1.71	1.68	1.64	1.61
21	2.96	2.57	2.36	2.23	2.14	2.08	2.02	1.98	1.95	1.92	1.87	1.83	1.78	1.75	1.72	1.69	1.66	1.62	1.59
22	2.95	2.56	2.35	2.22	2.13	2.06	2.01	1.97	1.93	1.90	1.86	1.81	1.76	1.73	1.70	1.67	1.64	1.60	1.57
23	2.94	2.55	2.34	2.21	2.11	2.05	1.99	1.95	1.92	1.89	1.84	1.80	1.74	1.72	1.69	1.66	1.62	1.59	1.55
24	2.93	2.54	2.33	2.19	2.10	2.04	1.98	1.94	1.91	1.88	1.83	1.78	1.73	1.70	1.67	1.64	1.61	1.57	1.53
25	2.92	2.53	2.32	2.18	2.09	2.02	1.97	1.93	1.89	1.87	1.82	1.77	1.72	1.69	1.66	1.63	1.59	1.56	1.52
26	2.91	2.52	2.31	2.17	2.08	2.01	1.96	1.92	1.88	1.86	1.81	1.76	1.71	1.68	1.65	1.61	1.58	1.54	1.50
27	2.90	2.51	2.30	2.17	2.07	2.00	1.95	1.91	1.87	1.85	1.80	1.75	1.70	1.67	1.64	1.60	1.57	1.53	1.49
28	2.89	2.50	2.29	2.16	2.06	2.00	1.94	1.90	1.87	1.84	1.79	1.74	1.69	1.66	1.63	1.59	1.56	1.52	1.48
29	2.89	2.50	2.28	2.15	2.06	1.99	1.93	1.89	1.86	1.83	1.78	1.73	1.68	1.65	1.62	1.58	1.55	1.51	1.47
30	2.88	2.49	2.28	2.14	2.05	1.98	1.93	1.88	1.85	1.82	1.77	1.72	1.67	1.64	1.61	1.57	1.54	1.50	1.46
40	2.84	2.44	2.23	2.09	2.00	1.93	1.87	1.83	1.79	1.76	1.71	1.66	1.61	1.57	1.54	1.51	1.47	1.42	1.38
60	2.79	2.39	2.18	2.04	1.95	1.87	1.82	1.77	1.74	1.71	1.66	1.60	1.54	1.51	1.48	1.44	1.40	1.35	1.29
120	2.75	2.35	2.13	1.99	1.90	1.82	1.77	1.72	1.68	1.65	1.60	1.55	1.48	1.45	1.41	1.37	1.32	1.26	1.19
∞	2.71	2.30	2.08	1.94	1.85	1.77	1.72	1.67	1.63	1.60	1.55	1.49	1.42	1.38	1.34	1.30	1.24	1.17	1.00

（续）

n \ m	1	2	3	4	5	6	7	8	9	10	12	15	20	24	30	40	60	120	∞
										$\alpha=0.05$									
1	161.4	199.5	215.7	224.6	230.2	234.0	236.8	238.9	240.5	241.9	243.9	245.9	248.0	249.1	250.1	251.1	252.2	253.3	254.3
2	18.51	19.00	19.16	19.25	19.30	19.33	19.35	19.37	19.38	19.40	19.41	19.43	19.45	19.45	19.46	19.47	19.48	19.49	19.50
3	10.13	9.55	9.28	9.12	9.01	8.94	8.89	8.85	8.81	8.79	8.74	8.70	8.66	8.64	8.62	8.59	8.57	8.55	8.53
4	7.71	6.94	6.59	6.39	6.26	6.16	6.09	6.04	6.00	5.96	5.91	5.86	5.80	5.77	5.75	5.72	5.69	5.66	5.63
5	6.61	5.79	5.41	5.19	5.05	4.95	4.88	4.82	4.77	4.74	4.68	4.62	4.56	4.53	4.50	4.46	4.43	4.40	4.36
6	5.99	5.14	4.76	4.53	4.39	4.28	4.21	4.15	4.10	4.06	4.00	3.94	3.87	3.74	3.81	3.77	3.74	3.70	3.67
7	5.59	4.74	4.35	4.12	3.97	3.87	3.79	3.73	3.68	3.64	3.57	3.51	3.44	3.41	3.38	3.34	3.30	3.27	3.23
8	5.32	4.46	4.07	3.84	3.69	3.58	3.50	3.44	3.39	3.35	3.28	3.22	3.15	3.12	3.08	3.04	3.01	2.97	2.93
9	5.12	4.26	3.86	3.63	3.48	3.37	3.29	3.23	3.18	3.14	3.07	3.01	2.94	2.90	2.86	2.83	2.79	2.75	2.71
10	4.96	4.10	3.71	3.48	3.33	3.22	3.14	3.07	3.02	2.98	2.91	2.85	2.77	2.74	2.70	2.66	2.62	2.58	2.54
11	4.84	3.98	3.59	3.36	3.20	3.09	3.01	2.95	2.90	2.85	2.79	2.72	2.65	2.61	2.57	2.53	2.49	2.45	2.40
12	4.75	3.89	3.49	3.26	3.11	3.00	2.91	2.85	2.80	2.75	2.69	2.62	2.54	2.51	2.47	2.43	2.38	2.34	2.30
13	4.67	3.81	3.41	3.18	3.03	2.92	2.83	2.77	2.71	2.67	2.60	2.53	2.46	2.42	2.38	2.34	2.30	2.25	2.21
14	4.60	3.74	3.34	3.11	2.96	2.85	2.76	2.70	2.65	2.60	2.53	2.46	2.39	2.35	2.31	2.27	2.22	2.18	2.13
15	4.54	3.68	3.29	3.06	2.90	2.79	2.71	2.64	2.59	2.54	2.48	2.40	2.33	2.29	2.25	2.20	2.16	2.11	2.07
16	4.49	3.63	3.24	3.01	2.85	2.74	2.66	2.59	2.54	2.49	2.42	2.35	2.28	2.24	2.19	2.15	2.11	2.06	2.01
17	4.45	3.59	3.20	2.96	2.81	2.70	2.61	2.55	2.49	2.45	2.38	2.31	2.23	2.19	2.15	2.10	2.06	2.01	1.96
18	4.41	3.55	3.16	2.93	2.77	2.66	2.58	2.51	2.46	2.41	2.34	2.27	2.19	2.15	2.11	2.06	2.02	1.97	1.92
19	4.38	3.52	3.13	2.90	2.74	2.63	2.54	2.48	2.42	2.38	2.31	2.23	2.16	2.11	2.07	2.03	1.98	1.93	1.88
20	4.35	3.49	3.10	2.87	2.71	2.60	2.51	2.45	2.39	2.35	2.28	2.20	2.12	2.08	2.04	1.99	1.95	1.90	1.84
21	4.32	3.47	3.07	2.84	2.68	2.57	2.49	2.42	2.37	2.32	2.25	2.18	2.10	2.05	2.01	1.96	1.92	1.87	1.81
22	4.30	3.44	3.05	2.82	2.66	2.55	2.46	2.40	2.34	2.30	2.23	2.15	2.07	2.03	1.98	1.94	1.89	1.84	1.78
23	4.28	3.42	3.03	2.80	2.64	2.53	2.44	2.37	2.32	2.27	2.20	2.13	2.05	2.01	1.96	1.91	1.86	1.81	1.76
24	4.26	3.40	3.01	2.78	2.62	2.51	2.42	2.36	2.30	2.25	2.18	2.11	2.03	1.98	1.94	1.89	1.84	1.79	1.73
25	4.24	3.39	2.99	2.76	2.60	2.49	2.40	2.34	2.28	2.24	2.16	2.09	2.01	1.96	1.92	1.87	1.82	1.77	1.71
26	4.23	3.37	2.98	2.74	2.59	2.47	2.39	2.32	2.27	2.22	2.15	2.07	1.99	1.95	1.90	1.85	1.80	1.75	1.69
27	4.21	3.35	2.96	2.73	2.57	2.46	2.37	2.31	2.25	2.20	2.13	2.06	1.97	1.93	1.88	1.84	1.79	1.73	1.67
28	4.20	3.34	2.95	2.71	2.56	2.45	2.36	2.29	2.24	2.19	2.12	2.04	1.96	1.91	1.87	1.82	1.77	1.71	1.65
29	4.18	3.33	2.93	2.70	2.55	2.43	2.35	2.28	2.22	2.18	2.10	2.03	1.94	1.90	1.85	1.81	1.75	1.70	1.64
30	4.17	3.32	2.92	2.69	2.53	2.42	2.33	2.27	2.21	2.16	2.09	2.01	1.93	1.89	1.84	1.79	1.74	1.68	1.62
40	4.08	3.23	2.84	2.61	2.45	2.34	2.25	2.18	2.12	2.08	2.00	1.92	1.84	1.79	1.74	1.69	1.64	1.58	1.51
60	4.00	3.15	2.76	2.53	2.37	2.25	2.17	2.10	2.04	1.99	1.92	1.84	1.75	1.70	1.65	1.59	1.53	1.47	1.39
120	3.92	3.07	2.68	2.45	2.29	2.17	2.09	2.02	1.96	1.91	1.83	1.75	1.66	1.61	1.55	1.50	1.43	1.35	1.25
∞	3.84	3.00	2.60	2.37	2.21	2.10	2.01	1.94	1.88	1.83	1.75	1.67	1.57	1.52	1.46	1.39	1.32	1.22	1.00

（续）

α = 0.025

n \ m	1	2	3	4	5	6	7	8	9	10	12	15	20	24	30	40	60	120	∞
1	647.8	799.5	864.2	899.6	921.8	937.1	948.2	956.7	963.3	368.6	976.7	984.9	993.1	997.2	1001	1006	1010	1014	1018
2	38.51	39.00	39.17	39.25	39.30	39.33	39.36	39.37	39.39	39.40	39.41	39.43	39.45	39.46	39.46	39.47	39.48	39.49	39.50
3	17.44	16.04	15.44	15.10	14.88	14.73	14.62	14.54	14.47	14.42	14.34	14.25	14.17	14.12	14.08	14.04	13.99	13.95	13.90
4	12.22	10.65	9.98	9.60	9.36	9.20	9.07	8.98	8.90	8.84	8.75	8.66	8.56	8.51	8.46	8.41	8.36	8.31	8.26
5	10.01	8.43	7.76	7.39	7.15	6.98	6.85	6.76	6.68	6.62	6.52	6.43	6.33	6.28	6.23	6.18	6.12	6.07	6.02
6	8.81	7.26	6.60	6.23	5.99	5.82	5.70	5.60	5.52	5.46	5.37	5.27	5.17	5.12	5.07	5.01	4.96	4.90	4.85
7	8.07	6.54	5.89	5.52	5.29	5.12	4.99	4.90	4.82	4.76	4.67	4.57	4.47	4.42	4.36	4.31	4.25	4.20	4.14
8	7.57	6.06	5.42	5.05	4.82	4.65	4.53	4.43	4.36	4.30	4.20	4.10	4.00	3.95	3.89	3.84	3.78	3.73	3.67
9	7.21	5.71	5.08	4.72	4.48	4.23	4.20	4.10	4.03	3.96	3.87	3.77	3.67	3.61	3.56	3.51	3.45	3.39	3.33
10	6.94	5.46	4.83	4.47	4.24	4.07	3.95	3.85	3.78	3.72	3.62	3.52	3.42	3.37	3.31	3.26	3.20	3.14	3.08
11	6.72	5.26	4.63	4.28	4.04	3.88	3.76	3.66	3.59	3.53	3.43	3.33	3.23	3.17	3.12	3.06	3.00	2.94	2.88
12	6.55	5.10	4.47	4.12	3.89	3.73	3.61	3.51	3.44	3.37	3.28	3.18	3.07	3.02	2.96	2.91	2.85	2.79	2.72
13	6.41	4.97	4.35	4.00	3.77	3.60	3.48	3.39	3.31	3.25	3.15	3.05	2.95	2.89	2.84	2.78	2.72	2.66	2.60
14	6.30	4.86	4.24	3.89	3.66	3.50	3.38	3.29	3.21	3.15	3.05	2.95	2.84	2.79	2.73	2.67	2.61	2.55	2.49
15	6.20	4.77	4.15	3.80	3.58	3.41	3.29	3.20	3.12	3.06	2.96	2.86	2.76	2.70	2.64	2.59	2.52	2.46	2.40
16	6.12	4.69	4.08	3.73	3.50	3.34	3.22	3.12	3.05	2.99	2.89	2.79	2.68	2.63	2.57	2.51	2.45	2.38	2.32
17	6.04	4.62	4.01	3.66	3.44	3.28	3.16	3.06	2.98	2.92	2.82	2.72	2.62	2.56	2.50	2.44	2.38	2.32	2.25
18	5.98	4.56	3.95	3.61	3.38	3.22	3.10	3.01	2.93	2.87	2.77	2.67	2.56	2.50	2.44	2.38	2.32	2.26	2.19
19	5.92	4.51	3.90	3.56	3.33	3.17	3.05	2.96	2.88	2.82	2.72	2.62	2.51	2.45	2.39	2.33	2.27	2.20	2.13
20	5.87	4.46	3.86	3.51	3.29	3.13	3.01	2.91	2.84	2.77	2.68	2.57	2.46	2.41	2.35	2.29	2.22	2.16	2.09
21	5.83	4.42	3.82	3.48	3.25	3.09	2.97	2.87	2.80	2.73	2.64	2.53	2.42	2.37	2.31	2.25	2.18	2.11	2.04
22	5.79	4.38	3.78	3.44	3.22	3.05	2.93	2.84	2.76	2.70	2.60	2.50	2.39	2.33	2.27	2.21	2.14	2.08	2.00
23	5.75	4.35	3.75	3.41	3.18	3.02	2.90	2.81	2.73	2.67	2.57	2.47	2.36	2.30	2.24	2.18	2.11	2.04	1.97
24	5.72	4.32	3.72	3.38	3.15	2.99	2.87	2.78	2.70	2.64	2.54	2.44	2.33	2.27	2.21	2.15	2.08	2.01	1.94
25	5.69	4.29	3.69	3.35	3.13	2.97	2.85	2.75	2.68	2.61	2.51	2.41	2.30	2.24	2.18	2.12	2.05	1.98	1.91
26	5.66	4.27	3.67	3.33	3.10	2.94	2.82	2.73	2.65	2.59	2.49	2.39	2.28	2.22	2.16	2.09	2.03	1.95	1.88
27	5.63	4.24	3.65	3.31	3.08	2.92	2.80	2.71	2.63	2.57	2.47	2.36	2.25	2.19	2.13	2.07	2.00	1.93	1.85
28	5.61	4.22	3.63	3.29	3.06	2.90	2.78	2.69	2.61	2.55	2.45	2.34	2.23	2.17	2.11	2.05	1.98	1.91	1.83
29	5.59	4.20	3.61	3.27	3.04	2.88	2.76	2.67	2.59	2.53	2.43	2.32	2.21	2.15	2.09	2.03	1.96	1.89	1.81
30	5.57	4.18	3.59	3.25	3.03	2.87	2.75	2.65	2.57	2.51	2.41	2.31	2.20	2.14	2.07	2.01	1.94	1.87	1.79
40	5.42	4.05	3.46	3.13	2.90	2.74	2.62	2.53	2.45	2.39	2.29	2.18	2.07	2.01	1.94	1.88	1.80	1.72	1.64
60	5.29	3.93	3.34	3.01	2.79	2.63	2.51	2.41	2.33	2.27	2.17	2.06	1.94	1.88	1.82	1.74	1.67	1.58	1.48
120	5.15	3.80	3.23	2.89	2.67	2.52	2.39	2.30	2.22	2.16	2.05	1.94	1.82	1.76	1.69	1.61	1.53	1.43	1.31
∞	5.02	3.69	3.12	2.79	2.57	2.41	2.29	2.19	2.11	2.05	1.94	1.83	1.71	1.64	1.57	1.48	1.39	1.27	1.00

（续）

$\alpha=0.01$

n \ m	1	2	3	4	5	6	7	8	9	10	12	15	20	24	30	40	60	120	∞
1	4052	4999.5	5403	5625	5764	5859	5928	5982	6022	6056	6106	6157	6209	6235	6261	6287	6313	6339	6366
2	98.50	99.00	99.17	99.25	99.30	99.33	99.36	99.37	99.39	99.40	99.42	99.43	99.45	99.46	99.47	99.47	99.48	99.49	99.50
3	34.12	30.82	29.46	28.71	28.24	27.91	27.67	27.49	27.35	27.23	27.05	26.87	26.69	26.60	26.50	26.41	26.32	26.22	26.13
4	21.20	18.00	16.69	15.98	15.52	15.21	14.98	14.80	14.66	14.55	14.37	14.20	14.02	13.93	13.84	13.75	13.65	13.56	13.46
5	16.26	13.27	12.06	11.39	10.97	10.67	10.46	10.29	10.16	10.05	9.89	9.72	9.55	9.47	9.38	9.29	9.20	9.11	9.02
6	13.75	10.92	9.78	9.15	8.75	8.47	8.26	8.10	7.98	7.87	7.72	7.56	7.40	7.31	7.23	7.14	7.06	6.97	6.88
7	12.25	9.55	8.45	7.85	7.46	7.19	6.99	6.84	6.72	6.62	6.47	6.31	6.16	6.07	5.99	5.91	5.82	5.74	5.65
8	11.26	8.65	7.59	7.01	6.63	6.37	6.18	6.03	5.91	5.81	5.67	5.52	5.36	5.28	5.20	5.12	5.03	4.95	4.86
9	10.56	8.02	6.99	6.42	6.06	5.80	5.61	5.47	5.35	5.26	5.11	4.96	4.81	4.73	4.65	4.57	4.48	4.40	4.31
10	10.04	7.56	6.55	5.99	5.64	5.39	5.20	5.06	4.94	4.85	4.71	4.56	4.41	4.33	4.25	4.17	4.08	4.00	3.91
11	9.65	7.21	6.22	5.67	5.32	5.07	4.89	4.74	4.63	4.54	4.40	4.25	4.10	4.02	3.94	3.86	3.78	3.69	3.60
12	9.33	6.93	5.95	5.41	5.06	4.82	4.64	4.50	4.39	4.30	4.16	4.01	3.86	3.78	3.70	3.62	3.54	3.45	3.36
13	9.07	6.70	5.74	5.21	4.86	4.62	4.44	4.30	4.19	4.10	3.96	3.82	3.66	3.59	3.51	3.43	3.34	3.25	3.17
14	8.86	6.51	5.56	5.04	4.69	4.46	4.28	4.14	4.03	3.94	3.80	3.66	3.51	3.43	3.35	3.27	3.18	3.09	3.00
15	8.68	6.36	5.42	4.89	4.56	4.32	4.14	4.00	3.89	3.80	3.67	3.52	3.37	3.29	3.21	3.13	3.05	2.96	2.87
16	8.53	6.23	5.29	4.77	4.44	4.20	4.03	3.89	3.78	3.69	3.55	3.41	3.26	3.18	3.10	3.02	2.93	2.84	2.75
17	8.40	6.11	5.18	4.67	4.34	4.10	3.93	3.79	3.68	3.59	3.46	3.31	3.16	3.08	3.00	2.92	2.83	2.75	2.65
18	8.29	6.01	5.09	4.58	4.25	4.01	3.84	3.71	3.60	3.51	3.37	3.23	3.08	3.00	2.92	2.84	2.75	2.66	2.57
19	8.18	5.93	5.01	4.50	4.17	3.94	3.77	3.63	3.52	3.43	3.30	3.15	3.00	2.92	2.84	2.76	2.67	2.58	2.49
20	8.10	5.85	4.94	4.43	4.10	3.87	3.70	3.56	3.46	3.37	3.23	3.09	2.94	2.86	2.78	2.69	2.61	2.52	2.42
21	8.02	5.78	4.87	4.37	4.04	3.81	3.64	3.51	3.40	3.31	3.17	3.03	2.88	2.80	2.72	2.64	2.55	2.46	2.36
22	7.95	5.72	4.82	4.31	3.99	3.76	3.59	3.45	3.35	3.26	3.12	2.98	2.83	2.75	2.67	2.58	2.50	2.40	2.31
23	7.88	5.66	4.76	4.26	3.94	3.71	3.54	3.41	3.30	3.21	3.07	2.93	2.78	2.70	2.62	2.54	2.45	2.35	2.26
24	7.82	5.61	4.72	4.22	3.90	3.67	3.50	3.36	3.26	3.17	3.03	2.89	2.74	2.66	2.58	2.49	2.40	2.31	2.21
25	7.77	5.57	4.68	4.18	3.85	3.63	3.46	3.32	3.22	3.13	2.99	2.85	2.70	2.62	2.54	2.45	2.36	2.27	2.17
26	7.72	5.53	4.64	4.14	3.82	3.59	3.42	3.29	3.18	3.09	2.96	2.81	2.66	2.58	2.50	2.42	2.33	2.23	2.13
27	7.68	5.49	4.60	4.11	3.78	3.56	3.39	3.26	3.15	3.06	2.93	2.78	2.63	2.55	2.47	2.38	2.29	2.20	2.10
28	7.64	5.45	4.57	4.07	3.75	3.53	3.36	3.23	3.12	3.03	2.90	2.75	2.60	2.52	2.44	2.35	2.26	2.17	2.06
29	7.60	5.42	4.54	4.04	3.73	3.50	3.33	3.20	3.09	3.00	2.87	2.73	2.57	2.49	2.41	2.33	2.23	2.14	2.03
30	7.56	5.39	4.51	4.02	3.70	3.47	3.30	3.17	3.07	2.98	2.84	2.70	2.55	2.47	2.39	2.30	2.21	2.11	2.01
40	7.31	5.18	4.31	3.83	3.51	3.29	3.12	2.99	2.89	2.80	2.66	2.52	2.37	2.29	2.20	2.11	2.02	1.92	1.80
60	7.08	4.98	4.13	3.65	3.34	3.12	2.95	2.82	2.72	2.63	2.50	2.35	2.20	2.12	2.03	1.94	1.84	1.73	1.60
120	6.85	4.79	3.95	3.48	3.17	2.96	2.79	2.66	2.56	2.47	2.34	2.19	2.03	1.95	1.86	1.76	1.66	1.53	1.38
∞	6.63	4.61	3.78	3.32	3.02	2.80	2.64	2.51	2.41	2.32	2.18	2.04	1.88	1.79	1.70	1.59	1.47	1.32	1.00

（续）

n \ m ($\alpha = 0.005$)	1	2	3	4	5	6	7	8	9	10	12	15	20	24	30	40	60	120	∞
1	16211	20000	21615	22500	23056	23437	23715	23925	24091	24224	24426	24630	24836	24940	25044	25148	25253	25359	25465
2	198.5	199.0	199.2	199.2	199.3	199.3	199.4	199.4	199.4	199.4	199.4	199.4	199.4	199.5	199.5	199.5	199.5	199.5	199.5
3	55.55	49.80	47.47	46.19	45.39	44.84	44.43	44.13	43.88	43.69	43.39	43.08	42.78	42.62	42.47	42.31	42.15	41.99	41.83
4	31.33	26.28	24.26	23.15	22.46	21.97	21.62	21.35	21.14	20.97	20.70	20.44	20.17	20.03	19.89	19.75	19.61	19.47	19.32
5	22.78	18.31	16.53	15.56	14.94	14.51	14.20	13.96	13.77	13.62	13.38	13.15	12.90	12.78	12.66	12.53	12.40	12.27	12.14
6	18.63	14.54	12.92	12.03	11.46	11.07	10.79	10.57	10.39	10.25	10.03	9.81	9.59	9.47	9.36	9.24	9.12	9.00	8.88
7	16.24	12.40	10.88	10.05	9.52	9.16	8.89	8.68	8.51	8.38	8.18	7.97	7.75	7.65	7.53	7.42	7.31	7.19	7.08
8	14.69	11.04	9.60	8.81	8.30	7.95	7.69	7.50	7.34	7.21	7.01	6.81	6.61	6.50	6.40	6.29	6.18	6.06	5.95
9	13.61	10.11	8.72	7.96	7.47	7.13	6.88	6.69	6.54	6.42	6.23	6.03	5.83	5.73	5.62	5.52	5.41	5.30	5.19
10	12.83	9.43	8.08	7.34	6.87	6.54	6.30	6.12	5.97	5.85	5.66	5.47	5.27	5.17	5.07	4.97	4.86	4.75	4.64
11	12.23	8.91	7.60	6.88	6.42	6.10	5.86	5.68	5.54	5.42	5.24	5.05	4.86	4.76	4.65	4.55	4.44	4.34	4.23
12	11.75	8.51	7.23	6.52	6.07	5.76	5.52	5.35	5.20	5.09	4.91	4.72	4.53	4.43	4.33	4.23	4.12	4.01	3.90
13	11.37	8.19	6.93	6.23	5.79	5.48	5.25	5.08	4.94	4.82	4.64	4.46	4.27	4.17	4.07	3.97	3.87	3.76	3.65
14	11.06	7.92	6.68	6.00	5.56	5.26	5.03	4.86	4.72	4.60	4.43	4.25	4.06	3.96	3.86	3.76	3.66	3.55	3.44
15	10.80	7.70	6.48	5.80	5.37	5.07	4.85	4.67	4.54	4.42	4.25	4.07	3.88	3.79	3.69	3.58	3.48	3.37	3.26
16	10.58	7.51	6.30	5.64	5.21	4.91	4.69	4.52	4.38	4.27	4.10	3.92	3.73	3.64	3.54	3.44	3.33	3.22	3.11
17	10.38	7.35	6.16	5.50	5.07	4.78	4.56	4.39	4.25	4.14	3.97	3.79	3.61	3.51	3.41	3.31	3.21	3.10	2.98
18	10.22	7.21	6.03	5.37	4.96	4.66	4.44	4.28	4.14	4.03	3.86	3.68	3.50	3.40	3.30	3.20	3.10	2.99	2.87
19	10.07	7.09	5.92	5.27	4.85	4.56	4.34	4.18	4.04	3.93	3.76	3.59	3.40	3.31	3.21	3.11	3.00	2.89	2.78
20	9.94	6.99	5.82	5.17	4.76	4.47	4.26	4.09	3.96	3.85	3.68	3.50	3.32	3.22	3.12	3.02	2.92	2.81	2.69
21	9.83	6.89	5.73	5.09	4.68	4.39	4.18	4.01	3.88	3.77	3.60	3.43	3.24	3.15	3.05	2.95	2.84	2.73	2.61
22	9.73	6.81	5.65	5.02	4.61	4.32	4.11	3.94	3.81	3.70	3.54	3.36	3.18	3.08	2.98	2.88	2.77	2.66	2.55
23	9.63	6.73	5.58	4.95	4.54	4.26	4.05	3.88	3.75	3.64	3.47	3.30	3.12	3.02	2.92	2.82	2.71	2.60	2.48
24	9.55	6.66	5.52	4.89	4.49	4.20	3.99	3.83	3.69	3.59	3.42	3.25	3.06	2.97	2.87	2.77	2.66	2.55	2.43
25	9.48	6.60	5.46	4.84	4.43	4.15	3.94	3.78	3.64	3.54	3.37	3.20	3.01	2.92	2.82	2.72	2.61	2.50	2.38
26	9.41	6.54	5.41	4.79	4.38	4.10	3.89	3.73	3.60	3.49	3.33	3.15	2.97	2.87	2.77	2.67	2.56	2.45	2.33
27	9.34	6.49	5.36	4.74	4.34	4.06	3.85	3.69	3.56	3.45	3.28	3.11	2.93	2.83	2.73	2.63	2.52	2.41	2.29
28	9.28	6.44	5.32	4.70	4.30	4.02	3.81	3.65	3.52	3.41	3.25	3.07	2.89	2.79	2.69	2.59	2.48	2.37	2.25
29	9.23	6.40	5.28	4.66	4.26	3.98	3.77	3.61	3.48	3.38	3.21	3.04	2.86	2.76	2.66	2.56	2.45	2.33	2.21
30	9.18	6.35	5.24	4.62	4.23	3.95	3.74	3.58	3.45	3.34	3.18	3.01	2.82	2.73	2.63	2.52	2.42	2.30	2.18
40	8.83	6.07	4.98	4.37	3.99	3.71	3.51	3.35	3.22	3.12	2.95	2.78	2.60	2.50	2.40	2.30	2.18	2.06	1.93
60	8.49	5.79	4.73	4.14	3.76	3.49	3.29	3.13	3.01	2.90	2.74	2.57	2.39	2.29	2.19	2.08	1.96	1.83	1.69
120	8.18	5.54	4.50	3.92	3.55	3.28	3.09	2.93	2.81	2.71	2.54	2.37	2.19	2.09	1.98	1.87	1.75	1.61	1.43
∞	7.88	5.30	4.28	3.72	3.35	3.09	2.90	2.74	2.62	2.52	2.36	2.19	2.00	1.90	1.79	1.67	1.53	1.36	1.00

（续）

α = 0.001

n \ m	1	2	3	4	5	6	7	8	9	10	12	15	20	24	30	40	60	120	∞
1	4053+	5000+	5404+	5625+	5764+	5859+	5929+	5981+	6023+	6056+	6167+	6158+	6209+	6235+	6261+	6287+	6313+	6340+	6366+
2	998.5	999.0	999.2	999.2	999.3	999.3	999.4	999.4	999.4	999.4	999.4	999.4	999.4	999.5	999.5	999.5	999.5	999.5	999.5
3	167.0	148.5	141.1	137.1	134.6	132.8	131.6	130.6	129.9	129.2	128.3	127.4	126.4	125.9	125.4	125.0	124.5	124.0	123.5
4	74.14	61.25	53.18	53.44	51.71	50.53	49.66	49.00	48.47	48.05	47.41	46.76	46.10	45.77	45.43	45.09	44.75	44.40	44.05
5	47.18	37.12	33.20	31.09	29.75	28.84	28.16	27.64	27.24	26.92	26.42	25.91	25.39	25.14	24.87	24.60	24.33	24.06	23.79
6	35.51	27.00	23.70	21.92	20.81	20.03	19.46	19.03	18.69	18.41	17.99	17.56	17.12	16.89	16.67	16.44	16.21	15.99	15.75
7	29.25	21.69	18.77	17.19	16.21	15.52	15.02	14.63	14.33	14.08	13.71	13.32	12.93	12.73	12.53	12.33	12.12	11.91	11.70
8	25.42	18.49	15.83	14.39	13.49	12.86	12.40	12.04	11.77	11.54	11.19	10.84	10.18	10.30	10.11	9.92	9.73	9.53	9.33
9	22.86	16.39	13.90	12.56	11.71	11.13	10.70	10.37	10.11	9.89	9.57	9.24	8.90	8.72	8.55	8.37	8.19	8.00	7.81
10	21.04	14.91	12.55	11.28	10.48	9.92	9.52	9.20	8.96	8.75	8.45	8.13	7.80	7.64	7.47	7.30	1.12	6.94	6.67
11	19.69	13.81	11.56	10.35	9.58	9.05	8.66	8.35	8.12	7.92	7.63	7.32	7.01	6.85	6.68	6.52	6.35	6.17	6.00
12	18.64	12.97	10.80	9.63	8.89	8.38	8.60	7.71	7.48	7.29	7.00	6.71	6.46	6.25	6.09	6.93	6.76	6.59	5.42
13	17.81	12.31	10.21	9.07	8.35	7.86	7.49	7.21	6.98	6.80	6.52	6.23	5.93	5.78	5.63	5.47	5.36	5.14	4.97
14	17.14	11.78	9.73	8.62	7.92	7.43	7.08	6.80	6.58	6.40	6.13	5.85	5.56	5.41	5.25	5.10	4.94	4.77	4.60
15	16.59	11.34	9.34	8.25	7.57	7.09	6.74	6.47	6.26	6.08	5.81	5.54	5.25	5.10	4.95	4.80	4.64	4.47	4.31
16	16.12	10.97	9.00	7.94	7.27	6.81	6.46	6.19	5.98	5.81	5.55	5.27	4.99	4.85	4.70	4.54	4.39	4.23	4.06
17	15.72	10.66	8.73	7.68	7.02	7.56	6.22	5.96	5.75	5.58	5.32	5.05	4.78	4.63	4.48	4.33	4.18	4.02	3.85
18	15.38	10.39	8.49	7.46	6.81	6.35	6.02	5.76	5.56	5.39	5.13	4.87	4.59	4.45	4.30	4.15	4.00	3.84	3.67
19	15.08	10.16	8.28	7.26	6.62	6.18	5.85	8.59	5.39	5.22	4.97	4.70	4.33	4.29	4.14	3.99	3.84	3.68	3.51
20	14.82	9.95	8.10	7.10	6.46	6.02	5.69	5.44	5.24	5.08	4.82	4.56	4.29	4.15	4.00	3.86	3.70	3.54	3.38
21	14.59	9.77	7.94	6.95	6.32	5.88	5.56	5.31	5.11	4.95	4.70	4.44	4.17	4.03	3.88	3.74	3.58	3.42	3.26
22	14.38	9.61	7.80	6.81	6.19	5.76	5.44	5.19	4.99	4.83	4.58	4.33	4.06	3.92	3.78	3.63	3.48	3.32	3.15
23	14.19	9.47	7.67	6.69	6.08	5.65	5.33	5.09	4.89	4.73	4.48	4.23	3.96	3.82	3.68	3.53	3.38	3.22	3.05
24	14.03	9.34	7.55	6.59	5.98	5.55	5.23	4.99	4.80	4.64	4.39	4.14	3.87	3.74	3.59	3.45	3.29	3.14	2.97
25	13.88	9.22	7.45	6.49	5.88	5.46	5.15	4.95	4.71	4.56	4.31	4.06	3.79	3.66	3.52	3.37	3.22	3.06	2.89
26	13.74	9.12	7.36	6.41	5.80	5.38	5.07	4.83	4.64	4.48	4.24	3.99	3.72	3.59	3.44	3.30	3.15	2.99	2.82
27	13.61	9.02	7.27	6.33	5.73	5.31	5.00	4.76	4.57	4.41	4.17	3.92	3.66	3.52	3.38	3.23	3.08	2.92	2.75
28	13.50	8.93	7.19	6.25	5.66	5.24	4.93	4.69	4.50	4.35	4.11	3.86	3.60	3.46	3.32	3.18	3.02	2.86	2.69
29	13.39	8.85	7.12	6.19	5.59	5.18	4.87	4.64	4.45	4.29	4.05	3.80	3.54	3.41	3.27	3.12	2.97	2.81	2.54
30	13.29	8.77	7.05	6.12	5.53	5.12	4.82	4.58	4.39	4.24	4.00	3.75	3.49	3.36	3.22	3.07	2.92	2.76	2.59
40	12.61	8.25	6.60	5.70	5.13	4.73	4.44	4.21	4.02	3.87	3.64	3.40	3.15	3.01	2.87	2.73	2.57	2.41	2.23
60	11.97	7.76	6.17	5.31	4.76	4.37	4.09	3.87	3.69	3.54	3.31	3.08	2.83	2.69	2.55	2.41	2.25	2.08	1.89
120	11.38	7.32	5.79	4.95	4.42	4.04	3.77	3.55	3.38	3.24	3.02	2.78	2.53	2.40	2.26	2.11	1.95	1.76	1.54
∞	10.83	6.91	5.42	4.62	4.10	3.74	3.47	3.27	3.10	2.96	2.74	2.51	2.27	2.12	1.99	1.84	1.66	1.45	1.60

注：+表示要将所列数乘以 100.

习题答案

习题一

1. (1) $S_1=\{2,3,4,\cdots,12\}$

   (2) $S_2=\{l|0<l\leqslant 2\}$

   (3) $S_3=\{5,6,7\cdots\}$

   (4) $S_4=\{0,1,2\cdots\}$

2. (1) $A\overline{B}C$　(2) $A(\overline{B}\cup\overline{C})$　(3) $A\,\overline{B}\,\overline{C}\cup\overline{A}B\overline{C}\cup\overline{A}\,\overline{B}C$

   (4) $A\cup B\cup C$　(5) $\overline{A}\,\overline{B}\cup\overline{A}\,\overline{C}\cup\overline{B}\,\overline{C}$　(6) $AB\overline{C}\cup A\overline{B}C\cup\overline{A}BC$

   (7) $AB\cup AC\cup BC$　(8) $\overline{A}\cup\overline{B}\cup\overline{C}$

3. 图略

4. 不为对立事件

5. $P(AB)\leqslant P(A)\leqslant P(A\cup B)\leqslant P(A)+P(B)$,理由略

6. $\frac{11}{24}$

7. (1) 0.3　(2) 0.6　(3) 0.7

8. (1) $\frac{C_{37}^5}{C_{40}^5}$　(2) $\frac{C_{37}^3C_3^2}{C_{40}^5}$

9. $\frac{103}{2704}$

10. (1) $\frac{C_{10}^2}{C_{15}^3}$　(2) $\frac{C_4^2}{C_{15}^3}$

11. 0.3439

12. $\frac{13}{21}$

13. $\frac{48}{13!}$

14. $\frac{(C_{2n}^{n})^2}{C_{4n}^{2n}}$

15. (1) $\frac{1}{n-1}(n\geqslant 2)$

(2) $\begin{cases}\frac{6}{(n-1)(n-2)}, & n>3\\ 1, & n=3\end{cases}$

(3) $\frac{1}{n},\frac{6}{n(n-1)}(n\geqslant 3)$

16. 0.25

17. (1) 0.8　　(2) 0.6　　18. 略　　19. 略

20. (1) $\frac{5}{18}$　　(2) $\frac{35}{228}$　　(3) $\frac{1}{4}$

21. (1) $\frac{5}{12}$　　(2) $\frac{53}{99}$

22. $\frac{20}{21}$

23. $\frac{1}{2}$

24. $\frac{25}{69}$　$\frac{28}{69}$　$\frac{16}{69}$

25. (1) 0.4　　(2) 0.4856

26. $\frac{9}{13}$

27. 0.998

28. (1) $2p^2+2p^3-5p^4+2p^5$

(2) $p+3p^2-4p^3-p^4+3p^5-p^6$

29. 0.6

30. $\frac{13}{24}$

31. $\frac{95}{294}$

32. (1) 0.86　　(2) $\frac{17}{86}$　$\frac{12}{43}$　$\frac{45}{86}$

33. 0.5953

34. 0.458

35. 0.2381

36. 0.104

37. (1) $\frac{(\lambda p)^k}{k!}e^{-\lambda p}$ (2) $\frac{[\lambda(1-p)]^{n-k}e^{-\lambda(1-p)}}{(n-k)!}$

38. 五局三胜制甲获胜的可能性较大

39. $\frac{2C_{2n-r}^{n}}{2^{2n-r}}$

40. (1) $\sum_{i=0}^{3}C_{10}^{i}(0.35)^{i}(0.65)^{10-i}\approx 0.5139$

(2) $\sum_{i=4}^{10}C_{10}^{i}(0.25)^{i}(0.75)^{10-i}\approx 0.2241$

习 题 二

1. (1)

X	3	4	5
P	0.1	0.3	0.6

(2) $F(x)=\begin{cases}0, & x<3\\ 0.1, & 3\leqslant x<4\\ 0.4, & 4\leqslant x<5\\ 1, & x\geqslant 5\end{cases}$

2. (1)

X	1	2	3	4	5	6
P	11/36	9/36	7/36	5/36	3/36	1/36

(2) $F(x)=\begin{cases}0, & x<1\\ 11/36, & 1\leqslant x<2\\ 20/36, & 2\leqslant x<3\\ 27/36, & 3\leqslant x<4\\ 32/36, & 4\leqslant x<5\\ 35/36, & 5\leqslant x<6\\ 1, & x\geqslant 6\end{cases}$

3. (1) $\frac{1}{2(2^{100}-1)}$ (2) $\frac{1}{3}$

4.

X	-5	-2	0	2
P	0.2	0.1	0.2	0.5

$P\{-3<X\leqslant 0\}=F(0)-F(-3)=0.5-0.2=0.3$

5. (1) $P\{X=i\}=0.3^{i-1}\cdot 0.7\quad i=1,2,3,4.$

(2)

X	1	2	3	4
P	$\frac{7}{10}$	$\frac{7}{30}$	$\frac{7}{120}$	$\frac{1}{120}$

6. (1) 0.0729 (2) 0.008 (3) 0.999

7. (1) 0.321 (2) 0.242

8. 0.609 9 台

9. (1) 0.143 (2) 4

10. (1) 0.02977 (2) 0.00284

11. (1) 1 (2) 0.39

12. (1)是 $f(x)=\begin{cases}2x, & 0<x\leqslant 1\\ 0, & \text{其他}\end{cases}$ (2) 不是

13. $F(x)=\begin{cases}0, & x<1\\ 2\left(x+\frac{1}{x}-2\right), & 1\leqslant x<2\\ 1, & x\geqslant 2\end{cases}$

14. (1) $A=\frac{1}{2}$ (2) $F(x)=\begin{cases}0, & x\leqslant 0\\ \frac{1}{2}-\frac{1}{2}\cos x, & 0<x\leqslant\pi\\ 1, & x>\pi\end{cases}$ (3) $\frac{1}{2}-\frac{\sqrt{2}}{4}$

15. (1) 0.6 (2) 0.5443

16. 0.6

17. (1) 0.5328 0.9996 0.6977 0.5 (2) $c=3$ (3) $d\leqslant 0.436$

18. (1) 0.3413 (2) $a\geqslant 39.2$ (3) 0.717

19. (1) $f(x)=\frac{1}{\sqrt{10\pi}}\mathrm{e}^{-\frac{(x-0.2)^2}{10}},\ x\in(-\infty,+\infty)$ (2) 0.7736

20.

Y	0	1	4	9
P	1/3	1/4	11/36	1/9

21. (1) $f_Y(y)=\begin{cases}\dfrac{1}{y}, & 1<y<\mathrm{e}\\ 0, & \text{其他}\end{cases}$　(2) $f_Y(y)=\begin{cases}\dfrac{1}{2}\mathrm{e}^{-y/2}, & y>0\\ 0, & y\leqslant 0\end{cases}$

22. (1) $f_Y(y)=\begin{cases}\dfrac{1}{\sqrt{2\pi}y}\mathrm{e}^{-(\ln y)^2/2}, & 0<y<+\infty\\ 0, & \text{其他}\end{cases}$

(2) $f_Y(y)=\begin{cases}\dfrac{1}{2\sqrt{\pi(y-1)}}\mathrm{e}^{-(y-1)/4}, & y>1\\ 0, & y\leqslant 1\end{cases}$

(3) $f_Y(y)=\begin{cases}\sqrt{\dfrac{2}{\pi}}\mathrm{e}^{-y^2/2}, & y>0\\ 0, & y\leqslant 0\end{cases}$

习　题　三

1.

X \ Y	0	1	2
1	0	0	1/14
2	0	2/7	1/7
3	1/7	2/7	0
4	1/14	0	0

2. (1) 0.05　(2) 0.3　(3) 0.35　(4) 0.3　(5) 0.6

3. (1) 1/8　(2) 3/8　(3) 27/32　(4) 2/3

4. $f_X(x)=6(x-x^2), 0<x<1$; $f_Y(y)=6(\sqrt{y}-y), 0<y<1$

5. (1) $f_X(x)=\begin{cases}\mathrm{e}^{-x}, & x>0\\ 0, & x\leqslant 0\end{cases}$　(2) $1+\mathrm{e}^{-1}-2\mathrm{e}^{-\frac{1}{2}}$

6. (1) 21/4　(2) $f_X(x)=\begin{cases}\dfrac{21}{8}x^2(1-x^4), & -1\leqslant x\leqslant 1\\ 0, & \text{其他}\end{cases}$

$$f_Y(y)=\begin{cases}\dfrac{7}{2}y^{\frac{5}{2}}, & 0\leqslant y\leqslant 1\\ 0, & \text{其他}\end{cases}$$

7.

X	-1	0	1
P	5/12	1/6	5/12

Y	0	1	2
P	7/12	1/3	1/12

8.

k	0	1	2
$P\{X=k\mid Y=0\}$	0.8	0.2	0

k	-1	0	2
$P\{Y=k\mid X=0\}$	1/3	2/3	0

9. (1) $k=12$ (2) $f_{X|Y}(x|y)=\begin{cases}3e^{-3x}, & x\geqslant 0\\ 0, & x<0\end{cases}$

$$f_{Y|X}(y|x)=\begin{cases}4e^{-4y}, & y\geqslant 0\\ 0, & y<0\end{cases}$$

10. $f_{Y|X}(y|x)=\begin{cases}\dfrac{1}{x+1}, & 0<y<x+1\\ 0, & \text{其他}\end{cases} \quad (0<x<1)$

$$f_{Y|X}(y|x)=\begin{cases}\dfrac{1}{2}, & x-1<y<x+1\\ 0, & \text{其他}\end{cases} \quad (1\leqslant x\leqslant 2)$$

$$f_{X|Y}(x|y)=\begin{cases}\dfrac{1}{y+1}, & 0<x<y+1\\ 0, & \text{其他}\end{cases} \quad (0\leqslant y\leqslant 1)$$

$$f_{X|Y}(x|y)=\begin{cases}\dfrac{1}{3-y}, & y-1<x<2\\ 0, & \text{其他}\end{cases} \quad (1<y<3)$$

11. (1) $p_{11}=\dfrac{1}{4}, p_{12}=0, p_{13}=\dfrac{1}{4}, p_{22}=\dfrac{1}{2}$ (2) 不独立

12. 独立

13. (1) $f(x,y)=\begin{cases}\dfrac{1}{2}e^{-\frac{y}{2}}, & 0<x<1, y\geqslant 0\\ 0, & \text{其他}\end{cases}$

(2) $1-\sqrt{2\pi}[\Phi(1)-\Phi(0)]=0.1445$

14. $f(x,y)=\dfrac{1}{2\pi}e^{-(x^2+y^2)/2}$

Z	0	1	2
P	e^{-2}	$e^{-1/2}-e^{-2}$	$1-e^{-1/2}$

15. $f_Z(z)=\begin{cases} z-1, & 1\leqslant z\leqslant 2 \\ 3-z, & 2<z\leqslant 3 \\ 0, & \text{其他} \end{cases}$

16. $f_Z(z)=\begin{cases} 1-\mathrm{e}^{-z}, & 0\leqslant z<1 \\ (\mathrm{e}-1)\mathrm{e}^{-z}, & z\geqslant 1 \\ 0, & \text{其他} \end{cases}$

17. $f_Z(z)=\begin{cases} z\mathrm{e}^{-\frac{z^2}{2}}, & z>0 \\ 0, & z\leqslant 0 \end{cases}$

18. (1) $f_Y(y)=\begin{cases} 5(1-y\mathrm{e}^{-y}-\mathrm{e}^{-y})^4 y\mathrm{e}^{-y}, & y\geqslant 0 \\ 0, & y<0 \end{cases}$

(2) $f_Z(z)=\begin{cases} 5(z\mathrm{e}^{-z}+\mathrm{e}^{-z})^4 z\mathrm{e}^{-z} & z\geqslant 0 \\ 0, & z<0 \end{cases}$

19. 0.00063

习　题　四

1. $P\{X=3\}=0.1, P\{X=4\}=0.3, P\{X=5\}=0.6, E(X)=4.5$
2. 0.3
3. 44.64
4. $1000+10000p$
5. 1.2
6. 略
7. $\frac{1}{3}$
8. (1) $a=\frac{1}{4}, b=1, c=-\frac{1}{4}$

   (2) $E(Y)=\frac{1}{4}(\mathrm{e}^2-1)^2$　$D(Y)=\frac{1}{4}\mathrm{e}^2(\mathrm{e}^2-1)^2$
9. 略
10. (1) 0　　(2) 2　　(3) 14
11. $a=\frac{1}{2}, b=\frac{1}{\pi}, E(X)=0, D(X)=\frac{1}{2}$
12. $2, \frac{1}{3}$
13. (1) 2,0　(2) $-\frac{1}{15}$　(3) 5
14. $25.53, \frac{11}{3}, \frac{7}{3}$

15. $\frac{3}{4},\frac{5}{8}$

16. 4,8

17. $0,\frac{1}{2}$

18. 2

19. $\frac{\alpha}{\alpha+\beta},\frac{\alpha\beta}{(\alpha+\beta+1)(\alpha+\beta)^2}$

20. 略

21. $\frac{4}{5},\frac{3}{5},\frac{1}{2},\frac{16}{15}$

22. 4

23. 8.67,21.42

24. $\frac{35}{3}$

25. $n\left[1-\left(1-\frac{1}{n}\right)^m\right]$

26. (1) $\mu,\frac{\sigma^2}{n}$ (2) $Z_1\sim N(2080,65^2),Z_2\sim N(80,1525)$,0.9798,0.1539

27. 略 28. 略 29. 略

30. $-\frac{1}{11}$

31. 0,0

32. $\frac{a^2-b^2}{a^2+b^2}$

33. 略

34. 1,3

35. 略

习 题 五

1. 0.2119 2. (1) 0.1802 (2) 443 3. 0.87644

4. (1) 0.8185 (2) 81 5. 98

6. 12654 7. 14 8. 0.927 9. 189

习 题 六

1. (1) $P(X_1=x_1,X_2=x_2,\cdots,X_5=x_5)=p^{\sum_{i=1}^{5}x_i}(1-p)^{5-\sum_{i=1}^{5}x_i}(x_i=0,1)$

(2) $\frac{X_1}{p}$不是统计量,其余的都是

(3) $\bar{x}=\frac{3}{5},s^2=\frac{3}{10}$

2. (1) $f(x_1,x_2,x_3)=\left(\frac{1}{\sqrt{2\pi}\sigma}\right)^3\exp\left\{-\frac{1}{2\sigma^2}\sum_{i=1}^{3}(x_i-\mu)^2\right\}$

(2) $\sum_{i=1}^{3}\frac{X_i}{\sigma}$不是统计量,其他的都是统计量

3. 0.9774

4. (1) 0.2628

(2) 0.2923,0.5785

5. 略

6. $p,\frac{p(1-p)}{n},p(1-p)$

7. $n,\frac{1}{5}n,2n$

8. $Y_1\sim F(n,n),Y_2\sim t(n)$

习 题 七

1. (1) $\frac{1}{2n-2}$　　(2) $\bar{X}$　　(3) $\frac{2}{15}$

2. $\hat{\mu}=2809,\hat{\sigma}^2=1508.55$

3. 矩估计量为$2\bar{X}-1$,最大似然估计量为$\max\{x_1,x_2,\cdots,x_n\}$

4. 矩估计值为0.5,最大似然估计值为0.5

5. (1) T_1,T_2为μ的无偏估计量　(2) T_2

6. $\hat{\lambda}=\frac{1}{\bar{x}}$

7. $\hat{p}=\frac{1}{\bar{x}}$

8. (1) 最大似然估计 $\hat{\theta}=-\frac{n}{\sum_{i=1}^{n}\ln x_i}$　　(2) 矩估计 $\hat{\theta}=\frac{\bar{x}}{1-\bar{x}}$

9. (14.67, 14.98)

10. (5.601, 6.621)

11. (1) (11.347, 12.653)　　(2) (11.14, 12.86)

12. (7.43, 21.07)

13. (0.57, 0.63)

14. (−0.002, 0.006)

15. (0.4476, 0.9408)

16. 1065

习 题 八

1. H_0: $\mu=3.25$，用 T-检验法，接受了 H_0，即可以认为均值为3.25.

2. H_0: $\mu=12$，用 Z-检验法，拒绝了 H_0，即认为设备更新前后产品的平均重量有变化.

3. 用 Z-检验法，接受了 H_0.

4. 拒绝 H_0，原件不合格.

5. 与通常无显著差异.

6. 接受假设 H_0: $\sigma^2=8^2$.

7. 接受假设 H_0: $\sigma=1$.

8. 乙厂方差比甲厂小.

9. 可以认为 A，B 对延长睡眠时间的平均效果没有显著差异.

10. 接受假设，认为两个总体方差相等.

11. 两种温度下产品断裂力的均值有显著差异.

12. $F=1.36<F_{0.005}(9,9)$，所以认为采用新工艺前后灯泡寿命的方差是相等的；

$|T|=3.66>t_{0.005}(18)$，采用新工艺后灯泡的平均寿命显著地提高了.

13. 认为显著地大于10.

14. 接受 H_0.

15. 可以认为电话呼唤次数服从泊松分布 $\pi(2)$.

16. $\chi^2=7.19<\chi^2_{0.05}(6)$，可以认为直径尺寸的偏差服从正态分布 $N(4.3,9.71)$.

17. 接受 H_0.

18. 直径服从正态分布.

习 题 九

1. 差异显著.

2. 差异显著.

3. 无差异.

4. 品种不同对收获量有影响，试验田不同对收获量无影响.
5. 配料方案与硫化时间对产品的抗断强度均有影响.
6. 检验浓度对产品得率有影响，温度、交互作用不显著.
7. 收缩率和交互作用对纤维弹性影响显著，而总拉伸倍数不显著.

习 题 十

1. 线性回归.
2. $\hat{y}=30.439+3.274x$.
3. $\hat{y}=88.83403+0.050401x$.
4. 高度显著.
5. 不显著.
6. 63.899～82.113 元/kg.
7. $\hat{y}=108.018+0.189x$.
8. $\hat{y}=9.562-0.142x_1+3.705x_2$.

参 考 文 献

[1] 王松桂,张忠占,程维虎,等. 概率论与数理统计[M]. 2版. 北京:科学出版社,2004.

[2] 盛骤,谢式千,潘承毅. 概率论与数理统计[M]. 3版. 北京:高等教育出版社,2001.

[3] 廖玉麟. 概率论与数理统计[M]. 上海:复旦大学出版社,1995.

[4] 贺才兴,童品苗,王纪林,等. 概率论与数理统计[M]. 北京:科学出版社,2000.

[5] 同济大学概率统计教研组. 概率统计[M]. 2版. 上海:同济大学出版社,2000.

[6] 耿素云,张立昂. 概率统计[M]. 2版. 北京:北京大学出版社,1998.

[7] 杨永发. 概率论与数理统计教程[M]. 天津:南开大学出版社,2000.